U0173650

GRAVITARE

蚂蚁社会

一段引人入胜的历史

Ameisengesellschaften

Eine Faszinationsgeschichte

［德］尼尔斯·韦贝尔　著

王　蕾　译

歌德学院（中国）
翻译资助计划

SPM
南方出版传媒
广东人民出版社
·广州·

The translation of this work was financed
by the Goethe-Institut China.
本书获得歌德学院（中国）全额翻译资助

目　录

第一章 从类比到认同

像蚂蚁一样——一句自描述的老生常谈

比尔·盖茨和迈克尔·艾斯纳利用他们覆盖全球的私人侦察卫星系统定位了逃脱的布赖恩·格里芬之后，没有乘坐直升机，而是背上了喷气推进器。喷气推进器显然能带来更多乐趣。盖茨高兴得像个被 Q 亲手武装了全套 007 装备的小男孩，他甚至还能自己操作自己的玩具。在高空，两位亿万富翁肩并肩地喷气飞行，房屋、街道、桥梁、工厂构成的城市景观从他们身下遥远的地方掠过。这是飞鸟、诸神与监控摄像头的视角。他们往下看。"从这上面看，那些人就像蚂蚁一样。"艾斯纳随口说道。但盖茨可不会这么轻易就放过他。他立即用格外严苛的语调与相应的面部表情回应道："不，迈克尔，那些就**是**蚂蚁。"即使是那些不怎么看卡通、不认识彼得·格里芬的狗的人，也可以毫不费力地理解动画片《恶搞之家》（*Family Guy*）第 41 集的这个场景。[1]但要阐述这一理解却也并非那么容易：哪怕只是稍微简述一下这一场景的认识史与文化史内涵，就要留出一定的空间，甚至可以为此写一本书……

其背景说到底很简单：微软和迪士尼这两家世界级企业集团的统治者，是鸟瞰世界其余部分的（两样事物，即"头顶上繁星密布的苍穹与我心中的道德法则"，唤起了康德的"惊奇与敬畏"。对于艾斯纳和盖茨来说，这条公式要颠倒一下："看到世上的万千生灵"并没有"消灭"他们自身作为寿命有限的凡人的"重要性",或者说这呈现了他们的一种"崇高"的姿态,他们用这一姿态俯视那些本质上"动物般的造物"的嘈杂纷乱[2])。在崇高感的伦理与审美的交互之中,这两名经济巨头的目光从一个拔高了的位置俯视下去。促使他们产生相对于全世界的优越感的,并非永生的价值,而是对自己经济全能与技术全能的确信。面对这一场景,超级富豪们并无谦卑,而是反思了自身处境:"我们身旁的蓝天与我们身下群集的蚁族。"这个形象满足了超级富豪所组成的精英团体的自我确认。对这一处境的描述通过接纳与排除构成:我们这些上位者或他们那些下位者。这个过程进行得非常快,就在这两人进行这段简短对话的几秒之内。盖茨与艾斯纳的这种社会定位仅仅需要一个简单的意象:其他人**是**或者**像**蚂蚁。这一意象包含了一些关于我们社会状态的假设,例如,我们生活在工业社会与大众社会之中,人们需要在大城市之中抱团。当我们说起"蚁化"[3]时,并不仅仅是像艾斯纳那样在打比方,同时也是在对如何描述主流的社会秩序提出建议。

8

这个形象促成了行动者在社会中的文化自我定位,当它凝聚成一条老生常谈的习语,便可以让人快速进行自我确认并划清界限,几乎不需要思考。蚁群作为繁华城市的象征是一个自古以来的主题,这种老生常谈并非因其激发精致的思考与批判性思维,而恰恰是因其自然而然、理所应当才使人信服,不用进一步的反思与追问就能毫无障碍地产生结合力。蚁群这样的传统主题很受欢迎,动画片之类的媒介可以告诉我们这一点。[4]

《一团乱麻》(*Screwed the Pooch*)[5]这一集只花了几秒钟就抹黑了盖茨和艾斯纳,他们亿万富翁的身份甚至没有起到多大作用。决定性因素要归功于将所有位于自己之下的人(也就是几乎所有人）鄙视成蚂蚁这一不可忽视的习惯。地面上蜂拥的人群让艾斯纳想到蚂蚁，在这种拔高自己、贬低其他所有人的情况下，将大城市人群和蚂蚁作比较，清楚地表现在他们眼前的景象中，艾斯纳根本无须作出解释：底下的人，**他们**，为数众多。根据古典国民经济学的市场定律，过多的数量将导致其构成元素价值的下降——这许多人不仅显得渺小，而且无关紧要。按照大约 19 世纪末流行的研究观点，现代的普通人在大城市的广场与街道上，成了一台台没有个性，或者说没有"特点"的"自动机器"。[6] 谚语般的"街上的人"在从赫伯特·斯宾塞、古斯塔夫·勒庞到加布里埃尔·德·塔尔德（Gabriel de Tarde）的大众心理学与早期社会学中，就已经不是作为个体，而是作为"牧群中的牲畜"来理解了。[7] 从某人的个体性出发是错误的，因为从根本上说，身处人群中，如同蚂蚁一样，涉及的是大众，没有面目，没有姓名。在人群中，单个的人终究难以辨别。对这种生物还要承认它的什么特质呢？重要的只是大众本身……

任何人，只要看过过去二十年间无数关于蚂蚁的神秘帝国、秘密生活或隐秘世界的纪录片或科普片中的一部，就会知道：它们永远都在运动，对单一的个体很难进行长期的追踪。艾斯纳在飞过城市的高空时所看到的短暂景象是很多看起来微小的人，堪与蚂蚁相比，但这并不取决于他的视角。此外，蚂蚁与人之间的类比很久以前就出现了：在古希腊古罗马时代，蚂蚁就被拿来和人作比较，这当然不是因为二者之间在形态上有相似性，像类人猿和人之间很相似那样。蚂蚁有六条腿，有甲壳，有触角和钳子，有分成两部分的躯干：跟人类的模样极为不同。可比性并非因其外观，虽然寓言故事、漫画与动画片

9

10

在这里或多或少进行了一些拟人化的处理。可比性缘于其社会性。

政治动物

由于众多关于蚂蚁的寓言，蚂蚁的拟人化已广为人知，其各种变体可以追溯到这一文体的古典形式，如伊索、斐德罗①、巴布里乌斯②、阿维亚努斯③。不过，将人和蚂蚁进行类比有一个更深远、更重要的来源，那就是对政体的反思，堪称西方国家的立国之本：亚里士多德在《政治学》中指出，"发自天性地"要成为一种"建立国家的生物"，这是人类的本质属性——一种"政治动物"（zoon politikon），然后，他打开了超越形态学比较的新层面。[8] 因为对他来说，蚂蚁也是一种"政治动物"。之所以如此，在亚里士多德看来，是因为蚂蚁和人类一样，没有"城邦"（πόλις）就无法生存。蚂蚁生活在城市及国家中，它们互相合作，或者互相作对。[9] 与其他无数种可能只是为了繁衍后代而暂时寻求团体性的动物（包括昆虫等）不同，人类和蚂蚁——作为物种——始终都生活在一个社会之中。因此它们也建造公共建筑。政治动物在某个历史性的远古时代可能也不是"单独"存在，然后逐渐聚集成更大的集合的，或者说人类，还有蚂蚁，"一直都是社会性地生活着"[10]。这种强制的团体性，自古以来便是可以理解且理所当然

①　Phaedrus，约公元前 20 年 ~ 前 15 年至公元 50 年 ~ 60 年，古罗马寓言诗人。（本书脚注均为译者所加）

②　Babrios，公元 1 世纪后半叶或 2 世纪生活在罗马帝国东部，古希腊寓言诗人。

③　Avianus，生活于公元 400 年前后，古罗马诗人。

的，人们在蚂蚁身上首先想要寻找熟悉的社会结构，随后在文学或图像中将之像人类一样呈现和表达出来。从华特·迪士尼1934 年的《蚂蚁和蚱蜢》（*The Ant and the Grasshopper*，改编自伊索的古典寓言《蟋蟀和蚂蚁》），从动画片《小蜜蜂玛雅》（*Biene Maja*）或者动画电影《小蚁雄兵》（*Antz – Was krabbelt da?*，梦工厂，1998 年出品）中我们可以看到，蚁后戴着一顶王冠，她的士兵武装着盔甲和长矛。无处不在的拟人化，或许是亚里士多德的政治动物观点在政治学理论中共振的结果，而蚂蚁是持着长矛还是穿着正装，则取决于政治动物在历史过程中所适应的特定社会模式。

　　所有政治动物所共有的特征开创了一门"政治动物学"，它要么追问社会构成的生物条件，要么追寻为某个"并非生来就有社会性"且正因如此而必须被迫接受社会生活及其游戏规则的物种建立社会秩序的可能性。[11]人类、蚂蚁，当然还有蜜蜂——亚里士多德也将蜜蜂称为国家动物——与羊、马、牛或鱼不同，脱离了社会就无法生存，但却不能因此武断地得出唯一结论，说人类、蚂蚁和蜜蜂大概"天生"就是社会性的。这是因为，如果它们像许多群居动物那样一起和平地放牧、吃草、睡觉或者游泳，那么就没有必要以某种社会形式来解除托马斯·霍布斯所生动描绘过的恐惧，即同族中最亲密的同类也会拿走属于我们的全部东西：我们的亲属，我们的财产，我们的生命。霍布斯认为，人对人是狼。《利维坦》中写道，若没有国家"限制性的强权"，人类也能活得下去，但其存在却要在"千百倍的痛苦中备受煎熬；对于被谋杀的恐惧，对于每时每刻之危险的恐惧，对于孤独、贫困、粗鄙与短暂的生命的恐惧"[12]。若没有"强权"与"法"，则会"人人互相

12

为敌"，因为"人类的天性"使其完全"不善于交际"。[13]如此，霍布斯站在了亚里士多德的对立面，认为人天生不是政治动物。如此被创造出来的人类如何仍能找到一种有序和平的共同生活，从霍布斯到卢梭或康德的政治哲学一直尝试以契约模式来回答这个问题；[14]但自然法的契约论在 19 世纪就已经无法使人信服了，法律实证主义理论获得了地位，但它所声称的实体缺失（Substanzlosigkeit）和随意性（Beliebigkeit）又受到卡尔·施米特等人的政治神学的猛烈抨击。这一从社会的自然法和契约法模式向社群的存在主义—决断论构想的法学史转向，成为近年来所有蚂蚁电影的主题：比如《虫虫危机》（*Das große Krabbeln*，华特·迪士尼，1998 年出品）[15]，比如《蚁哥正传》，比如《别惹蚂蚁》[16]……这些作品没有年龄限制，三四岁的儿童也可以观看，但我们要严肃地看待它们：在这些电影中，社会的自然法、习惯法和契约法基础暂停下来为社群让步，这是为了在与敌人生死相搏的过程中获胜。无论敌人是以蚱蜢帮还是以堕落的灭虫员的形象出现——都被抗争、被打败了。旧的社会在敌人的声明中崩塌，胜利之后诞生了新的社群。无论是《蚁哥正传》中工蚁通过合作从一个致命的圈套中解救了自己，还是《别惹蚂蚁》中蚁群通过预防性的外科手术式的打击逃过了化学大杀器，抑或是《虫虫危机》中受到蚱蜢恐怖威胁的蚁众们意识到了它们纯粹数量上的优势反抗了"霸王"，生存恰恰使得保障生存的组织或秩序合法化了。保证社会秩序的既不是对契约与规则的遵守，也不是对传统与习惯的保护，而是采取、引导和决定了"为存在而斗争"的纯粹事实。

这些电影所传达的权利观点不仅出于蚂蚁与人在生物学上

13

的类比，而且也纳入了政治概念本身。卡尔·施米特也为他的存在主义政治理论和政治神学寻找生物研究的支持。[17]是生活本身，而不是某种历史的社会或其政治理论，使其地缘政治的假设显而易见。[18]这种法学可以从生物学中学习，至少在它将国家看成活生生的有机体时是如此。[19]生命不订立契约，它只是在生存。而因为它在生存，它便暂时为自己决定了达尔文式的生存斗争（struggle for existence）。 14

　　在谈到社群时，如今几乎没有人会再明确地讲"适者生存"（survival of the fittest）了。面对以社会性昆虫的起源为对比的社群所建立的问题，现代社会生物学或将用涌现（emergent）的假设来回答，涌现给了物种进化的优势。话说回来，即使对于自私的基因（selfish gene）来说——甚至它的提出者道金斯也和我们一样为它而奔波——与它的载体合作也是值得的，无论是蚂蚁还是人，因为这提高了物种的整体适应度（inclusive fitness）。在亲缘选择或者包括群体选择在内的得以提高的繁殖与生存机会中，人们会从生物学，尤其是从昆虫学的视角来寻找社会秩序的基础。生命发明了社会，社会具有进化上的优势，或许因此，负责描绘社会秩序的基因阐释的科学是生物学——而不是哲学、政治学、社会学或者其他某种"人文科学"——且首先是**昆虫学**。恰恰是**社会性昆虫**成为百年来人们所偏爱的主题，恰恰是蚂蚁成为"特别成功的"物种。与其他物种相比，蚂蚁"压倒性的力量"据说源于它们的"合作"。[20]它们的社会秩序带来了在进化的生存斗争之中的优势。根据生物社会学的猜测，关于这种秩序是什么的问题，已经在 20 世纪以各种不同的方式得到了"解答"。

亚里士多德在他的《动物自然史》（*Naturgeschichte der Tiere*）中给出的答案是"城邦"，他称："共同完成一项工作
15 的动物组成一个社区（Polis），并非所有的动物都这样；这些
动物有人、蜜蜂、黄蜂、蚂蚁、鹤。"[21] 人类与昆虫分享一个我
们宁可称其为人类文化特色的成就，那就是对公共设施的共同
建造。人类与蚂蚁在社区中都在建造些什么？对亚里士多德来
说是显而易见的：城邦。证据就是希腊人的城邦和蚁丘——当
然还有那些蜜蜂的蜂巢和黄蜂的蜂窝。因此，当盖茨和艾斯纳
说到蚂蚁时，他们飞过的也是一座城邦。

在古希腊，不言而喻，"构建国家"始终意味着"建造城
市"。城邦既是国家也是城市，它既是制度也是地点。从城市
的广场与住宅、街道与宫殿、花园与堡垒的划分中，能清楚地
看到国家的构成。城邦的概念包含了社会秩序与空间秩序。每
一堵墙、每一扇门、每一块广场、每一所住宅、每一座堡垒、
每一堵城墙、每一座坟墓都有其固有的权利秩序，施米特称之
为"律法"（Nomos）。[22] 这一绝非不言自明的拼接组合，排除
了比如说游牧社会的可能性，构成了以下事件的原因：

第一，将蚁穴描述为城市。例如埃利亚努斯（Aelian），
一位公元 177 年前后出生的博物学家，在其《论动物的特性》
（*De natura animalium*）中可以看到蚂蚁城市的街道和仓库，它
们的墓地和建筑，它们为居住、分娩和存储所建的不同区
域。[23] 埃利亚努斯将蚂蚁当作"出色的、节约的管家"[24]。当然，
它们不知疲惫，热爱工作，"在与蚂蚁打交道时我受益良多。
它们不知疲惫，随时准备工作，不找借口，也没有休闲的需
16 要；即便在节日里，它们也不会放下它们的工作"[25]。埃利亚
努斯不由自主地挖苦他舒适的同时代人："瞧瞧你们这些

人——为了懒惰制造无数的借口和理由!"礼赞诸神的无数庆典尤其提供了偷懒的借口。[26] 勤劳的蚂蚁将城市建造得富有艺术性,布满"埃及画廊"和"克里特迷宫",而在它们的街道上和隧道里是看不见游手好闲之人的。[27] 老普林尼在其著名的《博物志》(Naturgeschichte)中给埃利亚努斯的清单加上了论坛和市场。[28] 这一对蚂蚁社会之形象的修饰,经过适当的修改,挺过了所有的时代转折与媒介转变。即使今天的蚁穴不再像瓦斯曼① 1891 年所写的那样被描述为一个有着"仆人和客人""夏屋和冬屋"的"家庭",[29] 我们同时代的昆虫学也依然在描绘蚂蚁的街道、桥梁、隧道和城市,而近年来每一部相关电影将之非常显眼、理所当然地呈现在庞大的观众群眼前。[30] 蚂蚁的国家秩序与社会设施相互联系的形象,在我们的文化中被高度直观地提供出来。

将社会秩序与城邦形象中的城市图景相结合,导致了第二个事件:反过来,城市中的居民也被拿来与蚂蚁相比较,就像上文所说的《恶搞之家》中迈克尔·艾斯纳所做的一样。蚂蚁属于政治动物,因此居住在城市中,这成为一种概念,使得在对蚂蚁和人类进行类比时根本不须提及某种"中间参照物"(tertium comparationis)。蚂蚁充当着"绝对的隐喻"[31]——在比较的基础无须得到证明的情况下,这一图景便可实现。艾斯纳长期领导的华特·迪士尼公司也延续了将《伊索寓言》中蚂蚁和蟋蟀的故事转化为电影的传统:动画片《虫虫危机》重新扩写了这则寓言,用上了所有能想得到的比喻和拟人化手法,以使得我们能够从蚂蚁的行为中得到教益:它们就像我们

17

---

① Erich Wasmann, 1859—1931, 奥地利昆虫学家、耶稣会士。

一样，无论情况是好是坏。为了引导一个贫穷、不安的民族实现富裕、激发出新的力量，就像在我们这里一样，需要一个受过训练的年轻人、一个有进取心的领导者以及一个富有创新精神的技术精英。内团体的包容性通过外团体的压迫而得到加强。外团体不事劳作，而是沉迷于——参见伊索的《蝉》——音乐（la cucaracha），还躲在一顶宽边草帽的阴影下面喝着冰啤酒。族群的表现近似于一种种族主义的接受：他人，在这个例子里是蟋蟀，他们奇妙的懒惰还被他们墨西哥式的表演所强调，我们可不想像他们一样。在蚂蚁社会总是作为文化定位的形象之处，容纳与排斥之间就产生了身份认同。

确实，在这个例子中，蚂蚁不代表处于下位的庞大人群——比如《恶搞之家》的例子。在《虫虫危机》中，蚂蚁表现为一个结构清晰、井然有序、分工合作的政体，精英承担了领导和责任，通往领导阶层的上升之路也总是向勤奋者敞开。成功的基础是勇气与创新，身份认同的基础是与他人的区分，这里的他人披上了墨西哥人的外衣。并不是每个人都能像菲力那样成为一个发明家、娶到公主，但是每个人都可以加入努力工作的蚂蚁大军之中，在社会中挣得一个位置，不管从哪个角度上看，都比戴着宽边草帽、有着暴力倾向的游手好闲的街头混混要高级。

一句老生常谈的存续与变迁

"像蚂蚁一样"——这个概念一方面很顽固，另一方面也具有高度的可变性。复数的蚂蚁总是意味着社会秩序，但这些社会构想可能具有非常不同的形式。只要接触到细节问题，就会明白，这句老生常谈总是屈从于历史的、被动的转变以及文化的编码。例如，一方面，一个群体的富足究其原因，或许可以说是单个蚂蚁的勤劳——字面意义上的——但也可以说是自组织的革命性成果。勤劳是一种私德，蚂蚁与蟋蟀的寓言讲述的就是这种美德；相反，自组织则是一种涌现的过程，不会受到单个蚂蚁的知识和意愿的丝毫影响。[32] 另一方面，与这个概念相关的形象自身也在发生变化：变化范围从混乱的蚁群——蚂蚁的法语名字就源于这个词（fourmis / fourmillement）——到蚂蚁国家军人式的、封闭的、等级森严的分级制度，我们在《小蜜蜂玛雅》或恩斯特·云格尔①的小说《工人》（Der Arbeiter）的世界里可以看到它。史蒂文·约翰逊（Steven Johnson）认为，流行文化将蚂蚁与"独裁者"联系起来，[33] 但在某些情况下，也不是那么准确，这么说太简略了。与之相反，迈克尔·哈特（Michael Hardt）与安东尼奥·内格里（Antonio Negri）将蚁群看作"没有中央控制的……集体智慧"的活生生的例子，其"集体智慧"绘就了"大众"的蓝图。[34] 这可和斯大林主义完全不一样。蚂蚁的形象所蕴含的所有意义：独裁者与大众、法西斯主义与无政府状态，它们之间极富异质性，彼此几乎毫不相干。但无论如何，某种社会秩序形式都以一种简洁、生动、引人入胜的方式进入了画面。而具体是哪种情况，只能通过对浮现出的画面的隐藏含义作一细致的分析。各种不同的社会秩序形式、巨大的变化范围与这种迷恋的

19

----

① Ernst Jünger, 1895—1998, 德国作家、军人与昆虫学家。早期作品具有强烈的民族主义、精英主义与反民主倾向，学界一直对是否应当把他归为纳粹主义的开路先锋颇具争议。20 世纪 30 年代早期开始逐渐远离纳粹意识形态。曾获得功勋勋章、联邦十字勋章。代表作有《在枪林弹雨下》《工人》等。

历史，构成了这本书的主题。

通过比较来证明：蜜蜂与蚂蚁

  "蜜蜂证明了君主制！"居斯塔夫·福楼拜的小说《布瓦尔与佩居榭》（*Bouvard und Pécuchet*）中的一位有着天主教—君主制倾向的讨论者向一群乡绅喊道，似乎这是维护他最钟爱的政体的一个无可辩驳的证据。然而，自由主义—共和派的回答闪电般地回应过来，就像引用老生常谈时必然发生的那样："但是蚂蚁证明了共和制！"[35]被收入《布瓦尔与佩居榭》的"庸见词典"（Wörterbuch der Gemeinplätze）时，"蚂蚁"也被明确地作为概念而提出来。它是一个"美妙的例子，可以用来教训败家子"[36]。它良好的、前瞻性的经济模式自《伊索寓言》起就已为人所知。蚂蚁就像第三等级一样孜孜不倦，但蜜蜂也很勤劳。在上文所引的社会政治辩论中，蚂蚁和蜜蜂并非是为了对次级美德①的称赞，而是为了证明政体的合法性。蚂蚁和蜜蜂同样都是政治动物，作为社会秩序的代表，这两种膜翅目昆虫展开了同室竞争。其天性无论如何都能被引到战场中，无所谓哪种社会性昆虫站在哪种社会制度的立场上。

  因此共和制应是适合人类的一种政体模式，因为大自然本身已经在蚂蚁社会中树立了榜样。但是上帝也创造了蜜蜂，蜜蜂不仅勤劳，还倾向于君主制。"臣民应当向蜜蜂学习什么？"一个劝诫者在1618年的布道中问道，并给出了可以预想的答

---

① 次级美德（Sekundärtugend）是20世纪70和80年代德国实证主义之争时提出的概念。次级美德或公民道德是指有助于日常生活与社会行为的顺利进行的性格特征，包括勤劳、忠诚、服从、自律、责任感、守时、礼貌、整洁等。

案，人们可以从它们的例子中学到，每个人都"对上级有义务"，即服务与顺从。蜜蜂对其"蜂王"的举止是虔诚的，值得效仿，这一点应当从所有教堂的布道坛上传授出去。[37]在巴洛克时代收集的古希腊罗马作家的作品中，有几十处类似的地方。[38]为了不对《布瓦尔与佩居榭》中讲述的短暂交锋感到特别惊奇，只需要了解几个就够了。在福楼拜的小说中，蜜蜂国家也不言而喻地"证明"了君主制，因为它似乎也是由明智的君主所构建的，自然是以君主制的方式建成的。正如蚂蚁的情况一样，这条所谓的自明之理也取决于历史、文化和情境，并高度依赖于这些条件。如同蚂蚁一样，蜜蜂在创造其成就的过程中作为社会自描述习语形象的赋予者，也"证明"了几乎所有的可能性。蜜蜂经常能证明君主制，但肯定也能证明其反面。对凯文·凯利（Kevin Kelly）来说，蜜蜂大概没少代表"民主与分权的真实自然"[39]。带有比较社会学热情的昆虫学家给了他这么想的理由。蜜蜂研究者托马斯·D. 西利（Thomas D. Seeley）发表了一部题为《蜜蜂的民主》（*Honeybee Democracy*）的专著，书中记录了对于"巢址选择"问题的实验性研究（不仅从数学，还从博弈论的角度）。寻找居住地点的蜂群会"以民主的方式选择新家的地址"[40]。最令人称奇的当然是西利是如何从他对蜜蜂的简单计数中得出这一结论的：它们用一场"民主辩论"来选择新家。不过，他的书是明确写给"社会科学家"，带着了解社会秘密的社会生物学家的那种典型的自信。[41]这位生物学家得到了五个对于蜜蜂和人类来说同样适用的教训：

教训一：作出决定的集体，应当培养出共同的利益和相互间的尊重。

教训二：领导层应当尽可能少地影响集体的思考。

教训三：应当寻找同一问题的不同解决方法。

教训四：通过争论扩大集体的知识。

教训五：投票时使用最低法定人数，以确保团结、周
到、有效。[42]

22　因此，蜜蜂为我们的社会提供了一个值得效仿的模型，因
为它们的民主进程在"进化"的过程中被保留了下来。西利
多次指出，他所描写的决策进程应当是"通过淘汰原理测试
和优化过了的"[43]。它们是最优的，因为所有的其他选择都随
其基因携带者一起消亡了。相反，在百万年时光里反复被主动
选定的，则必须是"有力的和强壮的"，如果不是最优的话。[44]
而人类群体可能并不熟悉它们的"明智决策"，蜜蜂为所有问
题的集体解决方法向我们提供了一个"辉煌的答案"，很久以
来就经"淘汰之手"测试过并被证明是好的。[45]西利认为，蜜
蜂得到了正确的决定，却"并非在一个领导者的指引下完
成"。[46]它们"自百万年前"便成功地这么做了。[47]昆虫学研究
终于使得我们能够知道，"这种天才般的决策过程是如何发挥
作用的"。而我们终于有可能"将这一知识用于改善我们自己
的生活"[48]，作为群体的民主。这种价值判断如今显然对政党
宣言及竞选口号有益。

蜂后放下了她的王权，她的子民如今成为"群体思考"
的典范，不经等级划分和中央集权便有能力导向复杂、协调的
行动和可持续的决策。当蜜蜂们一致行动，飞向某一片花海或
者选择一处新的住址时，当代研究者连同他们被大众媒体普及

到的受众所看到的，不再是议会通过一种细致入微的、所有信息都来自其权贵的主权在运作，而是一个自组织、没有阶级划分、没有中央集权的群体。"蜂王"不再统治，她"跟随"集体。[49]除了与福楼拜笔下的那位神父以及其他无数习惯于在蜜蜂身上看到自然本身对君主制的证明的政治动物学家的不同之外，蜜蜂国家在凯文·凯利对一种"失控"的经济学的叙述中、在托马斯·西利对"巢址选择"的解释中，也满足了为某种特定的社会模式辩护的任务。通过比较来证明。在这里不是君主制，而是民主制；蜜蜂如今代表的不是某种垂直权力秩序，而是一种水平分配权力的集体。

23

　　这一形象政治坐标的完全转变，似乎有着认识论的理由：昆虫学在20世纪完成了划时代的范式转变，从对等级划分、权力集中、规划和自上而下的控制的观念转变为自组织与分布式智能概念。如果只将这种转变看作是对社会变革的反映，或许会是轻率的，因为我们在20世纪社会中徒劳地寻找着一种分散的、去中心的、自控制的群体社会结构的对应物。[50]在本书接下来的各章中，我将深入研究社会性昆虫的昆虫学、其认识论以及它们作为社会自描述习语的作用之间假定的相关性。在这本书介绍性的概述中，我首先要提出形象领域的变化范围，并在其范围和矛盾中展现出促使我进行这项学术史、文化学及语言学的"蚂蚁工作"的开放性问题。[51]我集中研究（复数的）蚂蚁社会——复数是很重要的——因为在昆虫学与社会学之间的转换（Transfer）影响深远，形象的多样性与社会共鸣非常巨大，审美形象尤其令人印象深刻。不只是福楼拜的讨论者们立刻从蚂蚁转换到了蜜蜂，对这两种伟大的社会性昆虫顺便做一侧面观察是很值得的，与同样生活于社会中的白蚁

24

不同，蚂蚁与蜜蜂千百年来在政治性的动物学及其形象和话语中一直有着一席之地。

蜜蜂和人类的恶习——从曼德维尔到哈耶克

蚂蚁勤劳地面对共同的工作，从早到晚，维吉尔在《农事诗》（*Georgica*）第四卷中如是说。所有的蚂蚁一起劳作，在工作完成后一起休息："那是共同的休憩，那是共同的劳作。"但并非所有蜜蜂都是勤劳的。雄蜂在蜂巢中懒洋洋地闲晃，肆无忌惮地仰赖他者而活，"无所事事地享用他人的餐食而肥"[52]。若不是蜜蜂中的守卫看住了这些懒惰的雄蜂去往蜂巢的路，它们就会像科鲁美拉①在《论农业》（*Zwölf Bücher von der Landwirtschaft*）第九卷中所写的那样被驱逐，或者像老普林尼在《博物志》第十一卷中所记录的那样被杀死。懒惰并非所有恶习的开端，而是一个知名的风险。就连伯纳德·德·曼德维尔②1714 年大名鼎鼎的作品《蜜蜂的寓言》（*Fable of the Bees*）中也援引了勤劳的工蜂和懒惰的雄蜂的概念。他倒没有像迄今为止所有博学的大家那样，想要用雄蜂可能被杀死来点醒那些懒汉们。相反，他用那句现已成为警句的悖论为懒人们辩护：私人的恶德，公众的利益。[53]如同《布瓦尔与佩居榭》一样，曼德维尔文中的对话评论和续写了 1705 年的讽刺诗《抱怨的蜂巢》（*The Grumbling Hive*），它并不是要捍卫君主制，而是维护了一系列恶习，若没有这些恶习，一个伟大

25

---

① Lucius Iunius Moderatus Columella，死于约公元 70 年，古罗马农学家。

② Bernard de Mandeville，1670—1733，荷兰政治经济学家、哲学家、作家，长期生活于英国。

而强盛、文明而繁荣的社会就是不可想象的。[54]从比喻的意义上说，懒汉属于可能产生文明的条件之一，正如没有雄蜂就不可能存在蜜蜂国家一样。通过比较来证明。曼德维尔声称，人类的"善的本质"对于一个完善的社会秩序来说是不必要的，以此对当时的人类学和政治理论提出了质疑。[55]没有那些富裕、舒适、无所事事的懒人以及他们的奢侈开支，就根本不会有工业，而所有人的福祉最终都是建立在工业产品之上的。因此，曼德维尔吟诵道："每个部分虽都被恶充满，然而，整个蜂国却是一个乐园。"[56]① 为了推动托斯丹·凡勃伦②在其"有闲阶级"理论中所探讨的"炫耀性消费"，根本不需要大众参与，"有闲阶级"就完全足够了。[57]甚至并不需要一位君主。曼德维尔作品的副标题变成了一句格言——"私人的恶德，公众的利益"。这证明，对利益的自私追求在自由经济中对生产力、对创造力以及对整个社会的繁荣来说，都起着积极的作用。如同在神正论之中一样，个人的罪通过尘世间逐步形成的全社会的改善而得到了辩护。与亚当·斯密的"看不见的手"定理不同的是，曼德维尔的出发点并非这一社会制度的自然性或神圣性，而是一再指出，它是人为的，不是必然的和不容改变的，而是偶发的。曼德维尔的《蜜蜂的寓言》在人与昆虫之间建立了一条通道，但却**并非**将现存的秩序与某种自然的秩序进行类比而使之合法化；[58]相反，它质疑了自然及其创造的别无选择的必要秩序。[59]"这些昆虫生活于斯，宛如人类，微缩地 26

---

① 诗句的翻译引用了肖聿中译本《蜜蜂的寓言》，中国社会科学出版社，2002 年，第 17 页。

② Thorstein Veblen, 1857—1929, 挪威裔美国经济学家、社会学家，制度经济学的创始人。

表演人类的一切行为"[60]①，《抱怨的蜂巢》中如是说。曼德维尔得出结论，蜜蜂的国家中也必然充斥着无用的赌棍和废物、骗子和败家子、伪君子和懒汉。[61]但曼德维尔并不认为这些"无赖"[62]是与生俱来的，而是将其当成一种"习惯"。曼德维尔将这种习惯视为社会化和教育的后果，它在一种偶然条件下出现，而社会对这种偶发性一般是视而不见的，因为语义的归化遮蔽了行为方式的社会建构。因此它的力量才如此之大。[63]这又是习惯的力量，它将习惯化了的行为泛人性化，向普遍的人性中增加了常见的东西。

根据曼德维尔的看法，人类和蜜蜂之间事实上的共同之处及其社会基础，在于对交换价值的需要——"蜂蜜"（honey）与"钱币"（money）也是押韵的。牵扯到钱的时候，伟大的相对主义者也变得唯物了。此世间一切历史的、文化的，甚至生物的框架条件的秩序，都建立在对其要素的渴求之上，[64]亦即不断被提及的"胃口"。[65]曼德维尔得出结论，在一个"秩序井然的城市"中，即使是妓院也有其积极意义，[66]但我们在这里不一定要听他的，因为即便是这种制度，也可凭其自身的论证追溯到文化及社会化的源起，因而变得具有相对性。其他制度也可能适用于这种渴求。即使从"私人的恶德"出发，以下问题也仍然是存疑的，即社会如此设置之后，"公众的利益"是否就是可期的。即使私人的恶德成功地质变为公众的利益，它也依赖于"一个老练的政治家的管理"，[67]因此也有可能质变失败，否则的话，政治家的特殊技艺便是多余的了。

27

---

① ［荷］伯纳德·曼德维尔著，肖聿泽：《蜜蜂的寓言》，中国社会科学出版社，2002年，第11页。

无论社会运行得是好是坏，它都不是一直被矫饰了的人性的后果，而这种被矫饰的人性通常都被当作政治人类学作为国家宪法的基础。[68]相反，社会的管理者期待所有的要素都能形成一个整体。当然，这里可以参考蜜蜂国家的福利，从而为以私利为出发点、有益于所有成员的管理方式找到榜样，只要政治理论又能在大自然中为其模型找到"证据"，它就能自圆其说了。

在社会性昆虫作为社会自描述习语的历史中，在认识论及政治学上迈出从自上而下的领导到自组织的决定性一步的，并非曼德维尔，但他为此做了准备。一个像弗里德里希·冯·哈耶克这样自信的市场经济学家与国家调控手段的反对者，会将伯纳德·德·曼德维尔称赞为最早认识到人类的易错性与非理性，并将社会秩序的运行恰好建立在使这些特点富于创造性的基础之上的经济学家之一，这绝不是偶然。[69]当他伦敦时代的好友与对手约翰·梅纳德·凯恩斯将蚂蚁国家那样的"极权主义"的形象设想为独立个体所组成的社会的理想形象时，[70]哈耶克坚信，在"蜜蜂、蚂蚁和白蚁这样的昆虫的社会"中，能为"基于劳动分工的抽象而复杂的秩序"找到"富有教益"的实例。"富有教益"是因为，我们能在昆虫的社会里观察到，个别蚂蚁或蜜蜂的活动或其变化**并不**"由于某个中央的命令"，也并非是由于"个体成员方面在某特定时间点上对于被整体所认为的必要之事的'洞见'"。在每个时间都精确规定了必做之事和可为之事的自上而下的命令畅达并不是必要的，而个体对于究竟怎样和为什么做某事而非其他事的完备了解，也不是必要的。因为是"个体行为的规则"汇总而成某种"整体秩序"，而非相反地从整体秩序中推导出个体的行为

28

规则。[71]尽管哈耶克没有注意到曼德维尔对人类制度的偶发性的批判—怀疑的观点，但与曼德维尔不同的是，他可以设想出脱离"老练的管理"也能运转的秩序，只要将整体的一部分只依托于自己。因此，与凯恩斯的联想相反，也与更古老的博物学相反，社会性昆虫在这里成为一种**自组织的范例**，刚好能够证明自由派的两个信念：

第一，尽管有其复杂性和分工，蚂蚁和蜜蜂的经济仍达到一种近乎完美的平衡，**而这种平衡并非出自一个规划中心的干预**。第二，个体行动者对服务于公共利益的行动，不必总体了解整个社会及其必需和要求、资源和技术，而只需掌握具体地方的具体情势，用曼德维尔的话来说就是：对此时此地所做行为的"私人"兴趣。蜂王即使不是全能和无所不知的，它作为统治者确立其子民的福祉也是亲力亲为、效果显著的，[72]但可想而知，它的形象与作为自组织的、自我平衡的、帕累托最优的经济体的昆虫社会构想是背道而驰的。

29　　然而，正如哈耶克所强调的，尽管在现代社会及其经济环境下涉及的是抽象与复杂的劳动分工秩序，蚂蚁与蜜蜂仍然提供了一种恰恰是这类秩序类型应当遵守的典范。只需要考虑到，自19世纪以来作为科学（而不是作为业余爱好者的消遣）的昆虫学显著扩大和改变了人们对社会性昆虫的认识，因此对昆虫社会的描述本身也取得了相似的复杂性；对于从昆虫学到社会性昆虫研究的科学巨变来说，经济理论和隐喻对昆虫学的接受又起到了重要的作用。本书接下来还会继续揭示，社会性昆虫由此可以作为复杂的、分工的社会的一个例子，因为某种接受了社会学与经济学中相应的复杂性与分工设想并将之应用于自己的研究领域中的昆虫学已将它们模型化了。植入社会学与经济学理论和方法是如此成功，导致在讨论中又出现了大量涉及社会性昆虫的反馈。对蚁丘和蜂群之社会秩序的昆虫学研究因此可以成为社会理论的典型案例，而社会学可以从昆虫学中获益良多，正如托马斯·西利所期待的那样。毫不奇怪，直到今天还流传着相应的社会自描述习语，而无数昆虫与人类社会之间的对比，都是由当代的社会生物学所强调出来的。当现代熟悉进化生物学和控制论的研究最终达到某种抽象的境界时，类比就会变成认同，因为昆虫学—社会学角度的显著差异不再产生任何信息价值。届时无论是人、电脑还是蚂蚁都无所谓了。飞得高高在上的比尔·盖茨在教导迈克尔·艾斯纳说人群**就是**蚂蚁的时候，在认识论上也达到了相当的高度。

　　除了（按照哈耶克的说法）浓缩在蜜蜂和蚂蚁形象中的复杂性和抽象性之外，这一范例还同时指出了两种完全对立却又核心的特质——自古希腊罗马时代以降，穿过所有的时代风云和范式转换仍丝毫不变的**直观性**与**自然性**。与一国的经济不同的是，蚁穴或蜂群的熙来攘往，一个巢穴、一个国家、一处蜂房、一处群落都可以表现在一幅图像之中。这个范例降低了复杂性，却又并不抽象，而是使自己在形象之中显得直观。且与经济秩序不同，昆虫国家并**不是**被制造出来的，也**不是**其他可想象的偶发性制度，而是造物主或进化的成果，亦即自然的成果。[73]它们在图像中表现出的秩序，只要想想防御守卫、辛勤劳作、哺育幼体、侦测敌情的分工，就可知完全是**出于自然**的。对于范例在经济学、社会学、政治学论证上的有效性而言，这是至关重要的，因为它是自然赋予的，这使它避免了所有的批评。向蚂蚁和蜜蜂提出要进行不同尝试的好的或批评性的建议，都缺乏任何合理性基础。与近年来的动画电影中蚁众

30

们**选择**新的秩序不同，一处蚁穴中的组织方式对于其成员来说
是**无可替代**的；这可以用简洁的习语或启发性的形象表现出
来。尽管既抽象又复杂，蚂蚁和蜜蜂的社会仍不失为例证；尽
管哈耶克尝试用**富有教益**的范例直观化了的事物只能作为偶发
31 性制度来理解，昆虫社会仍给亟待证明的新古典色彩的现代经
济学自由主义秩序带来了可以想象的必要性。其中蕴藏着这种
形象在修辞学与话语政治学上的核心功能。

明证性与偶发性

蚁丘与蜂巢跟某种社会类型、某种统治或治理形式之间产
生的关联，正如所见，本身就是偶发性的。但从形象上却看不
出这一点。形象始终是显而易见的。像在福楼拜的例子中那
样，这两件司空见惯的东西同时被列举出来，导致其不言而喻
性受到相互质疑，每个论点都依赖于其真理的确定性并由此同
时对另一种形式的真理展开争辩，只有在这种情况下，关联的
偶发性才不容忽视："蜜蜂证明了君主制！"好吧。"但是蚂蚁
证明了共和制！"[74]两种差异如此之大的国家或统治形式都同样
由社会性昆虫所证实，进一步扩大了蚂蚁和蜜蜂领域的争端。
然后我们就要尽力说服政治对手，可以在昆虫学层面证明，比
如蚂蚁并非共和主义者，事实上它们是蓄奴者，或者蜜蜂并非
天生的君主主义者，而是某位女性首领或普遍民主的追随者。
或者说形象之间的竞争对这种证明或肯定的修辞方法引发了偶
发条件并进而引发了怀疑。要么是蜜蜂或蚂蚁也会受到批评或
辩护，正如在福楼拜的时代儒勒·米什莱（Jules Michelet）确
32 实曾经做过的，[75]要么干脆对用社会性昆虫来证明社会秩序的
适当性产生疑问。有人可能会批判性地推断说，蚂蚁和蜜蜂对

我们的社会毫无意义。

令人吃惊的是，几乎找不到反对在如哈耶克所说的复杂"秩序"之"抽象"层面上，将昆虫与人类等同的可能性的例子。在进行下文建立在对蚂蚁社会形象的数百种相关使用方式的整理之上的分析与阅读之前，我们要说，紧抓传统话题不放在今天也还是很常见的。其明证性是势不可挡的。一个对城市都会区的卫生、对可持续的经济、对环保、对临时运作的组织、对监视人群或对交通系统表态的昆虫研究者，拥有找到共鸣的最佳机会。"向蚂蚁学习"，这句格言[76]的意图始终是正确的。格言明白易懂，这成为传统话题有效性的前提，而传统话题确实并未损失自亚里士多德和伊索、普林尼和所罗门以来的明证性。这是千百年来最重要的政治比喻之一。然而，在科学史的转变过程中，形象的内涵也发生了变化。今天我们可以反对福楼拜的神父说，蜜蜂绝不能证明君主制，反而证明了共和制。正是对蜜蜂的研究证明了这一点。[77]而向他的对手，我们当然也可以指出，蚂蚁绝对不是共和制的代表，[78]它们有一个以"滥杀"为统治基础的蚁后，它会"殴打"和惩戒不听话的工蚁。根据《时代报》，这一点也在近来被一名蚂蚁研究者所证实。[79]正如蚂蚁研究一样，蜜蜂研究也证实或证明了所有可能之事或不可能之事、梦幻之事。昆虫学既表现了反乌托邦，又表现了乌托邦。路易斯·门德斯·德·托雷斯（Luis Mendes de Torres）在 1586 年发现长久以来被以为是蜂王的蜂巢中最大的蜜蜂是雌性的，约翰·斯瓦默丹（Johann Swammerdam）在约一百年后"以无可辩驳的证据"对这项知识进行了广泛而科学的贯彻，[80]自那以后，蜜蜂就证明了各种相互矛盾的社会解释模式，从理想的君主制到共和制再到国家

33

组织的超有机体，还包括乌合之众和群体。关键不在于蜜蜂，而在于语义的归属，这一点是显而易见的。"难以置信，蜜蜂简直适合一切。"拉尔夫·杜特利（Ralph Dutli）在《蜜蜂文明史》（*Kulturgeschichte der Bienen*）中如此赞叹，[81]但他还是错过了一些东西。看一眼恩斯特·云格尔的《玻璃蜜蜂》（*Gläserne Bienen*）或许就可以明白，"人类的蜂巢"同样不"总是积极的、理想的、乌托邦式的"[82]，却肯定是险恶的、可怕的、反乌托邦的。[83]对于这种简直"不可思议的"变化范围的惊叹，很容易被一个坦率的蜜蜂观察者所发现，但对于某种文化史来说就不那么容易了。根据埃娃·约哈克（Eva Johach）创造性的文章的说法，[84]蜜蜂国家作为"政治—道德范例"的变化范围，可以追溯到其政治、生物和诗学的组成部分。不断重塑蜜蜂国家形象的，是政治理性、认识论、昆虫学和美学历史上的那些发展趋势与重大事件。蚂蚁作为政治动物的变化轨迹与之类似。

除了与蜜蜂文化史的相似处之外，蚂蚁的文化形象还有其自身的时间性，它也取决于相关昆虫学研究的自身发展势头。例如，蜜蜂的舞蹈语言比蚂蚁的费洛蒙语言早五十年被发现。像"蜂王"其实是蜂后这样的突破性发现，在对蚂蚁的研究中没有对应的事件。这显然是因为，蚁穴一直被认为是一个共和国，一个民主政体，而不被认为是君主制国家。没有人在这样一个国家中寻找国王，这里进行统治的是"完善的财富社群"[85]。关于蚂蚁的谚语以及反复在图片和文字中表现的蚁群，与中央制的领导体系截然相反。因此，蚁穴中最重要的、不可替代的样本是雌性，这一点并没有引发特别的轰动。格林兄弟的《德语词典》中并没有出现"蚁王"的条目，它只是偶尔在《格林童话》中露个面。[86] 像发现蜂王真正的性别所引发的类似的刺激，在蚂蚁的文化史中是不存在的，因此，一只"蚁王"在语法中是阳性的，其性别却是雌性的，这也不是特意创造出来的。另一个区别是，蜜蜂缺少蚂蚁那种多样的形态变异，能让研究者在说到士兵、工人、侦察兵、女仆、门卫或管家以及相应的劳动分工时在大众中引发很大的共鸣。蚂蚁不会"杀死懒汉"，蜜蜂不会发动战争[87] 也不会蓄奴，至少根据最新研究状况和迄今流传的形象来说不会这样。

由此导致：概括而来的差异使特定的蚂蚁认识史和文化史变得不可或缺。必须从认识史的角度指出，昆虫学尤其是对蚂蚁研究的总体趋势和范式转换，对于蚂蚁社会形象的构成也起到了重要的作用。昆虫学为其社会学画卷所使用的画布、调色板和画笔，自身也在不停变化，不仅受制于该研究领域的进步或退步，还受制于主流的社会自描述方式的吸引力或偏好——或是共和制，或是极权国家，或是自由主义群体——这激励了研究的进行，并将其转向特定的形象。对社会性昆虫的主题或修辞史研究，若对昆虫学及其不断变化的认识论和兴趣点一无所知，便像某种无视其研究对象的诗学和审美维度的认识史一样幼稚。因为蚂蚁对我们突破一切学术边界的吸引力，有两个源头：形象领域引人注意的格式塔以及研究的重要性。看一眼近年来的《时代周报》《纽约客》《法兰克福汇报》《南德意志报》《纽约时报书评专刊》《新苏黎世报》这些媒体就知道，对社会性昆虫的认识的重要意义显然远远超越了昆虫学的范畴。报纸杂志会向广大受众报道最新的研究成果。就连尝试从基因角度阐释利他行为的高度专业性的讨论，比如近来对所谓汉密尔顿法则的讨论，[88] 也变得个性化和流行了起来。[89] 我还会

35

详细介绍对这条法则及其对于我们社会自描述之意义的富有启发性的争议。这一点就可以证明，科学、文学、大众传媒中已经形成了糟糕的印象，觉得对社会性昆虫的研究总是会与人类和人类社会相关。这种转化的暗示一方面使得普罗大众对蚂蚁社会形象的观点产生兴趣，另一方面，这种时刻准备进行明显类比的做法，已经属于其形象的修辞效果之一了。这两方面相互支持、相互补充、相互增强。因此，必须对社会性昆虫的文化和科学史进行立体观察：将加倍的目光投向诗学，投向昆虫学认识论，投向形象和传统话题，投向理论和模型。

36

这同样适用于蚂蚁和蜜蜂。以博物学为衬托，以修辞学为装饰，它们分别象征了不同的社会秩序的可能性。亚历山大·蒲柏（Alexander Pope）在 1734 年区分了"蚂蚁的自由国家"和"蜜蜂的王朝"，[90] 还明确强调，蚂蚁的"无政府状态""绝不是混乱的"，每个成员都认识到共和国的法律并维护它。伏尔泰也在 1764 年将民主的蚂蚁作为与女王统治下的蜜蜂王朝相对立的范例："蚂蚁社会可以被看作是一个出色的民主政体。它超越了所有其他的国家形式，因为每个成员在其中都是平等的，且都为其他所有人的福祉而工作。"[91] 平等与工作之关联的社会批评意味在这里是很难忽视的。不久之后，戈特霍尔德·埃夫莱姆·莱辛（Gotthold Ephraim Lessing）也着手研究这种区别，让他的《恩斯特与法尔克》（*Ernst und Falk*）中的共济会员们醉心于蚂蚁的社会秩序。也是在这部对话录中，真实存在的或想象中的各种"国家"状况都借由社会性昆虫得到塑造和讨论。莱辛笔下的讨论者的问题是，"国家的幸福"是否能够以及怎样能够延伸到"成员"身上，"个体成员"是否可以以及怎样可以不再为了全体的利益而必须"受苦"。[92] 在这个问题上，从亚里士多德到霍布斯的政治哲学总是未加考虑地选择整体而放弃部分，[93]仿佛这一选择是别无选择的，仿佛必须要在整体的良好制度（以牺牲部分为代价）与个人的幸福实现（以牺牲整体为代价）之间作出抉择。

共济会认为蜜蜂是出色的建筑师和优秀的经济学家，因此将蜜蜂和蜂巢放在了徽章上。"共济会员间的对话"[94]触及这个问题是有道理的。但是共济会和蚂蚁之间有什么关系？在莱辛之前完全不相干，直到莱辛的这部《恩斯特与法尔克》为人所知之后，蚂蚁才成为个别分会的徽章动物。[95]在这种背景下，这一传统话题的出现——与福楼拜不同——是特意为之的。厌倦了共济会员法尔克给出的"谜题"后，恩斯特想从对话中抽身片刻："我现在宁可躺在一棵树下观察蚂蚁。"[96]恩斯特许诺法尔克，将会让他"惊得目瞪口呆"，只要陪着他，再把眼睛睁开："跟我躺到下面来，瞧！"法尔克问他究竟要看什么，得到的是：

> 恩斯特：这座蚁丘上面、里面和周围的生活和运动，多么繁忙，又多么有序！所有蚂蚁都在扛、拽、拉，没有一只是别人的阻碍。瞧啊！它们甚至互相帮助。
>
> 法尔克：蚂蚁生活在社会中，就像蜜蜂一样。
>
> 恩斯特：生活在一个比蜜蜂好得多的社会中。因为它们不把任何成员踩在脚下。

法尔克立刻认同了这项观察的意义，由于长久以来的蚂蚁和人类的可类比性，他得出了一个非常具有政治性的结论：

法尔克：没有统治，秩序也应该能够存在。

38 恩斯特：如果每个个体都能够自我统治的话，为什么不呢？

法尔克：人类是否有一天也会这样呢？

恩斯特：这可太难了！

法尔克：可惜！

恩斯特：确实。[97]

对蚂蚁的观察使恩斯特对现存的社会采取了批判的态度。"瞧啊！"他对法尔克喊道。要瞧的东西很明显：一个合作与团结的世界，显然它不是通过领导而实现的。它们不需要"控制和统治"它们的君主，而且蚂蚁还有能力实现伟大的共同业绩。"它们甚至互相帮助。"这句"瞧啊！"要求了有待观察的现象仿佛从其自身之中创造出来的明证性。只要你正确地去看，就会迅速发觉，蚂蚁社会描述了一种秩序的样本，它既不是君主制的，也不仅仅是等级制的。蜜蜂也生活在社会中，特别强调这一点，可以使例子的作用更加鲜明：它对蜜蜂的情况作了另一种侧写，从而使君主制的国家宪法具有偶发性。君主制因此既不是神所赐予的，也不是无可替代的；既不是不可或缺的，也不是不可避免的。在此，对蚂蚁的观察成为启蒙与批判的发生器或催化剂。对于将人类从康德所诊断的咎由自取的不成熟中解放出来①，它作出了重要但却被低估了的贡献。观察社会性昆虫所能引发的颠覆性后果，只有卢梭和伏尔泰的

---

① 康德在《什么是启蒙》一文中说："启蒙就是人类脱离自己所加之于自己的不成熟状态，不成熟状态就是不经别人的引导便对运用自己的理智无能为力。"

著作可以比拟。因为它明确指出，所有"国家宪法"都是"手段"，更确切地说，是"人类发明的手段"。恩斯特，蚂蚁的观察者，确认说："国家宪法是很多样的。"[98] 对蚂蚁和蜜蜂之国的描述支持了这种多样性的存在。正是由于其各自的明证性，它们产生出偶发性。从直截了当的"清楚明白"中（"瞧啊！"），恩斯特与法尔克获得了对人类秩序构建性质的洞见。这将莱辛论述蚂蚁和蜜蜂社会的作品与蒲柏和伏尔泰区分了开来，使他与曼德维尔站到了一起。没有一种宪法是"不容置疑的"。[99] 因此，社会性世界的建构可以被修复，可以被翻新，也可以被全面改造，或者被全部更换。

研究计划

即使比恩斯特和法尔克看得更准确，有新的工具和模型、理论和方法的支持，也无法绝对不犯错地直视到真理。因此，莱辛从近代昆虫学研究的视角出发，意图"去神秘化"，并同时设想，这种最新的研究可谓全无神秘性，还揭示了社会性昆虫的真相，但他的这些想法是站不住脚的。[100] 相反，蚂蚁学的范式转换不仅产生了新的发现，也可能有更站得住脚的知识，而且持续不断地激发新的形象与文字作品。1810 年，皮埃尔·于贝尔（Pierre Huber）在他的作品序言中简单提到了他的前辈普林尼和卡尔·冯·林奈所发展的知识，他想要超越它，代之以一部完整的蚂蚁史，从摇篮到坟墓，从蚁群的建立到受孕的蚁后再到帝国的繁荣，最终写到它们帝国的灭亡。[101] 在于贝尔这里，蚂蚁才第一次成为可讲述的历史的主角。在伟大的分类学家林奈那里，是看不到这样的文字的：

7 月 15 日上午 10 点，要塞派出的一小队血红林蚁，经过急行军后抵达附近约二十步远的一处黑山蚁的巢穴，将之包围后排兵布阵。原住民发现了陌生者并发起攻击，数蚁被俘。因此，林蚁没有进一步进攻，它们似乎在等待援军。要塞不时地派出支援。……营地四周每隔一段时间就发生一场战斗。……林蚁供给充分，它们直捣黑山蚁的核心，从四面八方发起攻击，兵临其城门之下。[102]

随着战争的爆发，文中所用的时态转为现在时。血红林蚁掌控了战斗，占领了城市，没收了财产，将猎获物运回自己的城市，读者仿佛身临其境。一小支占领军留在了被掠夺一空的城市。[103]蒂托·李维（Titus Livius）在《罗马史》（*ab urbe condita*）中用相似的语言描写了罗马的伟大军事行动。于贝尔所欠缺的只是没有为蚂蚁军队的司令官赋予一个名字。这种疏忽将由众多的文学作品来弥补。[104]又一个世纪之后，这种叙事段落在正统的昆虫学中是找不到了。那时最新潮的是惠勒的假设，蚁群作为整体构成一个有机体，单个的蚂蚁表现为这个有机体的细胞。[105]并非主体的或国家的历史，而是达尔文的进化论在这里提供了叙事。到了 20 世纪末，我们在凯文·凯利的书里读到："蚂蚁是一种并行处理器。"[106]描述性语言提供的形象不再是一个在其环境中的活生生的有机体，而是一部处理数字、电子数据的机器。

在所有的明证性中提供形象的仍然是偶发性。甚至连昆虫学家们的意见也变化不定：随着作者、专业文化与时代的不同，蚂蚁被视为"战士"，为了"狩猎奴隶"施行抢劫，面对"被奴役的民众"，它们又是"体型、力量与勇气方面的主宰

者";[107]或者，它们被认为是利他的、合作的种族，它们的社会 　41
秩序近似于马克思的"社会主义"理想形象。[108]对这一秩序的
设想包括了一个特定时期内对一个社会所能想出以及说出的全
部内容。为了更清楚地看到蚁穴在文学文本、电影、交际场景
或文化背景中产生的形象究竟意味着什么，它能实现什么功
能，就必须提到认识史，并从社会学的角度加以分析。对蚂蚁
与人之类比的分析带领我们：

（1）来到认识史以及科学技术研究的领域。对此就要重
新认识在特定时期、特定文化和特定体系中，什么才算是蚂蚁
的科学知识。为此必不可少的是，至少要研究一下昆虫学的方
法与理论、猜想与观察，以便能够搞清楚它们有什么不同。因
为蚂蚁社会在具体情况下所蕴含或暗示的形象，也是注入这一
形象和被这一形象所调动起来的昆虫学知识的某种作用。

在"人就是蚂蚁"这样一句老生常谈中，还有其他的视
角更能说明问题，亦即：

（2）这个概念的**起源**和**历史**。这导向在基于史学和媒介
学的文化史领域的研究。蚂蚁社会的形象不仅是通过某个时代
的昆虫学知识格式化的，而且也通过其显露于其中的媒介与形
式。由此可见，蚂蚁社会的魅力史不仅是由认知的革命，也是
由媒介的断裂所构造的。无线电报或互联网的发明对于蚂蚁的
形象中所凝结出的秩序的观念，正如将涌现理论与二阶控制论　42
模型引入昆虫学一样，具有严肃的后果。

（3）数千年来，蚂蚁的形象作为肖像、样板、漫画或拼
图照亮了人类社会，但它也相应地投下了昏暗的或长长的**阴
影**。在这阴影中，不再能够被观察到的东西都消失了，因为光
芒四射的形象的**明证性**让其他的一切都黯然失色。例如，在蚂

蚁城市的阴影中，一切游牧生活方式都消失了，似乎所有城邦以外的共同生活都只可能是反社会的。在蚂蚁形象的阴影中，作为简单代理人（simple agent）的个体与智慧消失了。在一个高效、实用的工作秩序策划中，脱离这一工具理性框架的生活方式是没有立足之地的。当构建了这种形象的昆虫学概念参与进来时，阴影当中的东西也就变得可见了。因此对某一形象的修辞学、诗学或美学维度的分析必须伴随每个隐含的蚂蚁学知识的重构。

（4）这种关于排斥其他可能性的明证性系统理论假说猜测，在这一光与影的结合中，也存在着形象的某种**功能**。这里的关键是，哪一条**社会自描述习语**在这里得到承认或否认。在就"我们生活在什么样的社会中以及哪一种文化才是正确的"问题所进行的斗争中，[109] 有一个答案是非常明显地根植于形象之中的，即替代品必须保持在视线之外。人看不到其他应该被看到的东西。在蚂蚁社会的形象中，特定的社会秩序形式被认可了，而另外的可能性则被排除了。

43　　举一个去边界化了的游牧生活方式[110]的例子：谁若只是临时地架起帐篷，以便不久后迁移到下一个地方，就从蚂蚁国家中将地点与秩序紧密相连的明显的形象中消失了。虽然有些无需固定居住地点的蚂蚁过得也很好，但这是没有意义的；重要的只是与蚂蚁社会相关的城邦形象。由这一形象的明证性所建立的社会排外逻辑是这样的：如果人类像蚂蚁，而蚂蚁是城市居民，那么所有不属于城邦的人都不是人，而是野人。社会政治与强权政治的后果是巨大的。因此，对于亚里士多德来说，"所有存在之中最野蛮的"是生活在国家秩序以外的人。这些野蛮的存在若被文明的希腊人抓住，将被无情地奴役，作为

"有灵魂的工具"用来建设城邦经济。[111]皮埃尔·于贝尔的每个读者可能都会想到，将奴隶制社会像蚂蚁国家的通用做法那样合法化。

（5）蚂蚁是政治性动物，蚁穴自古希腊罗马时代以来就被按照社会来描述。这对生物学的影响要到很久之后才显现出来。直到19世纪末，膜翅目昆虫的社会行为才成为昆虫学研究的中心——此前的动物学满足于分类学不断发现的新物种。与此同时，年轻的社会学开始对蚂蚁社会产生兴趣。是什么构成了一个社会？应该用怎样的方法去研究它？这些问题试图通过研究社会性昆虫的社会来寻求解答，但这两个学科都面对着复杂的组织与庞大的个体数量。同样是在19世纪，昆虫学家和社会学家之间开展了从未明确宣布却愈加紧密的合作。蚂蚁社会的研究领域使得方法与理论的互动成为可能，在假说和猜想的互相接纳方面，使这两个学科更加丰富，也更加负担沉重。这种交换经济的探索有望使这两门学科焕然一新。

（6）社会学与昆虫学之间的交互，人类社会与蚂蚁社会之间的转换，隐喻和模型的循环，发生在被米歇尔·塞尔（Michel Serres）称作"通道"（Passage）的媒介中。塞尔用这种航海图像解释"从人文与社会科学通向精确的科学，反之亦然"的迷宫般的航路。[112]正如其专著《西北通道》（*Nordwest - Passage*）的标题所说的那样，通道并非一个确切测绘出的行船路线，而是——一直延续到20世纪——某种推测性的或实验性的方式。通道意味着往往只有"很薄的隔墙"的"知识领域"之间惊人的"联系与过渡"。[113]蚂蚁与人之间的**隔墙**不可能更薄了，因为，从某个视角来看，人都是蚂蚁。我将揭示，正是昆虫学—社会学的通道建立了这种视角。

人是蚂蚁

在《恶搞之家》的那一集中，比尔·盖茨就激烈地回应了迈克尔·艾斯纳的**比喻**，并告诉这位迟钝的同行，底下的那些人并不是"**像蚂蚁一样**"。事实是："他们就**是**蚂蚁。"盖茨放弃了类比，转而认定了二者之间的**一致性**。这中间的区别是非常大的，即使乍看上去很容易理解：盖茨又一次击败了他的牌友艾斯纳，在"谁是最刻薄的亿万富翁"的比赛中拔得头筹。下面那些人，如果他们不只是**像**蚂蚁一样，而是就**是**蚂蚁的话，还有什么不能对他们做的呢？或许就会像迪士尼动画电影《别惹蚂蚁》中的卢卡斯对待花园里的蚁穴那样了吧。但蚂蚁是不会让自己白白被践踏的。

卢卡斯经历了一场变身，他一点点地变成了蚂蚁，他与蚂蚁之间的区别消失了，在这个过程中，他学习到：如果人类就是蚂蚁，那么人类也可以像蚂蚁一样为了社群的利益而合作。或许也可以像蚂蚁一样好好工作，也可能像它们一样听话。那么人类或许也可以很有纪律、很勤劳，就像我们对社会的下等阶层一直以来所期待的那样。从蚂蚁的无限数量和"生存斗争"中极高的损失率来看，普通观众也可以得出结论，这个损失量还是承受得起的。由于它们的高生育率，蚂蚁的数量还是绰绰有余。"蚂蚁的大军"是"数以百万计的"，每个个体却又"瞎"又"蠢"。[114] 所有这些都可能导致盖茨的结论，但即使是理解这句话的最直接的联想，也取决于是什么样的昆虫学知识掌控着我们对蚂蚁的印象，按照德里达的说法，我们现在就是蚂蚁。[115]

如果像儒勒·米什莱一样，认为蚂蚁就是共和主义动物,[116]或者像彼得·克鲁泡特金（Peter Kropotkin）那样，认为蚂蚁的行为从根本上讲就是利他主义的,[117]那么根据世界观的偏好，盖茨的言论或许也没有什么可争议的。但是反过来，如果把他的言论放在像卡尔·埃舍里希（Karl Escherich）这样的昆虫学家的语境下（埃舍里希将"昆虫国家"的"精确计划的劳动组织"作为"榜样"推荐给国家社会主义的全能国家),[118]或者放在像威廉·莫顿·惠勒（William Morton Wheeler）这样考虑优生学和社会卫生学的重要研究者的背景下,[119]那么这种言论肯定会招来批评。如果我们就是蚂蚁，那么蚂蚁也就是我们，是我们想要成为或可能成为的样子：法西斯主义者，利他主义者和共和主义者，工人和艺术家（就像那则著名的关于蚂蚁和蟋蟀的寓言），或者浪荡子和小市民。[120]但是，什么东西会在什么时候引发出意义呢？蚂蚁的形象在大众媒介中发挥着社会组织的比喻作用，对于接受者来说没有门槛；然而这看似如此简单，只是因为这一形象中蕴藏着很不确定的东西，即这一形象的提供者到底有着什么样的社会形式。对这一绝对比喻的历史似乎挖掘得还不够深入：先从认识史的角度看一眼昆虫学赋予**这种**典型社会性昆虫的社会类型,[121]才能了解其形式与色调的概要。这适用于作为人类组织的类比物的蚂蚁，也适用于人类与社会性昆虫的组织原则之间假定的一致性。

盖茨的断言，艾斯纳看到的底下的那些就**是**蚂蚁，超越了单纯的对比、类比或隐喻。他这种认定二者间一致性的断言是那么令人惊讶，但重要的昆虫学家们也是这么认为的。我们还会看到，也有一些社会学家带着"人类就是蚂蚁"这种想法进行实验。无论如何，像亨利·克里斯托弗·麦库克（Henry Christopher McCook）这样令人尊敬的蚂蚁学家在 1909 年就

47

说过：

> 人类在社会中所要解决的一般需求和任务，在蚂蚁社
> 会中有什么不同呢？它们根本就是一样的。[122]

五十年后，控制论之父诺伯特·维纳（Norbert Wiener）在回忆欧洲法西斯主义并同时面对当代美国的经济组织形式时（在他看来，这种组织形式是福特制和泰勒制的，其特点是流水线、时间效率、白领和蓝领阶层的分化以及将管理人员从实际操作中分离出来）写道：

> 对于预定职能的全面控制，是他们努力实现的状态，
> 而这正是蚂蚁国家的状态。在蚂蚁社会中，每只工蚁都在
> 执行特定的职能。存在着一个特殊的军事阶层。某些高度
> 发展的个体充当着国王和王后的职能。如果人类接受了这
> 种社会形式，他们就生活在一个法西斯国家之中，理想情
> 况下，每个个体从出生之日起就已经被决定了特定的角
> 色，统治者永远是统治者，士兵永远是士兵，农民永远是
> 农民，工人也永远是工人。[123]

人文主义者维纳虽然相信，这种发展伴随着"人类真正天性的堕落"，但他也承认，将"人类个体"降级为"人类物质"并在此基础上"组织起一个法西斯主义的蚂蚁国家"，"当然是可能的"。[124]偏偏是一位控制论专家来讨论"与蚂蚁的对比下"[125]人类社会结构的未来，这绝不是偶然，因为这门新兴学科研究的就是通信、控制和命令这样的抽象模型，它们从

48

根本上讲对于"蚂蚁和人类"都是同样有效的。[126] 控制论所研究的一般的"组织机制"适用于"社会学与人类学",适用于所有"社会共同体",也同样"适用于蚂蚁",维纳在 1963 年写道。[127] 因此,"种差"(differentia specifica)的问题就在这里所列举的许多共同点的基础上被提出来了。科学史学者夏洛特·斯莱(Charlotte Sleigh)猜测,控制论将蚂蚁转化为"进行信息传递的单位",对其可以提出"一系列关于通信与社会的问题"。[128] 蚂蚁就这样成了一种"认识对象"或"模型生物",[129] 不仅是昆虫学的难题,社会学和人类学的难题都有待于依赖它来解决。也就是说,在蚂蚁身上观察到的东西,可以回答社会学或人类学的问题——超越了"什么是人,什么是人所生活于其中的社会"这样的学科限制。维纳的"控制论"描述的是"动物和机器中的控制和通信"。在这种泛科学的新的范式框架内,蚂蚁、人类与机器之间的区别消失了。正是因为控制论对人类和蚂蚁根本不加区分,维纳才出于道德的理由担心,有人可能利用相应的社会技术"将人类的生活降级为一种蚂蚁的生活"。[130] 我们现在可以怀疑,在盖茨看来,事情本该如此。

49

第二章　从利维坦到白蚁之国

脚注的复杂化

　　脚注总有其必然性，无论你设置它还是忘记它、阅读它还是忽视它。卡尔·施米特的一条脚注先是被我忽略了，但随后它提供了创作这本书的灵感。这个注释出现在《霍布斯国家学说中的利维坦》（*Der Leviathan*，以下简称《利维坦》）一书中，这是卡尔·施米特 1938 年对托马斯·霍布斯所作的研究著作。为了看看这位研究例外状态和决断的理论家在纳粹上台五年后如何于"政治象征"的镜像中定位自身，这本书无疑是值得一读的。对我来说，这部作品还因其文学引用和形象分析而显得有趣。"借助于伊索和拉封丹的一本经典寓言集……就可以发展出一套清晰、合理的政治与国际法理论。"施米特如此建议，而在这一点上人们确实很听他的话。[1] 对文学的这种"解释"可不是传授知识的中立教学工具，而是像寓言一样，自其起源开始，就是高度政治性的。[2] 因为，若要什么东西变得"直观""清晰"或"合理"，就不能仅仅依赖问题重重的"政治理论"。或者说，必须考虑寓言的诗学维度。读者是同情那些羊、狼、狐狸、狮子、驴子以及蚂蚁和蜜蜂，还是同情它们的对手，取决于文学对它们的表现。如果饥饿的蟋蟀得到了相应的描绘，吝啬的蚂蚁就在对认同感的竞争中输掉了，而蚂蚁所代表的"资本主义"秩序也就遭到了质疑。[3] 因此，寓言中的"每个动物"都可以上演非法侵害，或被刻画为合法的防御者。[4] 正是寓言将教训注入形象之中。

利维坦也是一种政治形象，它有着自己的形成史。[5] 它不仅**解释**了一种政治理论，还帮助政治性转变为某种明证性，这种明证性不应归因于理论，而应归因于理论的展现。即使在施米特吟诵他自己的国际法观点时，也要回归于美学方法。他的国际法思想中重要的一点是：**陆地与海洋**[6] 不仅有着政治的，还同样有着文学的传统。正如赫尔曼·梅尔维尔（Herman Melville）的《白鲸》（*Moby Dick*）一样，施米特将陆地与海洋确定为人类体验与行动的根本不同的空间；也跟梅尔维尔一样，他将象与鲸，即贝希摩斯与利维坦指派为陆地与海洋的象征物。[7] 鲸在这里代表着海洋的力量，这种力量没有占据巨大无垠的海洋空间，将它据为己有或刻上标记，而是一点一点、一段一段地破坏掉海洋的平滑空间。象，这种神圣的、尊贵的动物，[8] 代表着一块领土之上的统治者，代表着一个有着疆界与标记的空间，财产与法律的关系都铭刻在这片疆域里。在海上，一道波浪与另一道波浪是一样的，水作为书写的媒介几乎没有用处，而陆地上的地点却保护着秩序，这种秩序是在历史的过程中写入其中的：回廊与城墙、壕沟与堡垒、收费处的路障和卡口，都指向某种特定的统治关系。今人从空中仍然可以追踪古罗马界墙的走向，却不能在地中海的上空鸟瞰威尼斯海上力量的势力范围。对于弗朗茨·卡夫卡的 K 先生来说，村庄与城堡的地形和建筑第一眼看上去，就显露出了城堡错综复杂、遥不可及的官僚主义层次结构。[9] 相反，对于"永远在动荡的海洋"[10]来说，却并不能看清它所破坏的船甲板上有着什么样的好的或坏的秩序。[11]

施米特所分析的"形象"，因为它们代表了政治的替代方

案，或者说代表了根本上完全不同的人类介入存在的方式，[12]
也可以被解读为空间的文学基础的效应。因此它们是"象征"
而不是索引式的记号，因为它们并非简单地存储了这个世界的
物理现实再"如实"地展现出来，而是令人印象深刻地、富
有启发性地、几乎是不可抗拒地邀请人进入某种特定的现实建
构当中。这不仅仅是**解释**，这是**本质性的**。跟着施米特，我们
了解到，我们所栖身的地形，是由陆地和海洋一般高度象征性
的差异制造出来的。[13]恰恰是假定的地缘政治因素要归因于组
织起空间想象的形象、象征或小说的不证自明。就像有人来到
波兰，会想象自己身处荒野，或是身处德意志故乡，因为田野
和草地"有序地"分隔开来，其原因并非在于真实的世界，
而是在于控制了空间感知的脚本中。[14]我读《利维坦》的时候，
这就是我的主题。[15]上文说的脚注指向一个被抛弃了的主题和
被抛弃了的文本，似乎对一切来说都没什么用处。[16]

"卡尔·埃舍里希，《白蚁幻想：关于政治人物教育的慕
尼黑校长演说》（ *Thermitenwahn. Eine Münchener Rektoratsrede
über die Erziehung zum politischen Menschen* ），慕尼黑 1934"，这
就是施米特《利维坦》第 57 页的脚注。[17]施米特引用了一位昆
虫学家的话。在《利维坦》这一页上讨论的问题是，"霍布斯
的国家结构当今"在何种程度上仍然是"现代的"。这是个好
问题。研究欧洲历史上国家**建构**的人，都不能绕过霍布斯；[18]
而正如乌尔里希·哈尔滕（Ulrich Haltern）最近一部法学专著
的扉页所言，无论是政治科学还是政治代表制的主体，都没有
抛弃政治体的比喻。

对于霍布斯的现代性，施米特论证说："将叛逆和自私的
人类引入一个社会共同体这一难题……最终……将通过人类的

理智得到解决。"[19] 幸运的是，人类并不是"纯粹的"，而是——像在寓言中一样——"有理智的狼"，他们有能力和平地达成有利的契约。[20] 无论如何，施米特对于人的境况（conditio humana）的幸运局面的喜悦表达得有些恶毒了，他写道，凭借"理智或头脑"的帮助来克服危害公共安全的"个体的任性"这一点，"即使对今天依然盛行的且绝非乌托邦式的自然科学思维来说也不言自明"。[21] 这只对其他人来说是明证的。而对于施米特自己来说，只要他对个人主义的个体不抱丝毫的想法[22]且不将现代国家建立的意义归于某种现代语义的发明，这一点就不是不言自明的。[23] 作为他所诊断出的、同样广泛存在且不容置疑的对这种建构之接受的例子，施米特引用了慕尼黑的昆虫学家、路德维希·马克西米利安大学校长卡尔·埃舍里希的演说，这篇演说很适合于"澄清问题"。[24] 但是昆虫学又能在一本关于利维坦的书中**澄清**什么样的问题呢？难道要继寓言中的狼和小羊之后，由昆虫来**阐明**政治学说？

　　但这里却离开了寓言的范围。对于答案来说重要的是在问题及其解答的角度上社会性昆虫与人之间的可比性；即使在社会性昆虫，即建立国家的"蚂蚁、白蚁与蜜蜂"之中也存在着个体主义与利己主义；这关系到至少第一眼看上去妨碍到国家建立的某些特征。社会性昆虫可不是那些装备着美德或罪恶以便阐明某种道德教谕的寓言里的生物。莱辛或许认为从狼和小羊的故事中每个人都会明白"怎么对待另一个人"。狼很强大，羊很弱小，它显然是无辜的，它的无辜却并不能拯救它于饿狼之口。"强者的法律"意味着什么呢？这则寓言教训说：这意味着它也是"最好的法律"。[25] 狼和小羊直接使这种不对称的态势明显了。因此寓言才使用动物讲述，因为"这些话语

54

在我们内心直接唤起形象，提供直接的认识"[26]。施米特在这里引用的却不是伊索、拉封丹或莱辛，而是埃舍里希，一位自然科学家，而非诗人。在**白蚁的国家**中也并不阐明某种道德，而是传达一个问题，即人与昆虫是一样的，只要他们作为政治动物生活在社会之中，并且立于达尔文主义的生存斗争之下。埃舍里希和施米特确信，每个国家无论如何都必须有心理准备，其国民是完全在适者生存的意义上寻求增加自己的收益，而不是奉献于公共的利益。在这种功能性的对比中，昆虫也并非形象、象征或比喻。毋宁说，在"自然科学的思维"[27]看来，社会性昆虫在建设和维持其国家秩序时，同人类社群有着**同样**

55 **的难题**，即个体明显是**自然的**，也就是说不可避免的利己主义本能[28]甚或"个体的顽固性"[29]能否及如何转化为全体的福利。

全能国家对个体主义的克服

施米特确信，"蚂蚁的国家永远不可能……是一个法治国家"[30]。但尽管如此它仍是一个国家吗？在"蚂蚁、白蚁和蜜蜂的国家"所找到的这个问题的答案，因"人的国家的生成"而不同。[31]卡尔·施米特援引卡尔·埃舍里希道，因为昆虫，这些真正的政治动物，似乎是用**生物学**的而非道德或法律的方法消除了本质上"阻碍建立国家"的"巨大的障碍"："从机体上放弃个性"。[32]施米特宣称，具体的个体因其利己主义与私欲而对国家没有一丁点作用。社会性昆虫早就实现了这一点，因为它们创造了秩序，在其中"个体的意义"只能根据其为国家履行的"任务"或"作用"来衡量。[33]这是一个政治上有趣的、极具爆发力的模型，因为道德本质自原罪以降已被证明为极不可靠，而人们却可以很好地指望生物方案。在调节方案上以反应代替道德，因此成为从恩斯特·云格尔到奥尔德斯·赫胥黎（Aldous Huxley）的极权主义乌托邦的美梦和反乌托邦的噩梦；正如我们即将读到的，这些乌托邦或反乌托邦之梦也受到了昆虫学的启示。

这里讨论了这一社会基本问题的生物学解决方案。[34]昆虫在它们的国家中演示如何实现这一点——我们接下来将看到，不只是纳粹昆虫学家对此深信不疑。埃舍里希在他的《校长演说》中针对白蚁国民的例子确实提到了这个物种形成国家的能力，这种能力建立在"每个独立个体在共同的意志之下处于绝对的从属地位以及切断任何个体主义与利己主义"的能力基础上。[35]这种表达暴露出，"个体主义与利己主义"是被预设的，以便随后被**切断**。以其特殊的行为方式彻底进行清除的调节选项，在对切断与从属的规划中就已经被考虑进去了。[36]"每个个体"自愿地"为了国家的思想自我克制和自我牺牲"，这使那位昆虫学家深受鼓舞，但这并不是理所应当的，[37]而是克服个体性、服从公共意志（volonté générale）这一双重过程的结果。这位校长在对慕尼黑大学生们的演说中特意补充说："国家社会主义的最高原则'公共利益优先于个体利益'，在这里得到了最终贯彻。白蚁国家……表现了一个具有最纯粹特征的全能国家，人类到目前为止还没有实现过它。"[38]**还没有**——而这个全能国家如今应当完全经由德意志的"血脉"在德意志的"土地"上来建立。[39]但是，人类不是蚂蚁，人类或多或少有着理智，并且很可惜也充满了"个体性"，这一"崇高目标"又该如何实现呢?[40]施米特将这种"个体主义"视为"反社会的"和"有危害性的"。[41]它必须"消失"。[42]可以看到：在霍布斯所许可的在个体的良心或"心灵"中针对国

56

家所作的"个体主义保留"的地方，[43]就已经埋下了它崩溃的
种子。也确实这样发生了："利维坦……破碎于对**国家和个人
自由的区分**。"[44]这似乎是施米特自己的"刀刺在背传说"，即
德意志第二帝国毁于针对其政府的个人保留。而根据埃舍里希
的观点，白蚁的国家所克服的就是这一致命的区分。因此，社
会性昆虫对施米特来说是那么有趣。施米特所假定的人民、国
家与元首的统一，由白蚁活出了表率。[45]

57

超个体——蚂蚁与人的逆转

白蚁很好地走出了困境，还有希望——即使是对我们来
说：国家的建立将人类从个体性的危险中拯救出来。施米特认
为，霍布斯把个体克服有危害性的、反社会的利己主义看作是
社会契约的结果，并最终是人类理性的结果。即使是在施米特
写作的那个时间，即 1938 年，人们也普遍认为，这一点"通
过**理智或头脑**的帮助"是可能实现的。[46]如果更仔细地研究那
个脚注中所引用的埃舍里希的文章，就能体会到理智与头脑之
间略显有些咬文嚼字的区别点。演说中只略微提到却没有展开
论述的昆虫学研究，当然确切地知道头脑和理智之间的差别。
前者被认为是生理组成部分，而后者却是精神存在。头脑由神
经组成，而理智则由形象、思想和感情组成。[47]个别的白蚁，
以及个别的蚂蚁或蜜蜂，被认为只有一个很小的、不是特别复
杂的大脑。[48]它们确实有大脑，但它们有理智吗？人们不认为
社会性昆虫的个体具有理智，虽然承认它们有理解力、记忆力
和学习能力。[49]杰出的德国昆虫学家保罗·埃里希·瓦斯曼
（Paul Erich Wasmann）认为，蚂蚁的（社会性）行为可以归
结为本能，[50]美国昆虫学家威廉·莫顿·惠勒则认为这是错误

58

的。[51]社会性昆虫怎样解释社会的形成呢？这种学术观点会导致循环论证。他也不认为蚂蚁有智慧，[52]虽然他也像他的同事们一样惊叹蚂蚁了不起的集体成就。[53]没有理智的话，它们能够实现这些成就吗？绝不可能，无论如何，理智都在其中发挥了作用，只不过它不存在于单个昆虫的头脑中，而是属于**超有机体**（Superorganismus），属于昆虫作为社群表现出来的利维坦——也许是作为霍布斯的"巨人"（Makranthropos）的一种对应物。[54]引用过埃舍里希的话之后，施米特立刻开始谈论这些"巨人"。要理解他讲授的昆虫学，就要探寻一种"转化"（Übertragung）。"巨人"所栖身的由无数多的个体构成的组织也有某种"智慧"。[55]今天人们或许会说起分布式智能。[56]即使是没有多少头脑的"简单的"行动者也可以通过某种"自组织"的方式建立一种合作，在此之上审慎、有效地行事，因此可以说它们具有"集体智慧"。[57]这种目前颇为盛行的集体智慧研究的假说，对埃舍里希来说并非全然陌生，他认为生物"集合体"具有"**自治**"（Selbstregulierung）[58]的能力。1935年，他以一种在今天仍不过时的语言风格说，"单个生物体"构成"关系的网络"，这一网络随后仿佛"超有机体"一般发挥作用，即一个有组织的统一体。[59]社会性昆虫促成了这一分布式行动力的构想：昆虫学家确认，作为其"功能"的统一体，"如今的生物学家认为"，白蚁国家表现为一个"'超个体'，一个'超有机体'"。[60]这一"超有机体"获得了组成昆虫国家的理智。施米特强调，它是一个"超个人的……机构"。[61]它是**超个体**，利维坦，或者如同我们时代仍旧以惠勒为榜样的"当今的生物学"所说，是一个**超生物体**。[62]无智能的代理人在特定条件下组成了智慧的集体。

59

在政治神学家看来，昆虫学又**阐明**了什么呢？若我们随着卡尔·施米特将这一构想从白蚁的世界"逆转"到人的王国，那么关于利维坦的超个体中被组织起来的"小人物"就可以说，在他所属组织的推动下，他正走在一条最好的道路上，从"个体的"变成"机械化的"，也因此变成了简单的行动者。[63]国家的组成元素不必有什么"个性"，而是要"可替换"。[64]埃舍里希在"白蚁国家"中明确指出了这种机械化："成员必须社会性地行动，它们不能做别的。"[65]其组织作为"超个体"的程度取决于这些控制程序，而并非取决于个体的智慧或理性。[66]但同时，所有成员都通过将自己集体化为一个"超个体"而受益于"单个个体价值的叠加"。[67]将"这一设想转化到'巨人'即'国家'之上"，我们可以这样引用和补充施米特的话：也会导致将之"逆转"到"小人物"身上。[68]

昆虫学家卡尔·施米特

卡尔·施米特在慕尼黑上大学时，恰逢卡尔·埃舍里希在那里教书。我们会猜测，他是否在 1908 年就已经对研究昆虫感兴趣了。但是对施米特的研究已经肯定，他在慕尼黑时代的一位朋友，阿莉塞·贝伦德（Alice Berend），在她出版于 1919 年的影射小说《幸运儿》（*Der Glückspilz*）中把施米特描绘成了一名昆虫学家：[69]"马丁·伯克尔曼博士教授，昆虫学家和某部引起轰动的关于蚂蚁国家的书籍之作者，又名卡尔·施米特。"[70]仅凭这个发现，她估计做不了什么文章。我的猜测是：贝伦德笔下的主角伯克尔曼借鉴了施米特 1914 年专著中关于国家的价值和个体的意义的结论，描写了蚂蚁国家的"宪法"，这部宪法解决了"私人利益"[71]的问题，特别适合于在

"完美的国家"统治下的"完美的种族"。[72]小说中写道："从伯克尔曼关于蚂蚁的国家形成的新理论中，可以清楚地剖析出未来唯一的国家形式的秘密。"[73]施米特相信自己已经摸到了这个秘密的蛛丝马迹。贝伦德一方面影射他的第一部作品，那部作品的远离世俗在小说中化为昆虫学家的不通世故。而另一方面，施米特肯定不是"所有蚂蚁的统治者"。[74]关于蚂蚁国家的那本书的作者其实是卡尔·埃舍里希，他研究蚂蚁的专著出版于 1917 年。这本书在第一次世界大战打到最激烈之时出版，时间选得很好，因为被奥古斯特·福勒尔（Auguste Forel）所接受的那条从观察蚂蚁国家之中得出的教训是这样的："它给了人类关于劳动、和谐、风险和公共精神的社会教育。"[75]在 1917 年有许多这样的机会。埃舍里希在这里就已提出假说，社会性昆虫能够完成高度的共同成就，"而每一只单独的蚂蚁不必对事情有全局观"。[76]卡尔·施米特感兴趣的是，他的化身伯克尔曼教授是否真能自己写下这些句子。他无论如何都是读过《幸运儿》的。[77]有可能正是因为被等同为昆虫学家，他才在《利维坦》中将埃舍里希的名字 Karl 错误地写成了 Carl。在这种情况下，人类国家和蚂蚁国家真是太相配了。

在这部伯克尔曼或施米特也可能写得出来的备受好评的作品中，埃舍里希确信，蚂蚁在没有"智慧"也没有"理性"[78]的情况下却凭借"广泛的劳动分工"建成了"国家"，这个"国家"有着"高度的组织性"和"发达的文化"。[79]他确信，在他自己的表述中也反复出现的"蚂蚁文化与人类文化的对比往往是相当惊人的"，同时他对泛人性化提出了警告。[80]"蚂蚁可不是迷你版人类。"他在 1917 年写道。[81]伯克尔曼从未忽略这条限制，[82]但埃舍里希在 1935 年的那篇被施米特引用的报告中却放弃了这一点。他在那里写道：

> 已经有许多人讨论过，我们将昆虫国家和人类国家所
> 表现出来的各种不同的社会形式进行对比，这么做是不是
> 有道理。我们这么做当然是有道理的，因为在建造、规
> 划、组织劳动、供应食品等方面，在国家构成中都有着普
> 遍的发展规律，无论是对于昆虫国家还是人类国家而言都
> 是如此。[83]

这可不是在讲故事。这里讨论的不是某种道德教育的直观
化，更像是一种跨物种的社会学。因为每一个国家都需要处理
的差异化与专业化、物流与供应等基本功能，让我们可以对昆
虫国家和人类国家进行对比——不是拿个别的蚂蚁、蜜蜂或白
蚁与个别的人类作对比。在国家的比喻范畴内对昆虫与人类之
间的"转化"与"逆转"[84]起决定作用的，不是神话般的、传
奇性的蚂蚁的勤劳、蜜蜂的刻苦或白蚁的奉献精神，而是普遍
的社会学规律性。现代社会生物学从故事中是学不到什么的，
因为它对个体及其"道德"不感兴趣。

这位醉心于纳粹主义的校长在对学生的讲话中没有提到的
是，这种听起来很"尼采"的超有机体或超个体概念是源自
美国的。对昆虫社会进行这种观察的一位先行者是埃舍里希在
"一战"前的一位熟人，威廉·莫顿·惠勒，[85]他在 1910 年将
蚁穴描述为一个超有机体。在那篇至今仍被研究界引用的基础
文章中，他指出：

> 蚁群最普遍的有机特征是它的个体性。像一个人体器

官或一个人一样，蚁群表现为一个整体，并同时在空间中仍保持为蚁群的状态，从而避免瓦解，并且作为普遍的规律，避免与相同或不同物种的其他群落之间的任何一种混合。[86]

个体性对于蚁穴来说是重要的。它像一个人一样统一行动，尤其是在空间之中。这保护了它的边界和整体性。这可不仅仅是"毫无组织的乌合之众"，像施米特所举出的与国家相对立的社会那样。[87]特别是，惠勒的蚂蚁国家能够区分敌友；它作为一个统一的整体，能够捍卫领土，也能够在需要保持能力和保障资源的时候进攻。这个国家厌恶与其他物种的"混合"。

抵抗明显表现为居民坚定的防御和积极的合作。再者，每个蚁群都在组成与行为方面表现出鲜明的特点。[88]

不是单个的蚂蚁，而是蚁群的超有机体证明了自己的个体性："其组成与行为方面的鲜明特征。"[89]因此，考虑到埃舍里希与施米特的人类和昆虫的利维坦，使用"个体""头脑"或"理智"等概念就有了意义。

社会性昆虫是能够建立国家的**政治动物**，亚里士多德将它与人类放在了同一个层次。此外对于昆虫学家和宪法学家来说，它们的国家是地缘政治的行动者，它们占据、标记、管理并保护一定的空间。[90]谁要是阅读 20 世纪上半叶那些以蚂蚁为主角的小说，就总会看到这两点：把蚁穴描述为城市，把它们的外交描述为地缘政治。在国家内部，警察用安乐死措施来维护公共健康，[91]而在对外关系上，各种族为争夺资源进行持续不断的战争。[92]

领导问题

　　在一个人类建立的空间秩序之中，为了让它的边界与结构、地位与等级、中心与边缘、包容与排斥显得自然而然、无可替代，就必须进行许多思想意识上的努力，然而在蚂蚁和白蚁的国家中，这些却很容易。毕竟，这是"在无尽的时间中不断发展出的最终产品"。[93]白蚁的国家——我们还可以加上蚂蚁和蜜蜂的国家——在"千百万年"[94]的时间里围绕有限的资源经受了永恒的、激烈的生存斗争。生物社会学进化的目标，即"最纯粹的全能国家"，白蚁在"千百万年"的时间里已经达到了。[95]自那以后，在自然界从不间断的自我表现的战斗中，它们的制度优越性表现了出来。在这个意义上，白蚁的社会发展已经完成了。[96]无论再发生什么，也已经不会有区别。它们的全能国家的建立，开启了后历史（Posthistoire）的时代。[97]人类也正走在这条路上，至少在未来"接近理想的全能国家"是绝非"毫无可能的"，埃舍里希如此期望。[98]实现这一目标的方法就是国家社会主义的人类以某种方式**变成白蚁**。埃舍里希虽然明确拒绝了这种"白蚁妄想"，[99]但在他看来，人类仍应该突破所有反复被提到的限制条件，像白蚁一样能够具有从属性。正如埃舍里希所说，"每个个体在白蚁国家中都自我奉献、自我约束"，这是一种"强烈的愉悦感"，[100]他还说，如果每个人都"服务于社群"，就也能感受到一种"更高级的愉悦感"。[101]服务就是愉悦。利他就是利己。[102]惠勒用这条公式结束了蚁穴作为超有机体的文章。蚂蚁成功地用这种利己的利他主义保证了物种的生存延续。[103]

因此，克服利己主义、放弃个体性是值得称道的——无论是对于人类还是对于社会性昆虫来讲。埃舍里希称，应当期待"教育"将个人变成"政治人类"。这些政治人类像政治昆虫一样"顺从地"、愉悦地服从于"社群"。[104] 由于惠勒的研究，埃舍里希将这种服务的愉悦当作一种昆虫学现象，作为对新人类的政治教育来宣扬。20 世纪 30 年代，还有其他像卡尔·施米特一样的推动者。比如恩斯特·云格尔的《工人》、阿道斯·赫胥黎的《美丽新世界》，我们将在下一章来解读这两部重要的文本。

所有这些人类世界和社会性昆虫世界中的转化与逆转，都要面对一个问题，这个问题曾被惠勒清楚地提出来，埃舍里希和施米特却回避了，因为答案会阻断他们通往全能国家的道路。惠勒注意到了"领导"这一政治问题：

65

> 如果我们假设蚁群和其他社会性昆虫都是超有机体，即便如此我们也面对着这道难题：是什么控制着蚁群成员富有前瞻性的合作或协同，并决定了其共同却又特别的发展进程？[105]

这确实是个难题，不仅对昆虫学家而言，对政治理论家来说也是如此。如果单个的蚂蚁并非自己作决定，因为它们作为个体只有很小的脑袋，几乎没有智慧，那么是谁在调整蚂蚁国家明显非常复杂的发展进程呢？谁协调了蚁众？谁控制了上百万名成员完美地组织、同步的过程？谁规划了具有明显劳动分工，又具有前瞻性的一致行动？惠勒援引了比利时诺贝尔文学奖得主、业余生物学家莫里斯·梅特林克（Maurice Maeterlinck），所发明的一种可疑的主管机构来解释这个谜题：蜂巢精神（spirit of the hive）。[106] 这位备受惠勒赞赏，但又时而被他嘲讽的诗人在他"神秘的"诗行[107]中将这个问题表述为："谁在管理，谁在统治？"梅特林克在《蚂蚁的生活》（*Leben der Ameisen*）中如此问道。[108] 施米特会用霍布斯的思想来这样表述：[109]谁作决断？在蚁穴中，并非由统治者具体决定国家的组织形式，[110]而是——没有特定的个体。这是一个**没有首脑与核心的组织秩序**。自古以来，这一点不断刺激着政治思想：不存在领导者、监督者或统治者，正如所罗门所正确观察到的那样——惠勒想到了《旧约》中关于蚂蚁的相关段落。[111]在这里所呈现的所罗门的《箴言》中，蚂蚁作为榜样得到推崇，尽管蚂蚁的国家形式与通常的宗法制—君主制的（父亲/家庭）、凭借个人魅力的（领导者/追随者）或教牧制的（牧人/牧群）形式完全矛盾："懒惰人哪，你去察看蚂蚁的动作，就可得智慧！蚂蚁没有元帅，没有官长，没有君王，尚且在夏天预备食物，在收割时聚积粮食。"[112]作者的惊讶之情清晰可见：**尽管**没有君主，它们**仍**以勤劳与谨慎未雨绸缪。对于这里明显是懒人的听者来说，蚂蚁不仅仅是《伊索寓言》中那样可以从它们那里学到东西的勤劳生物。这里还涉及蚂蚁社会那惊人的平等的或无政府的秩序。在寓言中，我们认识的是单个的蚂蚁。从伊索到拉封丹到莱辛，讲的都是**单个蚂蚁**的故事。它被推崇为个人模仿的对象，或者反过来，它的特征被宣告为我们应当避免的罪恶。相反，《箴言》则将复数的蚂蚁作为主题。一个没有等级制却运转良好的社会，蚂蚁的例子证明了这是可能的。雅克·德里达也在一篇随笔中讨论了单数的蚂蚁和复数的蚂蚁这一重要差异，它显示了作为寓言动物的蚂蚁和作为政治动物的蚂蚁之间的区别。

我们为数众多——通往二阶控制论之路

德里达强调说，他不会写关于**某只**蟋蟀或**某只**蚂蚁的寓言，[113]否则将导致错误的思想，认为会存在像某只昆虫一样的东西，而不是一个整体，一个真正的"昆虫之蚁丘"。[114]他从昆虫学的角度论证说，只有对复数的蚂蚁才能够说，它们"群集"（fourmi – fourmiller）：

> **蚂蚁**，这不仅仅是非常小的、无足轻重的微观价值的计量单位（像蚂蚁一样渺小）和不可计数的群体的微小数量，聚集在一起，不计数量，也不可能数得清……蚂蚁，蚂蚁的群集也就是昆虫本身……它聚集在一起。[115]

迈克尔·哈特和安东尼奥·内格里采纳了德里达的阐释，将不可计数的蚁群奉为**另一种**社会的典范。认为他们终于明白了，为何阿蒂尔·兰波（Arthur Rimbaud）在他"1871 年献给巴黎公社的美妙赞歌"中要将公社社员比喻为蚂蚁了，他们"聚集"成路障，将街道变成了"蚁丘"。他的"昆虫诗行"预见到一种"集体智慧，一种群体智能……"，现在是这一智能的时代了。兰波"唱响了蚁群的赞歌"，[116]哈特和内格里也这么做了。蚂蚁成为"群众"的象征，[117]而蚁丘取代了利维坦成为我们社会的"形象"和"自形象"（image）。[118]

当然，蚂蚁总是集体出现的。而且自古以来，在中世纪的博物志或诗篇手稿的插图上，蚂蚁就已经"聚集"在一起了。[119]它们不需要什么领袖、君王、首领或主人，因为它们的组织模式就是群体。因此德里达认为，不能计数其群体。从某种政府话语的角度来看，这简直是最苛刻的事情，[120] 因此哈特和内格里，以及德勒兹和加塔利（Gilles Deleuze / Félix Guattari）才对昆虫群体产生了兴趣。[121] 从这一角度观察，蚂蚁社会不仅——与蜜蜂王国不同——是一个没有雄蜂、没有国王

68　的集合，它甚至逃避了行政管理的最基本的技术。这里讲的仍然是蚂蚁，但与埃舍里希的全能国家相比，差异是惊人的。

　　从单数到复数，从故事中勤劳或吝啬、智慧或贪婪的蚂蚁到蚁丘、超有机体、群体、蚁穴、国家或现代多样性变化，标志着蚂蚁的文化史和认识史当中的重大转折：蚂蚁社会不再被

69　解释为个体的道德教训，就像——举个最典型的例子——德里达也提到过的《伊索寓言》中的蚂蚁和蝉一样。[122] 埃舍里希所描述的蚁穴或德里达所勾勒的蚁群设计了——当然是非常不同的——社会形式。只有当蚂蚁像这样作为社会性昆虫出现时，它们的集体行为才会与我们的社会发生关系，成为描述我们社会的模型。自 19 世纪末以来，蚂蚁研究所要观察的单位不再是单个的蚂蚁样本，而是它们的社会。[123] 惠勒在 1928 年清楚地指出了社会生物学的影响：因为作为超有机体的蚂蚁社会必须作为一个活生生的、有组织的整体被观察，行为学家观察的就不是构成蚁群的个体，而是它们"相互间的沟通"。[124] 卡尔·施米特称，只要理解了从蚂蚁故事到蚂蚁社会的这一步转变，就不会再"依靠伊索和拉封丹的经典寓言设计出清晰明确的政治理论"，[125] 这与更好的知识相悖，因为在埃舍里希那里他本应学到，某个物种的美德或恶习根本与"构成国家"无关。昆虫学的姊妹学科并非人类学，而是社会学。相反，动物寓言或许会给我们带来道德、宗教、经济甚至国际法的教益，但是

社会学的问题，社会秩序是如何形成的问题，寓言是不会提出来的。

早在亚诺什·然博基（Johannes Sambucus）1564 年的《寓意图志》（*Emblemata*）中，蚂蚁就是以复数形式得到讨论的。所有的蚂蚁都一样，尽管不存在给它们下命令或设立法律的管理者存在，它们也一起行动。它们组成一个社群，一个不分等级或者说没有中心的组织。"每个个体都是平等的，没有法律和主权。"（Omnibus aequale est, sine legibus imperiumque）[126]

70

处在紧要关头的并非蚂蚁的勤劳、未雨绸缪、节俭吝啬或犬儒主义，而是它们的社会组织形式。权利平等（Isokratia），寓意画的上方这样写着，这里关乎"平等者的统治"。这里的图画与文字紧紧抓住一个"权利平等主义"社会的可能性，与等级制的、集中制的蜜蜂王国形成对照，一行行排列的蜂巢显示出蜜蜂的特性。相反，蚂蚁簇拥在一起，没有明显的秩序。与蜜蜂不同，蚂蚁似乎不会被驯化。

蚂蚁代表了一个不可能开化的自然。显然，蚁群"没有统治者，没有监督者或上级"。霍布斯认为，它们是非理性的，亚里士多德说，它们彼此之间不会交谈，但它们却集体行动、颇有远见，"它们在所有事情上都协调一致，也就是说做或者不做相同的事情，它们的行为都指向同一个目标，它们的团结从不会经受动荡"[127]。在蚁穴的形象中，可以看到另一种社会的可能性。一个所有成员一律平等的社会，已经存在了——至少是在皮埃尔·于贝尔 1810 年出版《本地蚂蚁道德研究》（*Recherches sur les Moeurs des Fourmis indigène*）之前，这部作品揭露的蚂蚁蓄养奴隶、互相发动战争的事实令人印象深刻，让蚂蚁的共和主义朋友们失望地转身离去。[128]

自古以来，博物学家和政治哲学家就一致认为，尽管蚂蚁乱哄哄地聚在一起、缺乏领导，但它们是知道自己在干什么的。“所有成员拥挤在一起，但却知道要做什么”，16 世纪早期的一个作家重复了他在亚里士多德、普林尼、依西多禄（Isidorus）和大阿尔伯特①那里读到过的东西。[129]普林尼所描写的蚂蚁不仅在广场上互相交流（“hae communicantes…”）、彼
72 此做生意，它们还组成一个共和国，在行动时考虑过去和未来，也就是说它们作为社会性生物是有学习能力的（“et his rei publicae ratio，memoria，cura”）。[130]今天的蚂蚁学研究仍然在为这些寻找着解释。这里涉及的仍然是梅特林克、惠勒和埃舍里希的那个问题：谁，或者说是什么，支配着社会性昆虫的政治体。

是谁呢？不是蚁后，不是兵蚁组织，不是工蚁委员会，不是蚁民代表。惠勒所说的蚁穴与超有机体的“主管机构”[131]是不能被定位的，拿今天的话来说，这是因为代理人（agency）是分散的，并且在单个蚂蚁的合作过程中（“process of consociation”）**涌现**出来。[132]埃舍里希谈到了“自调节”，[133]施米特则谈到了“自组织”。[134]但无论如何，社会在某种“自动机制”中“自我控制、自我调节”，[135]对施米特来说都是一种错误的、危险的想法，因为这样一来就没有什么、没有人能够代表社会的“统一”，也没有人能够以这种统一的名义来决断和行动。[136]他认为，社会的自控制是一个错误，一个技术化的异端邪说，“尚未存在如此完善的控制设备”能够“从其自身要

---

① Albertus Magnus，约 1200—1280，中世纪重要的哲学家、神学家，多明我会神父，开创了中世纪盛期的基督教亚里士多德主义。

求出发在霍布斯哲学实践的意义上提出'谁来决断'（Quis judicabit）的问题"[137]。施米特完全不愿设想一个二阶控制论。埃舍里希从最新的行为学研究结果中也没有得出一个可能性越来越大的结论，即将昆虫国家设想为分散智能与行动者自组织的网络。他的超有机体、惠勒的超有机体或梅特林克的蜂巢精神指向了一种可能的社会制度，在那里没有中心、没有决断核 73
心，命令与控制不是以等级制，而是以代表制和分散式运行的。这里呈现出的转化与逆转，对于施米特这位例外状态理论家[138]来说就像对于痴迷于"国家社会主义精神"的慕尼黑昆虫学家埃舍里希一样不可思议。[139]但它却与社会自组织的设想，与关于没有领袖、没有君主的良好秩序之成功的古代知识相一致：关于自我管理、自我调节之行动者的网络设想登上了昆虫学的舞台，也因此登上了社会自描述的舞台。它有机会改写剧本、成为主角。它读起来与地缘政治小说完全不同。 74

第三章 一个新昆虫物种的舞台

> 它们将性别、翅膀、眼睛奉献
> 给了公共利益，它们各自负有不同
> 的职责，它们是割草工、挖土工、
> 泥水匠、建筑师、木匠、园丁、化
> 学家、保姆、尸体搬运工，它们必
> 须为所有成员工作……[1]

勤奋的工人：恩斯特·云格尔

1932 年敲响了后人类的钟声。人类及其组织机构达到了进化的新阶段，这一阶段在工人的统治中找到了它的社会与生理形态。对于这一后人类的英雄来说，尼采的**超人**与作为**超动物**的蚂蚁成为了榜样，"工人的代表……既是个体提升的最高阶段，如同他们在**超人**中预见到的一样，在现存社群的工作命令下又是像**蚂蚁**一样的，从这一角度来看，个性的要求可以被看作是私人领域的无谓表达"[2]。恩斯特·云格尔在他的《工人》一书中从两个方面接近这种"蚂蚁一样的"类型，在他的时代，没有其他学科能像现代昆虫学那样理解他的思路：（1）将工人确定为某一属类的新物种；（2）涉及工人的社会组织的特点。属类特点与社会秩序两者都处于一种进化的条件关系中。群体选择与个体选择联袂而来，并随时可为对方在"生存斗争"中提供优势。[3] 作为单一的样本，工人代表了 20

世纪初的人类肉体与精神上在力量与敏捷、沉着与自律、勇敢与坚毅、奉献与智慧方面的可能性。这位可敬的前少尉回顾在第一次世界大战前线当士兵时看到的，只是如今变成一个新的人类**类型**的征兆。云格尔在《工人》中谈论"个体提升的最高阶段"时，[4] 指的绝不是单个的人，而是作为其属类之样本的个体。一个系统发育的过程将人变成工人。这一发展自然也造成了严肃的社会后果并因此开辟了新时代，而它本身同时就是社会动乱与技术革新的结果。

属于"新时代的确切标志"的，是对"资产阶级社会"[5] 及其从剧院到议会、从协会到图书馆的所有设施发出的死刑判决。这种社会变革表现于工人的生理特征之中。对于云格尔来说，工人是一种类型，一个概念，它意味着集列性（Serialität），替代了资产阶级的个体性。他的脸上没有任何心灵的独特性与复杂性的痕迹。其原型是钢盔之下士兵那剃光胡须、无表情、坚毅的脸，这张脸的样貌与他的战友们并无不同。当然，一个士兵不仅有一个编号，还有名字，但给他打上标记的是他在部队中的位置，而不是能够培养其与他人的不同点的个体性。为单个的工人赋予"价值"，指出他与队列中"其他分支的关系与不同"，是结构主义的、受过动物学分类问题训练的眼光。[6] 对于云格尔来说，他们跟资产阶级的区别是很明显的；只要睁开眼看看：

76

　　在钢盔或保护罩下看向观察者的脸也改变了。如同在集会或群像中所观察到的那样，脸的样式图缺少多样性并因此缺失了个性，却获得了个体表达的清晰性和确定性。脸变得更具金属感，它的表面仿佛经过电镀，骨骼结构清楚地显露出来，线条凹下或凸起。目光安静而固定，习于观察在高速状态下有待捕获的物体。拥有这张脸的种族开始在独特条件下发展新的风貌，每一个人并非作为单个的人或个体，而是作为类型来代表这一种族的。[7]

云格尔称工人所建立的秩序是**蚂蚁一样的**。[8] 在"突出的骨骼结构"中，我们难道认不出昆虫的外骨骼吗？在"电镀的表面"中，难道看不到蚂蚁光滑的甲壳吗？在反个体化的类型——由于"功能"做出的自然"选择"，其形态在工作进程中不断变化——中看不到昆虫社会的结构吗？[9] 还有戴着防毒面具和护目镜的样子，难道不像昆虫一样，冷酷且毫无个人表情？[10] 所有这些联想似乎是说：这些陷于类比的联想，跟恩斯特·云格尔的文本无关，然而云格尔却是有过动物学训练的昆虫学爱好者。我认为他的蚂蚁学知识参与构建了工人的世界。[11]

他在小时候就读过让·亨利·法布尔的《昆虫记》。[12] 在阵地战的战壕中，这个年轻的士兵写了一本昆虫学发现日记。[13] 在一次受伤之后，云格尔于 1915 年的康复假期期间，在故乡海德堡旁听了世界知名的动物学家汉斯·德里施（Hans Driesch）的课程。在他那里，云格尔获知了个体与类型的区别，这在后来成为《工人》构想的核心。[14] 正是这位德里施在威廉·莫顿·惠勒《作为有机体的蚁群》这部开创性的著作中发挥了重要角色，惠勒的作品在昆虫学界引导了一场范式革命，[15] 直到今天仍被当作研究社会性昆虫超有机体的第一个例子而被反复征引。[16]

昆虫学的文本结构化

鉴于士兵云格尔并不仅仅是粗略地接触到了昆虫学，他可能会注意到，他的连队拿下的 304 号高地被命名为"白蚁丘"。这个名字不但从地形上看很适合堑壕战，对一个关于社会性昆虫之语义的话题来说也是最合适不过的，莫里斯·梅特林克在 1926 年说道："（白蚁的）天敌，与生俱来的死敌，两三百万年以来的敌人，是蚂蚁。"[17]白蚁在它们碉堡式的建筑中挖掘；蚂蚁则发动攻击，试图攻占"堡垒"。[18]但不光是——从这一语义上来说——白蚁一样的法国人在堡垒中藏起来，以抵抗他们"英勇无畏的"天敌。[19]蚂蚁也是建筑大师。在它们"混乱、无限伸展、扩建成的地下都市的十字回廊与横向回廊"中，梅特林克遭遇了"建筑学"中的"卧式风格"，[20]这种风格横向分叉，而非纵深发展。云格尔的小说《在枪林弹雨下》（Im Stahlgewittern）所表现的"军事城市"，读起来就像梅特林克对蚁巢的描写。[21]它们所有的"弹药库、仓库、社区会堂……谷仓……和贮藏室"在地下连接成网。[22]但战壕城市与蚁巢的一致性不仅存在于比喻中，还存在于地形和社会性上。公共与私人、军事与民事之间"没有界限"。[23]所有财产都被集体化了。这种根茎式架构不仅代表了一种西线典型的战壕，还代表了社会性昆虫的组织结构，我们从中可以学习到，如何将不同的才能与"力量结合起来"。[24]在老欧洲曾经占据统治地位的社会结构也最终走向了没落，虽然并不是全然同步的：如今只讲究效率和作用。云格尔 1923 年的小说《施图尔姆》（Sturm）中，主角就在他的"战壕编年史"中认定，单个的人不再是独立的个体，而是"要看他对国家有多大价

79

值"。[25]为了这一需要，在高度专业化的分工之中"产生了根本不可能单独活下去的人类"。[26]读者得知，小说主人公施图尔姆少尉"在战争开始之前就在海德堡学过动物学"。[27]总体战的需要摧毁了个体，这让他在情感上一方面仿佛感到价值的丧失——"这种隐藏起价值，但又不再做一只蚂蚁的感觉"[28]；另一方面又感到混乱，"战壕就像一个动荡不安的蚁丘"。[29]但两种感觉都呈现出一种社会性昆虫的形象。

许多证据表明，云格尔对堑壕战的这种看法是在战后受他的昆虫学研究影响才发展起来的。在他贴近事实的《战地日记》中描述蒙希村的防御工事的段落里**找不到**与《在枪林弹雨下》中的阐述相类似的东西。[30]根据《战地日记》所说，云格尔的地下防御工事就像是一个"宜居"的营地。[31]关于在士兵之城中显露出某种新的社会与工作秩序的说法在这里是没有的，而云格尔此时也还没有受伤，还没有去海德堡休养，也因此还没有开始他的昆虫学研究，在出版《施图尔姆》的同一年，即1923年的10月，他将在莱比锡继续这项研究。在事后，昆虫学使他的战争经历的文学表达具有了结构。

在他重新阐释战争经历，因在后来的魏玛共和国中的政治表态而改写《战地日记》的同时，云格尔的蚂蚁社会形象变得越来越重要和简洁，到1932年终于变成了：一个人所处的地位，是出于组织效率的需要，而不是由于他的阶层或他的出身。这种语义的转换可在文本的形式中找到对应：在网络状的军事城市和挖得"蜿蜒曲折"[32]的战壕中，社会上的那些中心与边缘、上与下之间的区别失去了意义。水平消解了垂直，一种让人想起"沉船"恐慌的喧嚷杂乱[33]取代了集中围绕突出领导位置（旗帜、指挥中枢）的随从地位。名义上存在的"高级指挥者”终归不能“俯瞰整个战场”。[34]《在枪林弹雨下》将传统的社会秩序和空间秩序转变为一种嘈乱，在云格尔看来，就“像是不安的蚁丘”。[35]如果在战斗的浪潮中还会出现社会单位的话，那么它不再是有秩序、有组织的社群，而是“群”（Rudel）。[36]在法国巴赞库尔将一所学校变成一处军营的“秩序感”，[37]屈服于一个破碎建筑的“混乱”，[38]在它的废墟之下诞生了地下士兵之城。

　　昆虫学在第一次世界大战之前就已经告别了君主制和贵族制的秩序模式，但也告别了个体，它所提供的社会构想可以帮助我们理解 20 世纪早期的划时代变化。如惠勒在 1911 年所说，蚂蚁社会里既没有国王，也没有统治者，“其社会形式与我们的截然不同”，它是合作的、自组织的、自协调的。[39]云格尔在《工人》中将战争设想为根据不同功能、分别培养的类型共同完成、合作、自控制的劳动，这可以追溯到他的战争经历以及对此的文学加工与世界观塑造，但也可以追溯到对巢穴组织形式的昆虫学研究。[40]1923 年，这位退役的前军官来到了莱比锡大学和那不勒斯大学，即使不是在搞研究，也是在专业人士的指导下工作。[41]在这一时期的名片上不仅写着“退役少尉”，更主要的是写着“动物学研究生”（cand. zool.）。这个头衔似乎是他自己发明的，因此对于他的自我表现来说有着特殊的意义。[42]

　　那不勒斯对于生物学家来说并不是无足轻重的地方。就连威廉·莫顿·惠勒都曾于 1872 年在安东·多恩（Anton Dohrn）的动物学系做过研究，并在那里碰到了同一批学者，比如海德堡和莱比锡的教师德里施。这些年间最著名的昆虫学专著要数奥古斯特·福勒尔的《蚂蚁的社会世界》（*Soziale*

82

Welt der Ameisen)。[43]福勒尔在原版第一卷的封面上放上了一句格言，这句话也可以用在云格尔的《工人》上：劳动战无不胜（*Labor omnia vincit*）。

在这里取得胜利的是劳动，而不是单个的劳动者。蚁穴是一个劳动的国家。如同在现代工业中的轮班工作一样："劳动在夜里也不停歇。"[44]哪怕运动和游戏也是为了增强体魄。[45]一切都在功能上向蚂蚁国家以及工人国家的要求看齐。"目光所及之处，尽是劳动……并没有人来引导它。"[46]每个个体的生命循环都体现在一系列的劳动效率中。[47]即将到来之时代的这种"完全的劳动特征"，其后果是，"劳动伴随着什么样的个人形象、伴随着哪些名字"，变得越来越"微不足道"。[48]云格尔的例子都来自高度程序化的行业，这些行业的劳动过程和节奏是由传送带、自动装置、计时器和公式构建的。[49]产业研究所讨论的这种"程序下的心理负担"，只是对资产阶级个体成为问题，[50]对于"蚂蚁似的"组织化的"匿名"集体劳动而言却不成问题，在这种劳动中，人类被证明是通往新的社会生理秩序的"桥梁"——也就是说，是工具，而不是"目的"，正如尼采在论证超人时所说的，[51]云格尔再现了尼采的话。

资产阶级在看待自己，也就是人类时，却反过来，把自己在类型上归为目的本身，而不是工具。因此，他不愿意与其他人一样，无论是在内心里还是在外观上；工人却愿意整齐划一——并只在一个可量化的意义上出类拔萃：他想要更快、攀登得更高、飞得更远、潜水更深，他想要超越目标，赢得胜利；他追求的不是个性，而是创造纪录。纪录是可测量的。资产阶级创作自传与诗歌，因为他相信自己与自己生活的独特性，而工人则记录下功能数据。19 世纪的人四处游荡、散步、遛弯，而工人则"像蚁群一样齐步行进，他们向前的运动不再是随意的，而是遵从于自动化的纪律"。[52]资产阶级从根本上就是自由的：他保持其个性的私人领域，是由一种为他量身定做的法律秩序所保护，使之不受国家的权力与要求的侵害。他的权利是防御性权利。他的自由也相应地被定义为消极的。工人却从不会脱下他的制服，[53]因此他绝不会是资产阶级意义上的个人。他完全献身于社群之中，他就是这个社群的组成元素。他在其中找到最初的和最终的目的。他的自由不是国家基于各种人权与民权所赋予他的，而是一种义务。云格尔在1950 年的《森林漫步》（*Waldgang*）中仍写道，"当个体决定奉献时"，他才维护了他的"自由"。[54]在 18 世纪建立起来的个体与社会之间的区分不复存在，甚至与第一次世界大战中的德国士兵不同，工人与社会之间不再有区别，他就**是**社会。

　　这正是惠勒《作为有机体的蚁群》一文所要传达的信息，奥古斯特·福勒尔也知道这篇文章，莫里斯·梅特林克在《蚂蚁的生活》中吸纳了此文的思想，用一种更直白的语言转述出来，并用一系列冒险的类比丰富了它。云格尔将惠勒所发展的超有机体构想转变为"蚂蚁国家"的"共同身体"概念。[55]《工人》中的生物政治革命来自昆虫学。只有在这一学科中，才有可能完全抛弃社会哲学的传统，"轻装上阵"。[56]

超有机体的媒介

　　最新的"交通和通信手段"随时随地将工人联系在一起，并让他们与"劳动网络"相连。[57]任何人在任何地方都无法逃脱这种完全的通信手段，它在云格尔的笔下组成了劳动共同体。劳动的国家是一个技术体系。梅特林克则从蚁穴中众蚂蚁的完美集体劳动组织中得出结论：人类"有一天会发现一个依靠电磁、以太或精神链接的完整网络"[58]。哪里有社会，哪里就有媒介（反之亦然），这是一句相当现代化的箴言。[59]新的媒介对应着新的秩序，两者在某种意义上都是"完全的"，[60]仿佛它们试图触及并抓住所有东西和每一个人，没有替代，不存在例外。这些意见形成交错的链接，因此当大众媒介被看作社会稳定因素的时候，它们就很有可能会谈到昆虫国家。这些链接也属于米歇尔·塞尔意义上的通道，它使社会与自然、生物学与社会学——对于这些学科来说也很是出人意料——之间的转化成为可能，也由此有了创新。蚂蚁社会的形象打开了这条通道，越来越多的人踏上这条通道，仿佛不仅是专家，而且外行人也能用它导航。

阿尔弗雷德·德布林（Alfred Döblin）的《山、海和巨人》（*Berge, Meere und Giganten*）就能证明这个猜测。[61]首先作为魏玛年代反乌托邦的典型，它描写了一个完全的远程传输媒介系统：所有人都能看到其他人在做什么，然后照着做同样的事情。在加布里埃尔·塔尔德的意义上，这是一个**模仿**的媒介，[62]这个媒介概念又是社会学家塔尔德从昆虫学中拿来的。[63]

> 信息得到传播。城市里有着制作精良的神奇设备，它们向所有其他地区汇报着，这里的人们在做什么，互相之间说了什么，他们怎样改变了习惯，他们之中有什么正在流行。远程图像传播着人与物的形象。一个刺激出现，就像一场大火，刚刚还只是一朵火花，立刻就席卷整个街区、整座城市……图像在他们眼前不断出现，诱惑着他们。[64]

这种"诱人的"电视的力度与范围被比作一场大火，但它却不是破坏和混乱的因素，而是像在云格尔笔下一样，最终成为融合的手段。随之而来的就是第二点，与社会性昆虫的联系。在德布林的小说中，这种对大众的"刺激"也导致一种堪比昆虫国家的秩序的形成："在技术的伟大强制及其对大众的独特作用之下"产生了一种社会秩序，它受到"强大的目的性"与"几乎是机械一般的共同劳动"的影响，就像人们"在动物国家"中所看到的那样。严格说来，德布林谈到的不是动物国家，而是昆虫国家：

> 在这里，每只动物都遵循着特定的、对全体有益的劳动欲，它们收集草茎、咬断蘑菇、建造巢穴。这些事情是一个工作组按照自己的力量平均分配的，是无个性的、遵循本能的、反射性的。[65]

88

就这样，切叶蚁和蜜蜂的社会秩序被当作完全劳动秩序的典范，一种社会的概览呼之欲出，奥尔德斯·赫胥黎在《美丽新世界》中更准确地描述了这一社会的运作。[66]《山、海和巨人》将作为文化批评的社会性昆虫之语义概念化了。蚂蚁国家提供了一个基准，现代社会必须以此来衡量自己。

> 我们不能说，人类碎片化的状态与之相比是一种进步。过私人生活、容忍个性是错误的……只要有少数人类去发挥某些特殊功能、思考如何成就个人就够了。为广大群众制造一种长期的平均状态，取消、铲除他们本就从来

没有过的私人生活，是符合人类利益的。这样，并且只有这样，才可以保证个人的平静与幸福。[67]

1924 年的这部作品，读来仿佛是在转述《美丽新世界》中世界总统穆斯塔法·蒙德的话。如此惊人一致的原因并非在于德布林对赫胥黎有什么直接影响或者什么互文性关系，而很可能是因为昆虫学与社会学以文学为媒介的转化与逆转，召唤出了这样一种社会形象。对于德布林来说，属于昆虫国家的这些"国家培养""生物干预"、合成饮食与在生物政治学标准上的"无情的筛选与淘汰"，对人类也是理所应当的，这反映了 20 世纪 20 年代的话语形势，并非只有小说要把昆虫国家套用在"人类社会"上，要从进化转为培育、用类型替代个体或用淘汰的生物政治取代传统的"人道感"。[68] 如同在云格尔笔下一样，随着新的昆虫般秩序的确立，历史终结了："以此确定：给历史以终结，给人类以保障。"[69] 随着蚂蚁社会的建立，后历史来临了。这很重要，因为这种超有机体的秩序千百万年来从未改变过。[70]

在《山、海和巨人》中，所批判的"人类的碎片状态"被大众媒介所克服，媒介将一帮单独的个体变为一个"植物性的群体"。[71] 云格尔说，在媒介的"魔力"下，工人是一个"蚂蚁一样的"集体。在当代昆虫学的背景下，"像蚂蚁一样"意味着每个个体都顺利地嵌入整个有机体之中。正如我们上文对云格尔的引用，再来考虑一下查拉图斯特拉的话，他是"桥梁"（有时是在字面意义上），[72] 而不是"目的"。工人的概念与蚂蚁国家中的工蚁一致。事实上，对于蚁穴中的蚂蚁和厂房中的工人来说，每一种"对个性的要求"似乎都同样是

"私人领域的擅自表达"。[73]谁如果与众不同，他就会被淘汰。正如没有人能够逃脱云格尔所描述的"劳动总动员"（因为资产阶级个体逃避"全能信息媒介"的命令与训诫的私人空间不复存在了），[74]在蚁群中，也没有任何（健康的、理性的、智慧的）蚂蚁能够逃脱蚁穴的"集体心灵"。[75]蚂蚁的动员与工人的动员是完全相同的。诺伯特·维纳认为，这种情景就是美国的未来。[76]这种社会秩序与蚁穴秩序的效率基于劳动分工的共同原则，以及云格尔所称赞的蚂蚁的牺牲精神[77]——想想20世纪20年代和30年代的昆虫学。在"蚁丘"中出现了"**严格国有的劳动国家的原型**"，"蚂蚁为它而生，为它而死"。[78]在社会性昆虫之中表现出一种超高效的、超理性的、功利主义的、反个体主义的秩序。单是"蜜蜂、蚂蚁和白蚁就给我们呈现出一种理性所主宰的生活方式、一个政治与经济体制的**形象**，它从母亲和孩子的根本性结合出发，逐步地、在某种发展的过程中（如我所言，发展的各阶段重现于不同物种之中），达到一个硕果斐然的顶峰，达到一种完满。从纯粹的实用和功利的角度看去——**我们也没有其他的标准**——也就是说，从能源利用、劳动分工和物质生产能力的角度看去，我们尚且达不到它们的高度"[79]。

　　云格尔当然知道这些对比。他自己就明确地指出，工人的世界就像是"某种新的昆虫种类的舞台"[80]。尽管魏玛共和国四分五裂（并且不止他一人指出过这一点），到处都是内战似的斗争，云格尔仍然找到了这样一个描述社会的方式，它很可能就是未来的社会秩序。他从被认定要毁灭的资产阶级世界的中心，从彼此势不两立的那些社会和政治运动中发现了这种新秩序的前哨。所有这些先锋都要完全献身于即将到来的社会有

90

91

机体，正如蚁穴中的工蚁——在高科技的条件下，但同时又是革命性的，被一种自然力量所驱动。蚂蚁社会的形象成为一种秩序的样本，并从中抽离了所有的政治或智识争议。在云格尔的未来架构中，昆虫学具有一种特殊的战略功能，因为它允许将工人确定为一种生物类型，这种类型自然应当具有特定的组织形式。云格尔所看到的逐渐来临的新鲜事物，其实已经为人所知了，因为它其实是一种昆虫。

稳态与交哺：奥尔德斯·赫胥黎的《美丽新世界》

也是在 1932 年，即恩斯特·云格尔将他对士兵与昆虫的长年观察写成《工人》的那一年，另一部同样描写人类及其发展可能性的小说诞生了。在《美丽新世界》中，奥尔德斯·赫胥黎在昆虫国家的镜像之中呈现了一个社会的自描述。这两本书可以互为评论、互相说明。云格尔所描写的行为主义的、社会卫生的、生物政治的极权情境，被赫胥黎转化为技术程序：体外受精、睡眠教育、用药物控制情绪、通过媒介对大众进行暗示。区别在于评价：云格尔肯定了他所描述的发展，而赫胥黎则对之断然否定。他笔下世界中的格言"团结、本分和稳定"[81]不仅可以装饰每一个蚁丘，也可以挂在云格尔的工厂大门上，它仍然是对资产阶级—自由主义的个体、个体性及其所支持的变化的全盘否定，无论这些变化可以被叫作启蒙、进步、成长、创造性破坏、创新还是天才。与众不同在赫胥黎的乌托邦中不仅是不合时宜的，还是一种犯罪，相反，与他人一致则是一种美德。[82]即便在他这个虚构的世界中，工作人员追求的也是纪录，而不是独创性。[83]

云格尔没有说从资产阶级到工人的转变最终会导致什么。

如果一个物种终于在全世界占了上风，他们的使命会是什么？《工人》没有提到新的秩序是什么样子的，只是说了它将取代什么。[84]赫胥黎在此则给出了一个积极的答案，它受到了昆虫学的启发：完美的社会会达到一种稳态，一种能够在任何时候都维持平衡的最优的"稳定状态"。[85]这种超级稳定的天堂堪比阿尔诺德·盖伦（Arnold Gehlen）和恩斯特·云格尔的"后历史"。作为"整体"的昆虫社会追求的是所有力量的"均衡"，从而长久地呈现其"完整性"。[86]从惠勒 1928 年的《社会性昆虫》（*Social Insects*）一书中可以看出，其关键在于一个"不育的工蚁阶层"，这个阶层没有繁衍自身的兴趣，而是全身心地投入抚育后代以及生产为此所必需的食物上去。[87]这一工蚁阶层负责"控制和调节不同阶层的大小规模，也包括其自身"[88]，并在对人口规模和阶层强度与资源之关系的持续适应中将社会生物系统维持在一个稳定的、帕累托最优的均衡状态，[89]在其中，任何变量的变化都将使某些个体的境况恶化。[90]"稳定"是一个社会的种群生物学目标，当供给的"后勤"曲线与"出生率"达到一种"均衡的"关系时，稳定就会实现。[91]除非环境灾害打断这永恒的套路、迫使它们调整新的参数，否则蚂蚁社会将会持续地进行相同的工作，就如同现在这样：[92]一个稳定的、一致的繁衍自身的社群。[93]凭借《美丽新世界》中的阿尔法、贝塔、伽马、德尔塔、艾普塞隆阶层，赫胥黎也让**一个新的昆虫种类**登上了社会和生物学进化的舞台。

　　《美丽新世界》当然是一部反乌托邦小说，但对于每个读者都是如此吗？1932 年，在第一次世界大战和全球性经济危机之后，面对大规模的社会动荡和地缘政治分歧，以这些模型寻求某些可能的社会形式似乎不无吸引力。毕竟美丽新世界的

93

璀璨的"后历史"可是在现代性的危机、战争和灾难过后出现的。再也没有阶级斗争，再也没有出于种族主义或民族主义动机的战争，再也没有帝国主义，再也没有通货膨胀或紧缩，再也没有饥饿、疾病、犯罪，再也没有生产过剩、人口过剩、老龄化的危机。"再也没有战争、烦恼和苦难。"[94]其代价就是，每个人都要为了整体的利益付出，在"轻装上阵"的意义上，某些人反倒可能会看到某种沉重。"无名的幸福。"[95]每个人都放弃了利己主义、个体性和风险，在一个稳定的社群中换来一个稳固的、得到认可的位置，这个社群以生物学为基础的"无意识的有机的统一性"安排着人的生活。[96]在《工人》中，这种观点是纲领性的。与赫尔穆特·莱滕①一样，"寒冷行为学"的云格尔版本中也可看到某种减负的动机：个体穿上制服整齐划一，将自己的行为和动机完全交由外部掌控，由此摆脱个体性的束缚。[97]云格尔的劳动社会的原型，即军队，因其不间断的命令链代表着一种秩序，每个个体在其中都像一个继电器，像一个开关电路一样运行，依靠每一次的命令输入对既定的任务作出反应。[98]人类在此变成了机器，个体性只能作为干扰项来考虑。《美丽新世界》里对个体性的看法也是如此——这里不再使用"耶稣纪元"，而是采用"福特纪元"——标志就是永无止境的流水线，[99]流水线要求操作团队的精确度，而非独创性。

　　"个人一动感情，社会就难稳定。"[100]《美丽新世界》中一句押韵的格言如是说，与之相应的就是睡眠教育法。个体性被

94

---

　　① Helmut Lethen（1939—　），德国语文学家、文化学家，《寒冷行为学：两次世界大战之间的生存实验》（*Verhaltenslehren der Kälte. Lebensversuche zwischen den Kriegen*）是他书写魏玛共和国时期文化的作品。

打上了文明之根本恶的烙印，因为它隐藏着不可预知的异常风险。在一个生产、分配和消费的所有环节都经过了标准化并为广大民众所定制的高度工业化的社会里，是没有标新立异的位置的。在《美丽新世界》中，数十亿人的幸福取决于[101]所有人只做自己被培育成、被调节成的样子。如果人成为他所操作的机器的对应物，那么每个人的幸福就得到了保障。世界经济的车轮必须转动起来。"机器转动着，转动着，转动着，还要永远转动。"总统说。他的设备需要的不是阻碍，而是老练的员工："机器必须永远转动，但没有动力的话是不行的。必须要有人，要有像四根轴上的齿轮一样稳定地安于生活的人去驱动它：理性的、驯服的人，具有坚定的习惯的人。"[102]理想的人是健康的、稳定的、驯服的、可测度的。在《美丽新世界》中取得胜利的那些人因工程原理，也正是束缚云格尔的工人的那些。而云格尔所断言且可追溯到第一次世界大战时的动员经验的统一化与对劳动任务的无条件服从，在《美丽新世界》中则是一种对人类的大规模人工授精、孵化、培育、调试的结果。云格尔所说的"培育"还有一层精神训练的意义，[103]让工人专注于他们像士兵一样的激情，而在赫胥黎这里则变成了一个产业化的生产过程，即"波坎诺夫斯基程序"。[104]要成为一个阿尔法，需要的不是态度，而是相应的人工授精和孵化的过程。

　　在小说的第一章中，伦敦孵化与调试中心主任带领一群学生参观他的人类加工厂，他们"非常年轻、稚嫩、乳臭未干"，[105]就像刚孵出来的蚂蚁，但已经组成了一支队伍。卵子在试管中受精，在胚胎时期就已被分配了不同的心理和生理能力；在儿童时代，根据未来的不同任务分别接受训练，在睡眠中仍要接受教育。生产过程也根据各个等级而有所不同，从阿尔法加到艾普希隆减。每个等级都拥有他们的社会地位所必需的生理和心理能力。每个人都知道自己需要什么，每个人都有能力做到他必须要做的事，能力不会更少，但最重要的是，也不会更多。他的欲望刚刚好能被社会所满足。因此，每个人都对自己因计划和能力而在世界上获得的地位感到满意。**如此一来**，社会主义不仅对于蚂蚁，对于人类来说也是可能的，"各尽所能，按需分配"。[106]伽马、德尔塔和艾普希隆组成的工人阶层代表了为无需智力或要求体力的工作优化过了的不可或缺的大众原料。为了生产他们，一个单一的人工受精卵通过细胞分裂产生尽可能多的基因相同的后代。伦敦车间迄今的繁殖纪录是 16 012 个。在造人工厂中也运转着一条"永不停歇的生产线"。[107]一个学生问，这能有什么好处。主任很快就让他和我们都明白，在对基因相同的人类的大批量生产中，蕴藏着社会稳定的关键：

96

> 带有完全一致的特征、在统一的团体中的人。一个经波坎诺夫斯基程序处理过的卵子为一家小型工厂提供全部职工。"96 个完全相同的兄弟姐妹操作 96 台完全相同的机器！"他的声音几乎要由于激动而颤抖了。"人们这才真正知道自己的地位！有史以来第一次！"他引用了全球的格言。"团结、本分、稳定。"至理名言，"如果能够无限使用波坎诺夫斯基程序，所有问题都将迎刃而解。"都将被一模一样的伽马们、完全一致的德尔塔们、整齐划一的艾普希隆们解决了。数百万计的同卵多生。大批量生产终于被引进了生物学。[108]

这里所解决的，完全符合社会问题，无论这个问题是怎样被提出的。完美的、稳定的、建立在自身及其周围环境的统一之上的社会是目标，实现这个目标的手段是用完全相同的教育、需求和技能培育数百万完全相同的同卵多生子。这一工人阶层的唯一目的是作为整体的社会的再生产：社会的所有阶层和结构。这部小说也废除了历史。

动物学家朱利安·赫胥黎（Julian Huxley）在《美丽新世界》出版的两年前写道："没有理由相信人类注定要阉割护士或流水线工人、培养有战斗力的武装士兵、研究鲸鱼大小的集体生育机器或没有身体和头颅的智慧。不，根本没有理由去相信人类会发展成为一种机械化的、超稳定的存在形式。"[109]他的弟弟却恰恰将这样一种汇集了一系列类比的设想写成了作品。"凭借其严格的等级制度、无情的经济结构和对个体的贬低，《美丽新世界》显然与一个蚁穴中的生活非常相似"，认知史学家夏洛特·斯莱如此断言，这是为了将她的观察与这个关键的问题联系起来，为何奥尔德斯·赫胥黎的科幻小说对待"人就像社会性昆虫一样"。[110]**就像社会性昆虫！**他自己曾多次证实自己的所作所为。赫胥黎说，人类从天性上说并不比狼或象更有能力去组成更复杂的社群。相反，"文明"是一个"将原始群落转化为社会性昆虫的有机社群模拟物的过程"。[111]如果一个模拟物都登上了社会自描述的舞台，那么昆虫——它们的劳动分工、功能分化、专业化的社会跨越了文明的门槛——在某种意义上说，即在同一、稳定与融合的意义上，就已达到了一种最优状态。因为正如一位社会学的创始人所说的，"这些昆虫的组织"在"复杂性、丰富性和适应性上都无限优越于我们"。[112]

奥尔德斯·赫胥黎来自一个动物学家和进化理论家的家族。他的祖父托马斯·亨利·赫胥黎是达尔文理论最突出、最坚定的捍卫者之一。斯莱认为，将社会性昆虫作为投射面，对于赫胥黎之所以是手到擒来的，是因为他的兄长朱利安不久之前在一部篇幅不大的专著中讨论了这个主题：他的《蚂蚁》(Ants) 出版于 1930 年。[113]这部作品也介绍了福勒尔和惠勒这样的生物学家的理论，如蚂蚁社会发展出了某种"社会媒介"，[114]蚂蚁依靠这种媒介繁殖，而它也对应于人类的社会交换：交哺。斯莱认为，赫胥黎的"美丽新世界"正是一个"交哺的"世界。[115]这是什么意思？"交换食物。"[116]朱利安·赫胥黎解释道。蚂蚁有能力储存预先消化好的食物，再在需要食用时任意取出来（反刍）。这种食物可以与蚁巢里的其他成员分享。奥古斯特·福勒尔将这种分别存储与分配的机制称为蚂蚁的"社会胃"。[117]在惠勒和福勒尔之前，博物学家们尽管观察到了这种行为，但并不把它理解为蚁穴经济的交换媒介（公共交换）[118]，因此并没有从中得出社会学性质的结论。[119]只有惠勒这样接受过社会学训练的昆虫学家，才在交哺现象当中看到一种社会媒介，其运作方式与金钱的流通非常相似。

"相互喂食"[120]在蚁巢建造之初就开始了：蚁后喂养第一批幼虫，并食用幼虫的分泌物。[121]在训练有素的蚁群中，没有一只蚂蚁能够不靠交哺而生存下去。因此，惠勒在这种"液体食物的交换"[122]中发现了"超有机体"的"社会媒介的核心特征"。[123]莫里斯·梅特林克，一如既往地善于模仿和耸人听闻，将蚂蚁的嗉囊描述为"集体的或社会的器官"，描述为"社会胃"。他在"昆虫"的"这种器官的或多或少完美的**利**

他主义与文明程度"之间建立了关联。[124]朱利安·赫胥黎反对这种解释：他认为交哺并非道德的，而是经济的媒介，是"经济和社会稳定"的基础。[125]一个高度发达的文明得以建立，并不需要所有成员都要走教育、启蒙、鼓舞、养成等不确定的弯路。利他主义不是必须的，流通才是。

99

交哺理论在 20 世纪 20 年代和 30 年代引起了很大的反响。它甚至被当作反现代性的媒介，然而，一个在自描述上不知所措、在基本结构上风雨飘摇的社会中的交哺群体，提供了另一种秩序选择，这种秩序断然消除了所有文化或个体的不确定性，让国家建立在更坚实的基础之上。

人们对于一个社会媒介的昆虫学模型如此感兴趣的原因，非常类似于恩斯特·云格尔写作《工人》或《总动员》(*Die totale Mobilmachung*) 的原因。[126]云格尔坚信，中等强国之所以会在大型战争中失败，是因为它们没有做到正确地进行全社会总动员，将所有力量都集中在一种劳动关系上，而美国在这方面则取得了示范性的成功。[127]《工人》为《总动员》中的问题提供了答案，其后果是在德意志帝国中形成了"劳动时代的开端"。[128]德意志帝国若要建立蚂蚁国家中一直存在的完全统一的劳动关系，缺乏的并不是"技术"，而是"决心"：[129]

对于蚂蚁来说，国家就是一切。而为了国家的利益，正确的劳动分工有着重要的意义。这就是为什么人们认为迫切地需要劳动分工，不仅要在同样的个体之中分配一个人做这份工作、另一个人做另一份工作，还要创造出特定的工人类型，以使其出色地适应某种特殊的工作。[130]

交哺就意味着，全能国家的臣仆们彻底投入到无休止的劳
100 动之中："它们就爱这样。"[131] 赫胥黎笔下交哺的等价物唆麻
（Soma）让个体产生服从的**意愿**：团结、本分、稳定对于这些
人来说就是全部。[132] 惠勒所说的**社会媒介**在整个蚁群中推行了
工蚁的行为方式："除了自我保存之外，所有这些重要的行为
方式，建巢、防御、储食和哺育……就是它唯一关心的。"[133] 按
照惠勒的说法，在蚂蚁国家中产生了一个没有自身阶级利益的
"不育的无产阶级"[134]。它以云格尔所描述的全部方式为国家
劳动。"作为动物之中引人惊叹的范例，这种矛盾的无产阶
级……从来都不缺。"[135]

《美丽新世界》的结尾是理所当然的：工人阶层得到培
育。熟读惠勒并且给予他兄弟以灵感的朱利安·赫胥黎得出结
论说，人类正处于一个发展阶段，此时人类可以将进化掌握在
自己手中，无论是通过改变行为（培育），还是通过对细胞质
的某种操控。[136] 在奥尔德斯·赫胥黎的培育概念中，这两种干
预组合到了一起：福特之后的历史新发现与对基因的操控。每
个阶层都有其在生活中的地位。但奇迹是，从艾普希隆减到阿
尔法加的每个阶层都万分热爱自己的社会地位与分工，这是唆
麻带来的。"可怕？"总统惊奇道，"他们一点儿也不觉得可
怕。他们喜欢着呢。因为简单，非常容易，无论精神还是肉体
都不会劳累。七个半小时轻松不累的工作，然后是唆麻、运
动、无限制的性交和感官电影。他们还能要求什么呢？"[137]

如果说蚂蚁是所有政治动物的典范（paragon），那么蚂蚁
101 九千万年来所实行的交哺就是一切社会媒介的原型。交换的行
为象征性地点缀了福勒尔《蚂蚁的社会世界》一书的封面。
这部成功作品的格言由这幅象征的画作了评注：人人劳作为人

人，人人付出所有又取得所需。对于社群来说，不仅劳动是必要的，交换也同样关键。表现为社会媒介的是两只蚂蚁头部交换的蜜露，而不是蚂蚁本身。霍布斯作为社会形象的利维坦在这里失去了意义，因为代表社群的不再是由许多人组成的巨人，[138] 而是 19 世纪的博物学家们尚未发现的毫不起眼的蜜露构成的媒介。曾经如此有效的政治体范式在此失去了效用。[139] 与霍布斯相比，现在颠倒了过来：不是说政治体也有其血液循环，而是说蜜露交流的社会媒介构成了作为超有机体的蚂蚁国家。麻省理工学院的卡莉·哈斯金斯（Carly Haskins）也认为，交哺让蚂蚁组成了一个社群。[140] 她比较了蚁巢内流通的食物和单个生物体内的血液循环，[141] 并且毫不奇怪地，也拿它比较了两组有着"经济交换关系"的人群的"社会体系"。[142] 不断交流，才有社会，无论对于蚂蚁还是对于人类都是如此，因为"组成一个群体的个体必须相互间进行交流"。[143] 对于群体的科学建模来说，交流是至关重要的。哲学家、人类学家、文学家和社会学家必须在方法论上迈出巨大的一步——无论他们感兴趣的是蚂蚁还是人类的社会秩序——因为他们并不是要去理解人类，而是要去观察交流媒介，以便掌握社会的运作方式。[144] 自古以来的假设，"各部分的特性决定了整体的特性"，"全部社会学……就是建立在这条假设之上的"，如今对于掌握了昆虫学知识的作者来说却成了过时之言。[145] 社会并非像《利维坦》开篇所说的那样是人的集合。[146] 作为社会承载者的个体失去了地位。个体不再必要。云格尔会说这是"轻装上阵"。[147]

那么赫胥黎呢？夏洛特·斯莱指出，唆麻这种药物代表了交哺的功能性等价物。

如同单只的蚂蚁一样，穆斯塔法·蒙德的世界中的每个居民都是微不足道的，每个人的角色都完全被一种社会药物预先决定了。唆麻的分发实现了与蚂蚁的蜜露相同的社会功能。因此，唆麻在《美丽新世界》中的流通其实是一种交哺，只是顶着不同的名称。[148]

正是如此。不过这条通道却要宽得多。赫胥黎显然接受了他的兄长朱利安的摘录及其对交哺的表达，但我们不应忽视另一个事实，即在许许多多昆虫学和社会生物学的论文中，人类社会都被描述成了昆虫社会。提出交哺对这种对比来说甚至不是必须的，澄清这一点是很重要的，因为唆麻并非《美丽新世界》的核心主题，只是主题之一。因此，根本没有必要在分析这部小说时再进行一次类比。单单朱利安·赫胥黎的《蚂蚁》中就充满了这种转化，包含从社会的劳动分工和专业化，直到基因控制划分社会阶层的一切。在一篇 1936 年的种群生物学的文章中——它似乎要再现《美丽新世界》的计划——出现了完全不同于交哺的对比领域：

> 人类的社会秩序趋向越来越接近白蚁的组织，这在至少一个世纪以来即已显见：对工人阶层愈加严格的区分，对个体行动自由的取消，以及依旧不断增长的复杂的经济上层建筑，没有它就再没有人能养活自己。所有这些都是高人口密度条件下生活的直接影响。[149]

在狭窄的空间中，一个昆虫群体中的个体数量可达上亿只，并且不存在治安、卫生、经济或后勤问题。几百万年来，它们的组织就已经成功地解决了"人口稠密"的问题。珀尔（Pearl）和戈尔德（Gold）在 1936 年得出结论，不断增长的人口只有通过极强的纪律，通过"严格的"秩序与对个性的遏制才可能维持。[150]如同在云格尔和赫胥黎笔下一样，他们也到社会性昆虫的组织形式之中去寻找解决方案。

然而，他们的秩序却并非建立在实实在在的自然状态之上，而是建立在一系列偶然的科学假设与修辞表现上。因此，珀尔与戈尔德的假设绝非将昆虫社会作为乌托邦或反乌托邦建设蓝图的唯一选择，正如云格尔与赫胥黎所描绘的也并非唯一的可能性一样。再次强调：社会性昆虫的例子显然说明，高人口密度导致了"对工人阶层愈加严格的区分"，其成员没有"个体自由"，致力于高度专业化的、单调的流水线劳动。我们不能满足于这种**明证性**，因为它是由于**回避了其他可能性**才显得突出。事实上：当代的群体研究——同样着眼于社会性昆虫的例子——将会建立起一个完全不同的关联。云格尔与赫胥黎所设想的社会秩序的可能最激动人心的替代物，由群体表现出来。早在 20 世纪 30 年代，它就已登上了社会自描述的舞台。它的出现应当归功于昆虫学—社会学的通道以及媒介、经济、社会学和技术话语之间的链接。只是，这条蜿蜒的小径通向了一个完全不同、出人意料的目的地。云格尔与赫胥黎同时代人的一部小说早于几代人预言了群体智慧研究的诞生。我将勾勒出这一新的范式为蚂蚁社会所创造的认识论纪元，以便能够正确解读奥拉夫·斯塔普里顿（Olaf Stapledon）1930 年的小说《最后和最初的人》（*Last and First Man*）。

104

105

第四章　群组成群

昆虫学的其他可能

　　二十五年来一直有人论证说，由一定数量的单元组成的组织，通过各单位的自我组织，要比通过强制管理、集中控制或根据等级和功能作刚性区分要有效率得多：仿佛昆虫学家和行为学家把管理顾问送进他们那些蚂蚁的窝里去了，仿佛"社会稳态"便建立在社会全体成员的"灵活表现"上。[1] 如果继续用控制论的语言来说的话：问题能够随时随地得到解决，而不是依赖命令（command）和控制（control）。没有人会再去寻找监控工蚁劳动的"指挥行为"了。[2] 贯穿云格尔和赫胥黎乌托邦/反乌托邦作品前后的计划、调整、控制的维度，在群体智慧研究对蚂蚁社会的描述中完全消失了。原法西斯主义与福特主义工人的或极权主义斯达汉诺夫蚂蚁的高度**集成化**的秩序，在群体的形象中被**内容**灵活的弹性流程所取代。对于平衡的失调——可能是由于资源的改变、蚁巢建筑被破坏、气候变化等——蚂蚁社会有着"惊人的适应能力"，这是由"个体行为"的非常"灵活"的可能性来实现的。[3] 人群以形态上可区分的方式进行分化最好是对应社会分工，赫胥黎的"孵化与条件设置中心主任"如此设想，如同昆虫学的主流看法一样。[4] 旧的昆虫学"理论"常识（common sense）认为，"社会性昆虫每一个可以无障碍发展的群落都为其经济体的每一个基本职能创造出一个专门的工人阶层"[5]。《工人》与《美丽新世界》

中自然而然地设置的这种关联，根据 1987 年新的研究状况，在真实的蚁群与适当的模拟情形中根本观察不到。最多只有四种在形态上相区分的工蚁阶层，而每个蚁群需要长期解决的任务却有四十多个。[6] 这种"理论与实证研究的结果"之间的矛盾使得作者们相信，拥有一种"劳动力的可塑性"（"plasticity of workforce"）是更有利的，劳动力团队应当能够为了完成生存所需的"基本任务"（"essential task"）迅速适应不断变化的需求。[7]《美丽新世界》中的等级制度与劳动组织被抛弃了，在社会性昆虫的现实中，它们根本没有存在过。群体研究的时代到来了。灵活性战胜了专业化，流畅的反馈（liquid feed-back）战胜了控制。一个蚁群拥有"万金油"（"jacks of all trades"）是一个巨大的进化优势。[8] 它在赫胥黎和云格尔的作品里都不存在。与理论假设的阶层分化和劳动分工总是密切关联相反，比如说鬼针游蚁（Eciton burchellii）这种蚂蚁就找到了一种形态专业化在组织上的替代方式："行为可塑性和合作行为"（"behavioral plasticity and cooperative behavior"）。[9] 为了处理单个个体完成不了的任务，鬼针游蚁会组成劳动团队（"结构良好的团队"，"well structured teams"），团队的组成和规模是与有待解决的问题类型相适应的。在劳动完成之后，团队解散，并为后面的任务再度联合作好准备。这种合作的、灵活的行为无疑是"超高效的"（"super-efficient"）。[10] 此处所引文章的两位主编通过自己的昆虫学研究得出结论，是"习得的自组织"使得蚂蚁能够对社会分工的变化迅速作出回应。[11]

108

"这不仅仅是又一本关于社会性昆虫引人入胜的自然历史的书，但我们仍希望，自然研究者将会很高兴读到它。"德纳堡（Louis Deneubourg）和帕斯蒂尔（Jacques M. Pasteels）自信地在序言中写道。[12]然而他们的研究报告却提供了组织形式的算法模拟，那些被（讽刺地?）提到的博物学家很乐意沉醉其中。他们使用的方法是统计学、博弈论和基于代理人的方法（agent-based approach）。[13]通过精确观察个别蚂蚁与其他蚂蚁关系的行为——谁在什么时候从哪里带了多少食物回巢，谁在过了一段时间之后又回到了同一地点，谁却没有，等等——德纳堡及其同事们设计出一套将集体"学习"模式化的"学习算法"（learning algorithm）。它们学习到的是，到成功概率最高的地方去寻找食物。一些二元区分——是否带着食物回巢，在此后是否再次离巢，是否回到上次成功找到食物的地点——可以设计出一个蚂蚁社会进行学习与遗忘的程序。[14]集体，在学习、回忆、遗忘，而个体只是带着战利品回巢，再回到狩猎的地点去，或者不再回去。因此，单个蚂蚁本身并不具备太多的认知技能，这可以解释一种被外部观察者认为可能是智慧的集体行为。单个的蚂蚁只是一个简单代理人（simple agent），而**智慧的**蚁穴则很快从食物贫瘠的地方抽身而出，全力开赴猎物更密集的地区。群体在学习。如果到处都找不到更多的食物，更多的蚂蚁就去做其他劳动。相反，某个单独的个体可能会等着流水线再运转起来，而另一个个体则不会站到流水线上去，即使需求很高。根据规定而劳动——20世纪20年代的蚂蚁阶层也要遵守这一规则。而20世纪晚期的蚂蚁则通过其各具形态的不同阶层掌握了任务切换（task switching）的艺术。即使是伟大的兵蚁也要帮忙搬运或拆解食物。[15]只要没有出现蚁穴的敌人，它们就不可能逃避所有劳动。多态性，即惠勒所定义的一个物种中同一性别的两个或多个成年形式，被他解释为表现在生理上和行为中的"劳动分工"的作用。[16]人们观察到的

109

任务切换则与这一解释背道而驰。

德纳堡和帕斯蒂尔发表这一成果的几年之后，这种新发现的蚂蚁的技能被命名为**群体智慧**，被应用于计算机编程，还作为通过简单行动者的合作解决复杂问题的策略而得到颂扬。**群体**晋升为新型政府社会的首选组织模式，控制与分层被自我控制与网络系统所取代。[17] 德纳堡当属这一新的研究方向的缔造者，他的研究著作出版于 1999 年和 2001 年，被四处引用。[18] 德纳堡和另一位权威作者埃里克·博纳博（Eric Bonabeau）在一篇与迈克·坎波斯（Mike Campos）和居伊·特罗拉（Guy Théraulaz）共同发表的关于**社会性昆虫劳动分工**的文章中，将社会的动态平衡设想与其成员的流动性与灵活性假说联系起来，并做了实验性测试。[19] 他们的做法也游走于蚂蚁社会与人类社会之间的。一方面，这些作者在谈论"蚂蚁"（当然也说到了蜜蜂、白蚁和胡蜂）时把它们作为"控制复杂系统的**比喻**"，[20] 另一方面，他们诉诸爱德华·奥斯本·威尔逊（Edward Osborne Wilson）的研究，强调蚂蚁社会确实**是**复杂的："社会性昆虫的一个群落就**是**一个复杂的系统。"[21] 这一点必须得到强调，否则就不能保证将之转化用于人类社会的合理性。也就是说，A 和 B 都是复杂的，复杂性就是其共同点；如果 C 适用于 A，根据一个简单得近乎错误的三段论推理，C 也适用于 B。例如，这种研究方法的假设之一是，观察到昆虫社会中对劳动分工的组织方式与市场资源分类（包括劳动）的方式**完全一致**。因此，"对比社会性昆虫群体的任务分配与市场为导向的资源分配就完全是可能的"。[22] 这种对比的结论之一，是预言对物流问题、组织问题、劳动市场科学问题的蚂蚁式的解决方案（ant-based），对于解决人类的市场问题也应当是大有希

110

望的。蚂蚁社会由此变成了一个社会学的实验系统。布鲁诺·拉图尔（Bruno Latour）早就预料到了：基于代理人的（agent-based）即意为基于蚂蚁的（ant-based）。[23]但是我们得小心。

在其报告的结尾处，坎波斯和特罗拉再次提醒，社会性昆虫表达了一个"强有力的比喻"，但蚂蚁与人类之间的差异仍是巨大的。但是从这"巨大的差异"（"major difference"）出发，作者们却得出了一个出人意料的结论：

111

> 也可以从另一个视角来看待这篇论文。任务的分工可以被理解为蚂蚁不断地在变化的环境条件下解决的规划问题。市场与昆虫群之间的一个重要区别在于进化的作用，正是进化形成了社会性昆虫的群体组织。进化论认为，蚂蚁所找到的解决方案从全球范围来看代表了**最好的可能**方案……而人类又创造出**拍卖协议**（auction protocols），以寻求最佳的资源配置：为什么不使用进化算法，来产生最佳的**拍卖协议**呢?[24]

蚂蚁这个物种在变化的环境条件下、在激烈的竞争中存活下来，这一事实证明了以下结论，即：它们早就解决了劳动分工和分配的问题——而且还是以"最优形式"（"close to global optimality"）。进化本身通过自然选择的长期压力测试，保证了最佳解决方案能够胜过所有其他方案。真实存在的，就是合理的——在这个由于进化而成了所有世界中最好的一个世界里。这使得作为预测有机体（prognostischer Organismus）的昆虫群如此具有吸引力和创造性：拍卖模拟作为市场走向的占位符是以蚂蚁社会为样板建模的。是自然本身通过进化，创造了市场模拟的成功模型，也就是蚂蚁的任务分配机制，而现在我们要把它当作算法记下来，以应用到其他领域中去。昆虫社会的"比喻"最终导致这种现象，在所有必须强调"严重"区别的地方，将人类设计（designed by man）的问题解决策略替换为进化设计的（designed by evolution）已经由蚂蚁验证过的方案。由于这些算法长期以来已经在我们的网络社会的各个节点得到执行，可以说，我们正处在一条通向蚂蚁社会的最好的道路之上。[25]

112

一旦我们考虑系统环境一百多年来对平衡、稳定的方法如何成了理所当然，昆虫与我们之间的区别就得到了一定的道德关注：蚂蚁只能在找得到食物的地方获取猎物。这一对比的文化批判点在于，人类竭尽全力掠夺一切资源，持续破坏世界与其自身的生存基础，而蚂蚁"亿万年来都与之和谐相处"。[26]因此，对蚂蚁进化的正确认识将我们导向合作行为的新的博弈论建模，也许我们可以由此"拯救地球"。[27]

精通数学的生物学家和进化理论家马丁·诺瓦克（Martin Nowak）的研究可以描述为寻找另一种**社会的自描述习语**。诺瓦克没有将进化与生存或死亡（survive or die）的箴言或利己主义相联系，相反，他尝试用博弈论证明，合作的、互助的行为会帮助一个物种取得成功。[28]对他来说，市场行为也明确包括在内。[29]在一种文化之中，每个人都是自己的邻人，这种文化的自我形象，在这里通过证明单独行动者与其社区成员互助合作时成功的概率会升高，而得到了修正：

创新不是通过竞争，而是通过合作产生的。为了激励人们提高创意和原创性，有用的不是鞭子，而是胡萝卜。

113

在进化的历史中，合作的作用就好像有创造力的建筑师。从细胞和原生动物到蚁丘再到村庄和城市，没有合作，进化中就不会有建设性和复杂性。[30]

这听起来很耳熟，诺瓦克甚至也让人想起彼得·克鲁泡特金1902年的作品《互助论》（*Mutual Aid*），[31]它第一个在进化理论思维的语境下论证了合作关系的优势。互助是一种选择性的优势。克鲁泡特金用来验证他理论的一个例子是社会性昆虫：达尔文所描述的生存斗争让个体为了适者生存——或许也为了求偶——而相互竞争，但蚂蚁戏弄了这条法则。克鲁泡特金认为，"自然选择"鼓励"以互助**战胜竞争**"。[32]克鲁泡特金像从达尔文到道金斯的所有进化理论家一样从经济学的角度论证，他认为，个体的竞争使物种整体能够利用的资源变得紧缺。生命总是在寻找"消耗最小的力量"的方法。[33]在他看来，蚂蚁成功了：

> 蚂蚁成群结队地团结起来，它们将物资堆在一起，它们一起畜牧——就这样避免了竞争；而自然选择从蚂蚁的家族中挑选出最知道如何避免竞争的必然后果的那些品种。[34]

克鲁泡特金认为，不是个体，而是物种体现了选择的层面。能更好地合作的物种证明了自己是更**能适应**的。"因此，团结起来吧——互相帮助吧！"这是"自然教给我们的"。[35]可以追溯到霍布斯的这种存在着"人与人之间的永恒战争"的自然状态，克鲁泡特金认为它被彻底驳倒了；[36]历史学与民族学都为他"进化即使对于人类也是奖励合作、惩罚竞争"的观点的正确性提供了"积极证据"。[37]因此克鲁泡特金肯定,人类作为整体,还要在长久的未来中学习缔造一部建立在互助原则基础之上的宪法。[38]

诺瓦克认为互助体现了选择优势,这其实是一个古老的假设。在他的作品中,证据也是通过援引蚂蚁的例子。从切叶蚁这一"合作模式之王"身上我们可以学到,[39]进化奖励合作、惩罚利己主义。[40]这一学说肯定比云格尔或埃舍里希在20世纪30年代所宣扬的要美好得多,[41]可它的前提是:将昆虫学知识转移到人类社会的做法没有什么问题。"间接互惠理论"("Collateral altruism")是诺瓦克参与写作的一篇发表在《自然》杂志上的文章的标题,这一理论完全可以阻断社会性昆虫进化论的王道,这种进化论的主导形式在今天是蚂蚁和人。[42]有人认为,只有当我们了解、掌控一切的**自然进化律本身**一直以来都视合作为积极的、利己为消极的,我们才能够理解与掌控我们文明的发展。也就是说,一种**以自然的名义**发出的批判被施于我们的行为之上,它区分了合作的行为和利己的行为。我们只要知道,自然的本质(die Natur der Natur)何在。[43]诺瓦克接受了这种说法,并在此基础上介入了全球变暖的争论:面对威胁中的气候变化,就会出现个体的利己主义导致的对公有土地的过度利用,即所谓的"公地悲剧"。[44]在蚂蚁之中就不会上演这样的悲剧。它们"亿万年来都与这个星球和谐相处"。[45]

这些蚂蚁:它们既懂得合作,又知道可持续;既有灵活性,又有流动性。它们可不是用亡魂填充了云格尔的计划景观和赫胥黎的计划经济的那些对象。在这两本小说中,相似之

115

处——不是与社会性昆虫本身的相似之处,而是与20世纪20年代主流的昆虫学模型的相似之处——在各个维度得到了展开,从等级制度到交哺现象,从动态平衡到幼雏孵化,从超有机体到社会卫生。在云格尔和赫胥黎的作品中,以蚁巢为模型设计的社会秩序是**全面的、有层次的**。这种转化却绝不是强制性的。与云格尔和赫胥黎相比,克鲁泡特金接受的是相同的前辈的观点,包括于贝尔、福勒尔、卢伯克(John Lubbock)、麦库克和梅特林克,却对蚂蚁社会的形象得出了截然不同、强有效力的理解。这里可以再加上诺瓦克。蚂蚁社会与人类社会之间的通道即使经由相同的手段也可以向不同的方向发展。对社会的不同描述都可以找到昆虫学的证据支撑。而我现在要说的是,这不仅发生在不同的时代,还可以发生在**同一时代**。

这些证据必须引发对某些以认识史为导向的读物的修正和补充,这些读物满足于制造文学作品和昆虫学研究之间的类比,这永远也不嫌多,因为在**同**一个认识论基础上可以形成**完全不同**的世界构想。夏洛特·斯莱虽然坚持她的观点,"《美丽新世界》中的意识形态是超有机体的意识形态",但仍遵照惠勒将蚁巢作为劳动分工的有机体的建模。[46]但是,将蚂蚁社会从生物学描述成**另一种**解释的可能性会出现一个问题,这个问题是斯莱不会问的:为什么赫胥黎恰好考虑和处理了**这一种**变体,而不是**另外一种**?我们在奥拉夫·斯塔普雷顿1930年的一部小说中碰到了激动人心的变体。在这部小说里,一个物种踏上了社会自描述的舞台,昆虫学的认识史和文化史一点儿都不了解这个物种,因为他的小说并没有反映当时对社会性昆虫的研究,而是将昆虫学—社会学通道上的不同元素创造性地连接起来,产生出新的东西。

奥拉夫·斯塔普雷顿的《最后和最初的人》

　　"这是一部幻想作品"，奥拉夫·斯塔普雷顿在序言的开头写道。不过，他1930年在《最后和最初的人》中讲的故事，仍然是"可能的"。它为人类的未来给出了一幅可以想象的远景，[47]古老而经典的亚里士多德式景观：诗讲述的并非是什么，而是可能是什么。[48]他的小说从一个遥远的未来眺望人类的发展史，斯塔普雷顿想把它严格地与"纯粹幻想的"小说相区分，因为后者仅有微弱的"说服力"。他感兴趣的并非奇异事物的惊人效果，而是对现实世界中被植入的发展机会的观察与推测。[49]因此，描绘未来的小说，其任务是讨论"现在及其可能性"，也就是不将现实存在接受为确凿的事实，而是在其他可能性的背景下观察它。因为除了我们的现在，还存在着"许多等价的可能性"。文学的关键潜力就在这些可能性的发展之中。在20世纪30年代，并非只有奥地利作家拥有这种可能性的感觉。

　　为了写作这么一部小说，斯塔普雷顿虚构了一个作者，他　　117从几百万年之后的未来找到一个方法，将灵感塞给一个20世纪30年代的现代人，把这部小说塞到他的脑中。这名作者"具有一种能力，能够部分影响现代生物的思想，这部书就是在这样的影响下写出来的"[50]。在一部科幻小说中，一个来自未来的缪斯向人类的故事投去了历史的一瞥。而这段历史是很糟糕的。

　　我们都热切地期望，未来能够被证明是比我想象中更快乐的。我们尤其希望，我们今天的文明能够继续不断发展下去，直到变成一种乌托邦。它们会崩溃、会瓦解，它们所有的精神财富可能会无法挽回地丢失，是我们最不愿意想象的。然而这必须被当作一种可能性考虑在内。[51]

地球上的进化总要伴随着物种的消亡，而人类也可能包括在"自我毁灭"之列。[52]如果未来取决于决断，那么软弱者在今天就没有价值，斯塔普雷顿的反乌托邦科幻小说抛出了这样一个干预性的问题。进化理论的未来模拟应当阻止其发生，正如在诺瓦克那里一样。因此，他将世界可能的结局设计得尽可能的真实。

> 任何一个想要这样发展的尝试，都要考虑到，当代的科学对于人类自身的本质、对于他所存身的物理环境，知道些什么。[53]

这里需要考虑到有哪些关于人的科学、哪些"自然科学"[54]，斯塔普雷顿在序言中并没有说明，但我们会看到，昆虫学将起到一个核心作用。

奥拉夫·斯塔普雷顿，1886年生于利物浦附近，比恩斯特·云格尔大十岁，比奥尔德斯·赫胥黎大六岁。他曾在牛津学过历史与哲学，那也是赫胥黎的母校。斯塔普雷顿在第一次世界大战时是在比利时和法国的一支医疗部队度过的。他的余生都在利物浦大学做老师，创作了多部哲学作品和小说。1930年，他出版了以进化论猜想为支撑的世界史小说《最后和最初的人》，展现了人类从起源到结局的跨越几百万年的发展史。谁要是想在人类中发现一个物种，在这个物种中发现一个基因库，他就需要这么长的时间，来讲述物种在其环境中的进化史。这亿万年的"进化……时间尺度"是斯塔普雷顿从赫伯特·G. 威尔斯（Herbert G. Wells）和牛津生物学家约翰·伯顿·桑德森·霍尔丹（John Burdon Sanderson Haldane）那里继承而来的。[55]这是典型的"达尔文式"的叙事，其权威来自假设，由于对进化机制的准确了解，得以在亿万年的跨度以外纵览进化的过程。威尔斯因其对地球上和地球外的蚂蚁国家的想象而著名，霍尔丹则是因其对"真社会性"（Eusozialität）的进化以及由此对社会性昆虫概念的产生所作的贡献。[56]这两个主题在斯塔普雷顿的小说中产生了共鸣。霍尔丹和威尔斯[57]在《美丽新世界》的构思中也起了重要的作用，但它与斯塔普雷顿的另一种社会构想有着天壤之别。对笔者来说，重要的是在共同的认识史与文化史基础上的这种不同。

119

火星上的群体——关于另一种社会的新知识

在《最后和最初的人》中，对社会性昆虫的语义变化特别重要的并非亿万年的时间，而是一个特殊的时刻。那是一次奇怪的日出，它照亮了兴都库什山高峰上的景色，徒步旅行者用望远镜看到了这一幕，从他们的角度描述了出来：

> 早起的人在散步时发现，天空以一种不可名状的方式染上一层绿色调，初升的太阳照射着孱弱的光，虽然天上万里无云。突然，他们惊讶地发现，绿色聚集成成千上万朵微小的云，从中露出天空的湛蓝色。用望远镜能够看到，在每一朵云中都有一个微红的核，核的旁边是飘来荡去的紫外线条带。[58]

　　吃惊的散步者用望远镜所看到的，被叙述者称为"奇怪的现象"，[59]一个奇特而引人瞩目的现象，一个由无数核心与纽带构成的组织，它能够任意改变形象和聚集态："在山中聚集起一大群这样的云。"（a vast swarm of cloudlets was collecting）[60]笔者将在下面论述这个不同寻常的群体，讨论它的形式和功能、它在社会自描述语义中的认识论谱系与地位。斯塔普雷顿的小说以一种有效的方式加工了他那个时代的知识，领先了群体智慧的讨论几十年，同时显示出文学对它所涉及的科学未必
120　要处于一种对比的关系，而是可以自己进行有待专业科学迎头赶上的实验。[61]简言之：文学并不塑造知识，也不是单纯地反映它，而是让它更丰富。《最后和最初的人》创造了新的知识。这部小说在1930年从昆虫学的背景中推断出完全奇特（strange）又确实崭新的、具有创新性的社会自描述习语，它正面临着一个伟大的未来。

　　"山上聚集起一大群这样的云，它们从悬崖和雪原上匍匐下来，进入一个高处的山谷冰川。"[62]这个群体先是集结成云或雾的形象，包围住每一个物体、每一个人，随后却又凝固成固体，攻击每一个挡路者。"这种致命的东西现在踏上了进城的路，沿着公路进发，一会儿向这里，一会儿向那里，靠上遇到的第一座房子，粉碎它，不停地向前运动，像一股熔岩流，摧毁一切阻挡它的事物。"[63]这个"东西"，用将自己分解为组成元素的方式，从居民的武装抵抗中逃脱："绿色的云田变得越来越淡，渐渐地消失了。火星生物对地球的第一次入侵就此结束。"[64]在兴都库什仿佛从虚无中出现的敌人，来自另一个世界。他还会回来，因为战争的未来在于群体。[65]这一由大大小

小的云朵[66]构成的群体在斯塔普雷顿的小说中不仅是另一个种族，还是生存斗争[67]中以及地球上有限资源的竞争者——也是一种人类，他们的社会发展已经到达了一种"和谐的"全球社会的进步状态，相当于一个"单一的世界文化"。[68]同一个世界，同一种文化。人类几乎从未和平地团结在一起，他们总是要面对一个威胁其生存的敌人的入侵。[69]"这样的**人类**不能发动战争，因为他们没有敌人，至少在这颗星球上没有。"卡尔·施米特说道。[70]对于昆虫学家来说，这两个方面——社会构成与战争——总是一体的，否则他们就无法想象进步：

> 对于白蚁来说幸运的是，它们必须与不可和解的敌人作斗争，这个敌人同样……智慧：蚂蚁。……如果人类像白蚁一样，有一个势均力敌的对手，有创造性、有条理、残忍、值得尊敬，人类又会处于什么位置呢？我们只有过不自觉的零星的对手；而千万年来，我们没有遇到其他严肃的敌人，除了我们自己。这个敌人教会我们很多东西，我们所有知识的四分之三，但他对我们来说并不陌生，他并非来自外部，并不能给我们带来我们所不曾拥有过的东西。很有可能，**那个未知的敌人有一天从一颗邻近的星球降临，或从某个意想不到的方向出现来拯救我们**，如果我们到那时候还没有将自己消灭掉的话，而这是更有可能的。[71]

仿佛要验证克鲁泡特金的正确性，在斯塔普雷顿这里，赞成"竞争"、反对"合作"的决定让两个物种走向了毁灭。[72]他也了解这种对进化论的另类解读，[73]并且毫无疑问，小说是赞

121

成合作的。[74]但只是在互相毁灭以后，进化——后来在基因技术的支持下——才将火星人与地球人的 DNA 组合成一种"真正的共生，一种合作伙伴关系"。[75]在这里，斯塔普雷顿的反乌托邦突然翻转成一个乌托邦，笔者还将回来论述其媒介技术的和昆虫学的谱系。迪特玛尔·达特（Dietmar Dath）将这种共生工程转化为进化理论、社会理论和媒介理论的最后阶段，笔者将以达特的《物种消失》（*Abschaffung der Arten*）来结束本书。

122

斯塔普雷顿的通道

来自火星的群体也是用有着共同的相似性基础的比喻链来描述的——描述为云、集体、网络或"自由浮动单位的多重组合"[76]——它也对群体研究、社会学的语义或哈特与内格里这样的预言家产生了影响。为了给 20 世纪 30 年代完全不知云计算、网络、聪明行动族、蚁群算法和群体智慧为何物的受众展示群体的恼人远景，斯塔普雷顿使用了一系列从心理学、生物学和远程通信领域中拿来的类比。他完全利用了这个通道。

一个群体的协调借助于某种"心灵相通"，必须将由互动的小朵的云组成的、作为一个整体行动的云设想成"庞大的移动无线电台群体"，它们相互之间"发送和接收信息"。[77]所有这些无线单位之间互相发送接收，所有部分都互相联络。作为社群的群体就从这种关联之中产生，或者更确切地说，群体就是这种关联。由持续不断地经媒介互动的行动者组成的社群的构想，在两年之前就由布莱希特著名的文章《作为沟通工具的广播》（*Rundfunk als Kommunikationsapparat*）提出了。[78]就像云格尔和赫胥黎一样，斯塔普雷顿也在研究有机特征与技术特征之间的转化，可以看到，这种隐喻学也会生成一种世界观，它显示出与一种社会可能的巨大一致性，且是非常详细地按照社会、文化和生物技术的前提条件来描述的。

将群体设想为一大群永远运作着的移动的、无线的发射接收器，斯塔普雷顿用通信理论和媒介理论的词汇如此表达。[79]　123
每个单元"相互之间采用一种类似'心灵感应'的沟通方式"，这使得这些火星来客能够变换不同的频率。对于这样诞生的社会来说肯定也需要某种"新的社会学"。[80]群体组织的动态形式可以用松散耦合和紧凑耦合的系统社会学区分来描述。基本思想在于，每个媒介的元素都可以暂时地组合成各种形式，即一种松散耦合的媒介，它允许许多紧凑耦合，反过来每种形式又可以再分解为其组成元素。[81]因此，每次洪水过后，沙子（媒介）都可以再建成新的城堡（形式）。媒介为形式准备着松散耦合的元素，形式又从媒介中为紧凑耦合选择元素。在参谋总部中的沙盘与孩子们游乐场中的沙盘是不同的形式。媒介和形式不能决定自身，而是打开耦合的可能性。这种方案的亮点在于，形式自身也可以变成某种媒介的元素，而同时某种媒介的元素又可被描述为另一种媒介的形式。[82]每一种形式、每一种媒介、每一种元素都可以被分解；没有形式比其媒介更为"本质"，没有媒介比其形式更为"实质"。这区别于传统的假设，即社会是**个体**的集合，亦即是由**不可分割**的基本单元组成的。这使得它适合我们，因为斯塔普雷顿的群体不是由物质，而是由耦合性构成的。　124

首先在一个由独立的、非常脆弱的云组成的"开放的秩序"中，这些云以"心灵感应"的方式相互联结，经常共同作为团体来行动；其次在一个集中的、不那么脆弱的云联盟中；最后是在一个非常集中化的可怕的云的凝胶之中。[83]

这些小朵的云可以自主行动，也可以集体行动：

当火星上的进化到达顶点的时候，这整颗星球（除了从前不太成功的动物和植物的残骸）有时在生物学和心理学的意义上就成了一个单一的个体。但是这仅在关系到作为整体的物种时才会发生。在大多数情况下，火星上的个体就是一片云……[84]

这里所谓的个体既可以分割又可以聚合，[85]它是一种媒介的形式与元素。群体可以采取其元素所能表现的任何形状；它能分解成"自由移动的单个单元"，根据需要构成次级群体"来实现特殊的功能"。[86]

群体袭击

群体形象的社会学意义是显而易见的。群体也与环境有关，环境对群体提出各种要求，群体的反应则是临时性地拆分成团队，这些团队实现"特殊的功能"，并在完成工作后重新解散。昆虫学的主流在 20 世纪 20 年代和 30 年代已经看到社会阶层的产生作为各种要求的解决方案，云格尔和赫胥黎采纳了这种观点，并移植到工人和职员的世界中去。这一社会团体理论最重要的论点之一是蚂蚁的形态学，它指出了"蚁后""兵蚁""育儿蚁""觅食蚁""蜜罐蚁"等的显著不同。[87]重要的角色不仅在外观上与次要的那些不同，而且也履行不同的职责。在云格尔眼中的工人队伍里，也不能用深海潜水员或飞行员来替换炸药专家或化学药剂师，他们虽然没有那种"资产阶级"的个体性，但在功能上是细分的、不同的。**这对于群体的元素来说是不适用的。**斯塔普雷顿在这里领先了群体智慧研究半个世纪。并不是简单代理人及其经受的特别训练、其品种或其学科导致了特殊而复杂的劳动的偏差，而是多个元素耦合而成的形式。大量元素组成的群体对于形式来说起到媒介的作用，而同时，在一个超有机体的形态中，又作为媒介的形式。群体分解成次级群体，以完成各种不同的劳动。在 1930 年，这种组织形式表现了一种开创性的、高度创新的选择，不仅对于像塔尔科特·帕森斯（Talcott Parsons）在 20 世纪 30 年代晚期开始发展的系统社会功能分化理论来说是这样，对于等级制的或集权的秩序模型来说也是如此。

通道并非镜像。斯塔普雷顿的小说并没有描绘当时的社会或社会学模型，而是从由许多话语所塑造的群体形象中创造出另一个社会，其理论基础直到近些年来才被拟定出来。

126

> 群体最初的形式体现在蜂箱或蚁穴的组织形式之中。……即使这些昆虫是以直线移动，它们也可以随时进入群体模式。在蚂蚁的例子中，这种行为被称作"群体突击"（swarm raiding）。[88]

五角大楼顾问阿尔奎拉（Arquilla）和罗恩费尔德（Ronfeldt）在 2000 年为了向美国军队推荐新的组织和攻击形式而援引威尔逊和霍尔多布勒时所表述的，斯塔普雷顿早在七十年前就准

确地描写了出来。火星生物在地球上来了一场群体突击。正如
斯塔普雷顿在序言中所说，文学不仅仅是一种转译或反映的媒
介，还是一处场地，社会在此处生成"（其）图像与形象，
（其）猜想与投射的世界"。[89]文学创造关于社会的新知识。这
使得文学对于自描述语义的分析来说是那么有趣。它使得其他
可能性可以被观察到，而从其他可能性的角度来看，社会
"如其所是"，是偶然的。

每一个群体都是由众多群体构成的。次级群体，"单个的
云"，都是有专业区分的，同时又是"可自主行动的群体，由
亦可自主行动的基本单元构成"。[90]斯塔普雷顿的叙述者仍然采
用了旧的器官比喻，它构成了"政治体"（body politic）[91]：
"器官"与"头脑"，在文中这些意象也是加了引号的，因为
与李维讲述的共和国是由头脑、肚子、胳膊、腿组成的政治身
体的语言不同，[92]构成云的每一个单位都可以像"细菌或病毒
一样在空中独立地生存"[93]。"云的整个范围不断地以各种波长
振动。……它们一旦与系统的振动场失去联系，就作为单个的
病毒继续存在……"[94]这是一种简单代理人的简单生活。群体
的复杂性是组成它的"无数单位"瞬时**链接**的效果，[95]而不是
单位自身的表现。作为"群体思维"[96]"超级思维"[97]或"超个
体"[98]，火星生物组成了那种复杂的有机体，[99]成了人类的绝对
敌人。谁要是想知道这个社会是如何运作的，就必须研究其元
素间的链接，而不是研究其存在。转移到社会学上来，这就意
味着所有人类学的结束和一种关于非人类智能体的社会科学的
开端。

"所有都是**自由飘浮**的单位"[100]——但是能够耦合，以作
为"云"的元素完成特定任务。如果一个元素碰到问题，它

就与其他元素耦合，以便作为群体找到解决方法。[101]组成单位的流体通过链接形成群体系统，"云的系统"，[102]在完成工作后又分解成松散耦合的状态，其单位又可以组成新的形式。这种群体组成的群体适用于社会秩序的全部范围，从自由飘浮的单位的"简单生活"到集体智慧的复杂性，次级群体由于分工而有着"特殊功能"，但并非以固定的功能系统的形式，而是**暂时的、偶然的**。在"连接池"（poolings）中，亦即众多单位链接成一个大的群体中，出现一个"超级思维"，一种集体意志，它可以被理解为一个突发"决策过程"的"表达形式"，在一定程度上体现了单个单位的共同目标。[103]

　　火星来客的目的是为了掠夺地球上赖以求生的资源。"无数单位"组成"无尽的群体"在全世界寻找原料——首先是水。那颗荒芜的星球是由地球供养的。[104]斯塔普雷顿描写了一场跨星球的群体突击。正如蚂蚁中的烈蚁和鬼针游蚁一样，"进化"催生了"简单个体组成的高度合作的组织"，观察者很容易相信，只有一个"外部的、高等级的力量"能够控制这一复杂且协调的行动。[105]"虽然这是大量单位的进程，它却以完美的准确性完成了；**一定存在一个主导它的核心或核心原则**。"[106]恩斯特·云格尔绝对无法设想，群体是自我控制的。

　　1940年，昆虫学家斯基内拉（Schneirla）在描述鬼针游蚁的群体行为的引言中说，**同时**应假定一种不言而喻性，一种社会组织体现了一个**紧急现象**，这种现象无法从组成元素的任何一种附加属性得以理解。[107]**没有哪种社会**，能够单纯地从政治性动物的个体的天性加以理解，无论是人类的社会还是蚂蚁

128

的社会。社会秩序并非其元素特性的数量之和，而是体现了其自身权利的"紧急"层面，斯基内拉在结尾处如此肯定了惠勒。[108]因此，斯基内拉研究的焦点是链接的形式，即"社会组织"涵括每一个行动者在内所要履行的"功能"。[109]从链接中诞生出那种"超有机体"，[110]斯塔普雷顿精确地用这些术语描写了它的"紧急"秩序。[111]鬼针游蚁的"群体突击"是在昆虫或哺乳动物中所能观察到的有组织的群体行为（organized mass behavior）中最复杂（most complex）的形式之一。[112]斯基内拉

129 文章中所附的插图，直到今天还影响着对鬼针游蚁群体的描述。他将集体的复杂行为归结为简单代理人组织的方法，为如今的群体智慧研究提供了一条重要的基本信条。谁在统治、谁在治理的问题则毫无意义。[113]鬼针游蚁的群体不需要"首领"，或者说"领导"（"leadership"，斯基内拉给这个概念加上了引号）只是一种功能，每一个动物都可以承担起来，[114]当它到达群体领域的前部、聚集的数量超过一定的阈值，因为该区域在很大程度上已收割完毕，所以蚂蚁的滞留时间和相应的群体密度也就增加了。随后边界被延长，群体继续前移。斯基内拉所描述的，后来都被表述为算法，被应用到了电脑上。

鬼针游蚁的群体没有任何核心领导，没有等级结构，没有中心。它有一个"交换中心"（agency）。[115]它的组织与火星生物群体的组织直到细节上都完全一致。鬼针游蚁群体也不断变换其关注对象与密度，它可以分解为"临时的"次级群体以及次次级群体，这些次级群体作为独立的团体行动，它始终是一个以临时"营地"相链接的众多单位组成的连续流。[116]对于亚里士多德和法学理论家卡尔·施米特来说，鬼针游蚁是一种

130 荒谬的存在。它们是灵活机动的。每个个体都可以实现所能想

到的所有功能，作为先遣队、作为战士或猎手、作为运输兵等等，但这些功能的实现与个体的特征毫无关系，而是与其位置与处境相关："个体的角色……可以随时改变，取决于蚂蚁在特定处境下的位置。"[117]这使得火星生物和鬼针游蚁的群体有别于云格尔和赫胥黎的昆虫社群。这种"群体行为"[118]的灵活性与机动性、适应不断变化的情况的速度以及利用现有资源的效率，直到今天还吸引着研究者的目光，并使研究转向到物流和战争中的"应用"中去。

火星生物同样收割地球，把资源流，特别是水，输送到大本营去。斯塔普雷顿笔下的人类团结了起来，但面对这些入侵者却陷入了一场徒劳无功的全面战争之中。[119]地球上虽然有足够多的水，但人类所面临的火星人的挑战并非在于它们想掠夺什么，而更多在于它们与地球人的不同，即它们的群体智慧。反过来，这些"云"在与受战争威胁的人类的激烈冲突中，发现了施米特与埃舍里希强调过的个体性的诱惑与风险，[120]这会在根本上威胁到它们的组织。在一场全面战争中，两个物种的灭绝最终断绝了所有互相靠拢的可能性。

来自火星的群体—集体的巨大吸引力绝不在于其形态，它除了在出场时被描述为"绿色的云"之外就没有更详细的描写了；也并非在于其作为星际飞行的高手和高度发达的人类之对手所使用的技术和武器。所有这些典型的科幻成分，叙事者都只是轻描淡写地提了一下。相反，使他着迷、让他不得不详细描写的，是一种或然社会秩序的可能性，它如此偏离常轨，只可能来自外星。直到1940年它才被斯基内拉这样的昆虫学家拉回到地球上。一个物种，它所有的个体都以一种心灵感应相联系，组成一个超级意识，这个意识并不体现个体，而是切实作为所有个体网络化链接的结果，这种物种在地球上是存在的——当然只存在于昆虫之中。至少到目前为止是如此。

直接沟通：心灵感应的梦想

人与人之间形成类似于火星生物那样的秩序，这个愿望在小说中是这样完成的：在两个世界间的战争过后的基因残余中，通过吞并与杂交产生一种新的、类人的生物，火星病毒所具有的特质赋予了他心灵感应的能力。新的人类建立起一个近乎完美的社会，"居民……相互之间维持着一种直接'心灵感应'的链接"。[121] 从反乌托邦中诞生出一个乌托邦，因为在这个"覆盖整个世界的社会中……"，[122] 所有能想到的争端与纠纷都通过"心灵感应的讨论"得到了调解，[123] 因此地球上遍布和平。迄今尚未解决的政治代表制的问题不用再考虑了，因为如果"全世界的居民都在一个'心灵感应'的会议上"提出建议，那么"代表机构"就没有存在的必要了。[124] 斯塔普雷顿似乎认为，所有冲突都是误解的后果，因此一切争端都可以通过相互理解来避免或解决。"心灵感应讨论"研究所做的其实更多：旧的社会学关于人与社会之间差异的根本问题在这种直接的媒介下同样通过区别的消除而得到了解决。差异完全不存在了。斯塔普雷顿的小说中所实践的问题"解决方式"在其后果上让人想起赫胥黎的孵化与条件设置中心主任的克隆幻想，只不过它指向一个完全不同的方向。

133

第五种人类的文化只能通过不断地用"心灵感应"交流关于艺术、科学、哲学的经验以及关于与其他人的相遇而实现。在火星生物那里，一个心灵感应单元在本质上只因消除了个体差异而产生。而在第五种人类这里，则是在每个人对其他所有人精神与心灵特征的"心灵感应式"理解的基础上，他自己的意识由于千万亿其他人的意识得到了极大的增强。……每个人都是一个有意识的、独立的生命，他参与其他所有生命的经验，并为之增加自己的贡献。[125]

这个社会兑现了媒介理论的旧日美梦：能够直接进行沟通，不需要语言上或技术上的中介，没有任何干扰，没有任何误解。[126]沟通的三个要素：信息、中介与理解，不再有区分，而是融合为一体。[127]每个人都充当"心灵感应网络系统中的节点"，[128]这张网络覆盖了整个地球，局部的行动者组成了社群，这些社群一起组成了全球社会："一个有思维的社群组成的社群。"[129]对于斯塔普雷顿来说，心灵感应与社会秩序之间的联系有多么的重要——不仅对于他的小说，也对于他的现实诊断与重要干预来说[130]——可以从他的第二部小说——1937 年的《造星者》(Star Maker) 中窥得一斑，这部小说扩展了这幅直接联系、团结一致的人类形象。在这部小说中，"心灵感应的发展"也导致了一个全球性的沟通社会，它不仅使相互理解变得容易，还最终使得所有"社会"问题得到了"一致"的解决。[131]由于心灵感应的"媒介"，个体得以链接成一个社群，它非常稳固、和谐，就像"神经系统中各个元素的集成"。[132]这种秩序再次拿来跟"群体"或者"云"做对比，其一致性在于远程沟通联系，"穿透整个群体的'无线电波'"。[133]"社会共同体"就是一个群体——也因此是"完美的"。[134]在两部小说中，这种乌托邦社群的教父都是超有机体和昆虫学的蜂巢

134

思维（Hive – Minds）。《造星者》中有一个有力的论据，叙述者确信他眼中的社会性昆虫：

> （我们）遇到……一种像昆虫一样的种族，它们结成群体或巢穴，并因此组合成一个拥有几千个躯体的单一的灵魂。……在**这个星球上取代了人类的那些智慧群体**中，那些昆虫一样的个体的微型头脑在群体内部起着微型的特殊作用，**就像**在它们的国家里承担着劳动分工的**蚂蚁**。它们的一切都是流动的，但每一类个体在整体的生活中都有着特殊的"神经性的"功能。事实上，它们就是像一个巨大神经系统的一部分那样在工作。[135]

135

有智慧的昆虫群体可以承担人的一部分特性。昆虫社会可以取代人类的社会秩序。这里所想象的进化道路不会导致尼采或云格尔的"超人"的诞生，[136]而是会产生出一个昆虫社会的"超个体"[137]，它是由"**一个灵魂**"所统领的。另一方面，斯塔普雷顿至少在上文引用的地方又复制了传统的昆虫学功能和阶层区分，而这是他由次级群体组成的火星生物群体早就抛弃了的。不过超有机体又被赋予了两个乌托邦式特性，这在《最后和最初的人》中没有表现：所有辛劳工作的终结，以及不死。

> 这种智慧群体的生活被组织得非常完美，因此所有工业和农业之中的日常工作，对于整体的心灵来说都已成为无意识的过程，就像人类的消化过程那样无意识……
>
> 在智能群体的内部，昆虫一样的单位不断死去，为新

的个体让出位置，但整体的心灵在根本上是不死的。个体
新陈代谢，而整体的自我永在。[138]

教父不是父母。从超有机体到火星群体的过程需要一个巨
大的跨越，在1930年的专业昆虫学研究中，还没有人为此做
好准备。[139]在对这一群体的表现中，还有哪些知识构成？[140]这一
集体的、去中心的、横向的、瞬时的、网络化的秩序的早期文
学想象是如何组合起来的？西奥多·斯基内拉在1940年描述
鬼针游蚁的群体组织时，也受到了莫里斯·梅特林克的启发，
这位象征主义作家深刻影响了蜂巢精神（spirit of the hive）的
习语，[141]他从超有机体的"整体不死"出发，[142]应用"即时通
信"提出了"一致合作"的假设。[143]笔者将追寻这条足迹，因
为它不仅通向群体行为，还能通向火星。1926年，梅特林克
在《白蚁的生活》前言中写道：

> 乌托邦主义者在远远超出所有想象可能性的地方寻找
> 未来的社会形式。而在我们的眼前，就有一个国家，跟我
> 们能在火星上……找到的相比，它是那么的奇妙，那么的
> 不可思议，还又——谁知道呢——那么的具有预见性。[144]

因为白蚁生活在遥远的赤道地区，必须首先要有人向我们
展示白蚁作为世界上最古老的"文明"，并且，就像拉丁语的
修辞术中所说的，让它变得清楚明显（evidentia）。[145]梅特林克
这么做了，根据他自己在"最痛苦的科学观察"的基础上所
做的推测，[146]一次又一次地用它们的秩序来驳斥我们："白蚁让
我们看到的，是不是一个社会组织的模型，一幅未来的图景，

136

一种'预知'？我们在迈向一个类似的目标吗？我们不想说这
是不可能的。"[147]斯塔普雷顿所想象的那个火星上的社会，让人
在许多方面联想起梅特林克对白蚁的表述，这绝不是偶然。并
非因为斯塔普雷顿读过梅特林克的著作，有这个可能性，但我
们不能证明这一点。更具决定性的因素是，两位作者都动用了
同一个图像库来展现他们对于集体智慧的想象。远程通信领域
的**技术**上的比较和对心灵感应这样的无意识**精神**力量的参考在
这里起到了主要的作用。笔者也不认为斯塔普雷顿的乌托邦反
137 映了昆虫学理论，在他的作品中，多个知识领域彼此交叉，使
得它的群体模型领先了最先进的昆虫学十年——更不用提社会
学了。

　　1920 年，《北美评论》写道：

　　　　梅特林克如此注重的蜂巢精神，似乎那是所有低等生
　　物灵魂的关键。一个人知道了什么，所有人立刻都知道
　　了。就像是在一个心灵的共同体或整体之中。……从我们
　　的认识水平来看，在蜂巢中不存在任何的政府或决策机
　　构。**也不存在任何的法规或命令**。群体就是一个整体。成
　　员一致行动，不依靠指令或法令。群体的劳动分工是自发
　　进行的。蜜蜂行动并且合作，没有任何规则或指示。[148]

　　我们来总结一下这份流行杂志的报告。群体是一种去中心
的、后等级制的（posthierarchisch）、自我控制的、实时交互
的、必要时自发分工的、复杂的、多形式的，并确实作为更高
的统一体在行动的集体。群体"显示出一种行动的统一，就
像是电力控制的一万枚纺锤……上千万或上百亿个都作为统一

体来行动"[149]。在这里，我们为来自火星的超有机体找到一句习语。恩斯特·云格尔和奥尔德斯·赫胥黎以完全不同的方式解释了媒介技术的情况。完全的媒介建立起完全的、严格区分的秩序，以确保所传送的命令顺利得到执行。对斯塔普雷顿来说却并非如此。他的次级群体组成的群体的模型可以被表达为弗里茨·海德（Fritz Heider）所接受的尼克拉斯·卢曼（Niklas Luhmann）的松散和紧凑耦合的区别，一个20世纪20年代诞生的想法,[150]却并不包含中心与边缘、阶级与阶层、数量与结构的传统秩序形象。梅特林克传奇的"蜂巢精神"[151]、"蜂巢思维"[152]、火星云群体的"超级思维"成为群体沟通与组织的秘密的解释方法。"蜂巢的精神知道一切，领导一切。统一体是群体，而非个体。"[153]

138

　　这自然不是解释，而是将它变为基本原理，给未解决的难题赋予一个名字，却不能说明群体的这种准心灵感应或曰无线的、即时的与自发的沟通是如何运作的。学院派的昆虫学虽然觉得这位"比利时诗人"关于社会性昆虫的论文确实很"有吸引力"，但最终觉得它们是"神秘的"废话。[154]梅特林克在他关于蜜蜂的著作出版二十五年后补充说，关于"蜂巢精神"的"社群管理"的描述"只是一种说法，它隐藏了一个未知的事实，并且什么也没有解释"。[155]现在的研究将用自组织、涌现和群体智慧这样的概念找到一个答案。[156]这些新的"说法"是否也能表现更好的或更有说服力的论题，并不是笔者所关心的。对于笔者来说重要的是，斯塔普雷顿用他的群体社会创造出了另一种社会秩序，它有一种完全不同于云格尔和赫胥黎的蚂蚁国家的形式，这种形式之所以在今天变得惊人地合乎时代，是因为斯塔普雷顿为他的知识转化所使用的比喻：云、群体、网络这些词再一次变得时髦了。[157] 当这些形象有了明证性的外观，它们也会被追问，它们隐藏了哪些选择，它们的投影中又蕴藏着什么。

与小说家斯塔普雷顿相同，凯文·凯利在他备受赞誉的关于"群体逻辑认识论"[158] 的著作中，对这个范式展开了一系列的类比：蜜蜂与群体，蚂蚁与"并行操作"，调制解调器与云，网络与神经元，集体与代理人。如果这是认识论，那么它向形象的魔力屈服了。正如典型的社会性昆虫的语义文本一样，一个形象解说另一个：我们觉得群体像云，云像网络，网络像大众（Multitude），大众像根系，根系像一个蚂蚁聚集地。"蚂蚁永远毁灭不尽，因为它们……建造了一个根系，当它大部分被毁掉的时候，它们还能再重建起来。"德勒兹与加塔利赞叹地写道。[159] 而当控制论专家到处尝试执行蚂蚁物流系统的鲁棒性时，迈克尔·哈特和安东尼奥·内格里对它们的根系状链接形式产生了深刻印象。这些作者使用了最新的群体研究[160] 和古老的昆虫学的混合，[161] 目的是从蚂蚁的"群体突击"出发[162] 经过计算机辅助模拟的群体行为算法，最终将这些形象转移到人类社会上来。群体研究中的蚂蚁成为"集体智慧"的样板，它们"从沟通与合作中产生了如此……的多样性"。[163] 而打上集体智慧标记的是人类的行动者，而不是鬼针游蚁。

尽管专业科学家们对"比利时诗人"施以嘲讽，但这一新的知识仍产生于一个诗意的过程。此过程将每个专业范围内的形象连成同位素，它随后用"就像"来作出同类型的声明：蚁穴就像一个根系，像一个蜂群，像一个云路由，像乌合之众，乌合之众像一个蚁穴。[164] 斯塔普雷顿这类作者的功绩在于，成功地建立起社会、技术与生物学语义之间的形象传输通道。

他们创造引人入胜又显而易见的形象，将文学文本和昆虫学的、技术的、灵学的过程转换为简练的社会自描述习语。斯塔普雷顿自己提出了这种解释，联想到霍布斯，他将它的火星集体的"虚构的共同人格"称为另一个**利维坦**。"超个体是一个有了意识的利维坦。"[165]这种群体意识自然是集体的、分布式智能的情况，而不是某个躯体的集中处理和指挥的大脑，不是某支军队的电话总机，也不是阿尔法、贝塔、伽马脑电波根据计划来调节的无意识。

140

沟通的问题

火星来的云或群体处于永恒的准心灵感应的交流之中，斯塔普雷顿的叙事者拿它和"无线"远程通信技术相对比。它代表了没有基础结构的群中的所有元素即时的相互链接。不需要电缆，每个单元都是自足的、高度流动的。无线通信非领地化了群体的结构。[166]在这里作为比喻的无线电话，不能解决通信问题，它只能传递信息，却不能传递意图、动机、可信度等。理解还是要靠"接收者"本身，而且他刚好能够像"发送者"想要的那样来理解一条消息，也几乎是不可能的。为了说明一个依靠心灵感应沟通的社会的吸引力，笔者将简要地阐述一下所有远程通信的基本问题。它很久以来就为人所知。弗里德里希·席勒就知道，语言作为最重要的相互理解的沟通媒介是很不完善的。他1796年的一首讽刺短诗就题为《语言》，它是这样的：

141

为什么活生生的精神不会出现在精神面前？
心灵说道，它这样说道！心灵也不见了。[167]

乍看上去，这里表述了一个悖论，但事实上席勒指出了操作上的不同。只要心灵在说话，也就是说，只要它是一个媒介：使用语言，以求与另一个心灵沟通，在说话的就不再是心灵，而是语言，沟通在沟通。这些沟通、词汇、语法、感叹词的规矩与准则跟心灵"真实"或"原本"的沟通意图不再有关系。因为不再是心灵，而是沟通本身在进行沟通，因此**活生生的**精神不可能出现在另一个精神面前。一个精神传达给另一个精神的东西，在席勒看来只能是**死的**。我们在这里就可以猜测，心灵感应与此相反，保证了精神之间**活生生的**交流，因为它不再依赖于中间媒介。"活生生的理解"与"死的字母"之间的对立，指引他的思考通过《审美教育书简》中预制的"规范"使人进入社会的特定功能的内涵。[168]威廉·莫顿·惠勒也熟知这部作品，他在一篇论述人与社会关系的论文中引用道，一个个体同时被包括在不同的社会体系之中，并完成不同的功能。[169]当人们决定，只观察"社会个体之间……互相沟通的交互活动"时，**心灵**（âme, spirit）的问题就不再存在了。[170]席勒所指出的情感的不可沟通的问题也可以让一只蚂蚁来解释，这要归功于库尔德·拉斯维茨（Kurd Laßwitz），他在1890年发表了《蚂蚁日记》（*Aus dem Tagebuch einer Ameise*）

142　的片段。蚂蚁告诉一个在婚礼前陷入一种"奇怪感觉"的小男人：

> 每个人自然都能体会这一点，但是不允许把它说出来，因为蚂蚁在内心所经历的，是无法用任何语言说出来的，如果它想用触碰告诉其他蚂蚁，那就会变得跟它内心

所感觉的完全不同，会产生平淡的废话和空虚的争执，而最终恨不得把触角剪下来。[171]

通过"触角语言"进行的沟通从表达中产生了席勒描述过的同样的意识异化。昆虫学界于 1900 年左右出现的"心灵感应假说"[172]在此开辟出一条新路。这一假说不仅完整地创造出一幅完美沟通的美好愿景，还解开了昆虫学领域的难题，即当蚁群被厚厚的砖石分开的时候，它们如何实时地协调行动。所有实验[173]结果都可以这样解释："心灵感应假说"将能够解释公认的科学领域的许多难题，自然研究者、哲学家艾伯特·B. 奥尔斯顿（Albert B. Olston）在 1902 年如此宣告。[174]

席勒与拉斯维茨描述了人类和蚂蚁沟通的基本问题，这种沟通虽然能够协调行动者，但却将个体的精神遗留在暗箱之内，奥拉夫·斯塔普雷顿从中挖掘出了所有种类社会病症的成因。只要意识与沟通、心理体系和社会体系在实际操作中相分离，导致冲突甚至战争的误解就无法避免。斯塔普雷顿在这个问题上给出了一幅"精神沟通的"心灵感应的"社会"愿景。[175]在这个社会中，再也没有误解、异化、隔离，因为大脑不再孤独，精神所进行的都是生动的、无损耗的交流。心灵感应从所有成员参加的无线远程通信中创造出一个即时的、真实的社群。这也因此具有了历史性趣味，因为在 20 世纪 20 年代和 30 年代，媒介更多是从（信号或命令的）传输，而不是从（精神或民族的）联系的角度得到考量的。[176]恩斯特·云格尔设计了扩音电话（Phonophor），它可以让元首的命令随时传递给每一个追随者并使他服从；奥尔德斯·赫胥黎发明了一种大众媒介感官电影（Feelie），它可以关闭人类危险的个性，并用一种潜意识内受控制的阶级归属感取而代之；而斯塔普雷顿发明了一个社会，其成员之间的交流与沟通都变得多余，因为所有人都在与其他人进行直接的心灵沟通。

斯塔普雷顿的小说有着对大众媒介和**公众舆论**的极端怀疑。特别是广播被描述为一种武器，它的大面积影响力可以与毒气攻击相媲美。压倒性的广播轰炸[177]对于听者的个性来说是致命的。相反，"整个种族的心灵感应交流"[178]实现了"多元化和多样性的"和解。[179]从心灵感应交流中诞生出一个社会，一个"大众"，[180]它消除了个体与社会之间的对立。结果产生了"一个真正有机的世界有机体"[181]：一整个世界，它"在完全的意义上是一个有灵魂的有机体"。[182]引人注意的是，当斯塔普雷顿说到他那由心灵感应联系起来的全球社会时，他说的是心灵交流（Kommunion/telephatic communion），而不仅仅是沟通（Kommunikation/communication）。这一宗教色彩可以追溯到完美沟通的《圣经》场面。不过，这一心灵感应的盛景与蚂蚁社会还有什么关系呢？

144

蜂巢精神：共同意志的心灵感应宪法

一窝蚂蚁或蜜蜂群体构成一个社会，"集体意识"出现在这个社会的整体之中，一名社会心理学家在1920年的一份报告中赞同了阿尔弗雷德·埃斯皮纳斯（Alfred Espinas）的假说。[183]威廉·麦克杜格尔（William McDougall）拥有哈佛大学的心理学教席，同时也是牛津大学心智哲学王尔德教席讲师。作为惠勒、帕森斯、亨德森、汉密尔顿、霍尔丹、斯塔普雷顿和赫胥黎工作过的地方，对于昆虫学—社会学通道的发现而言，哈佛和牛津是两个特别重要的地点。笔者还会回到在哈佛的帕累托圈中这两个学科（根据不同视角）硕果累累或疑点重重的合作上来。除了埃斯皮纳斯之外，麦克杜格尔在他的专著《集体精神》（*Group Mind*）中还接纳了勒庞、西格勒、斯宾塞和舍夫勒这些人的共同点是，他们认为在社会性昆虫上所做的观察可以一般化。这本《集体精神》也被惠勒所引用，以将他对社会性昆虫的研究放到一个普遍的社会学及大众心理学的背景之下。[184]

麦克杜格尔的愿望是，证明集体可以被描述为自身权利的系统，其规则不能归因于其组成元素，亦即集体中的个体。毋宁说，系统构成了自己的"集体意识"[185]——正如"一窝蚂蚁有这样一个集体意识"。[186]一个社会心理学家去研究蚂蚁，原因是希望在这里了解到关于人类社会发展中"集体精神"（group-spirit）之构成的一些东西。[187]对于麦克杜格尔来说，昆虫与人类的基本问题是相同的：怎样从个体中产生出集体，集体的行为不被其组成元素掌握或控制。在寻找解答的过程中，麦克杜格尔使用的提议全都与社会性昆虫的知识有着密切联系：蜂巢精神、心灵感应和沟通。麦克杜格尔怀疑昆虫社会中是否有一个"集体精神"，虽然他也对昆虫国家的组织印象深刻：

145

> 即使在那些动物的社会中，如蚂蚁或蜜蜂的社会，是否存在一个"精神"，也仍有疑问。基于蜂巢中的劳动分工，有些蜜蜂负责运输，有些建造蜂巢，有些喂养幼虫等，很难否认其社会和所有灵魂永恒的影响中有思想的存在。特别是当我们考虑搜索适合蜂群建巢地点的过程

时——一小群蜜蜂抢先行动去寻找合适的地点，找到它，并将其他蜜蜂引导过去。[188]

只凭有效合作与劳动分工就认为所有成员的意识中存在一个"共同的思想"，是不成熟的。如果不是蜂巢精神通过其在个体中的表现控制这个群体，那么是什么呢？为了解释很多个体的精神生活，就要验证另一个假说。麦克杜格尔也不可避免地谈到了"心灵感应假说"。[189]过去为了证明心灵感应的互动存在，曾列举了一系列的证据，但它们只能解释"集体精神生活"的"强化"，[190]却不能解释集体精神的产生。[191]在他阅读埃斯皮纳斯的论文《论动物社会》的过程中，麦克杜格尔猜测，是**沟通**，从中产生了社会统一体及其一致性。[192]对于心理学家来说，这是惊人的洞察力，因为他放弃了探寻社会构成的更加精神性的基础。

与心灵感应不同的是，沟通需要一个渠道。埃斯皮纳斯在这里也给出了一个建议，麦克杜格尔考虑到沟通在"所有人类群体和动物群体"那里都可以观察到，那么情感的具体表现是怎样导致相同情感的展示的？[193]这种沟通媒介的规律性由加布里埃尔·塔尔德作为**模仿的定律**记录下来，他也参考了埃斯皮纳斯。[194]麦克杜格尔也提出疑问，这种媒介是如何突破在场者之间的互动界限的。从相邻者情感的模仿中可能产生一个群体，但不能产生一个国家。[195]早在古代的"城邦"之中，更是在现代的"民族国家"之中，都是由于"沟通的可能性"才使得它们能够有"真正的集体精神生活"；今天这种可能性可能是"电报、信件，……最主要的是报纸"。[196]根据这种观点，媒介所承载的不仅仅是信息，而是像在直接模仿的情况下

146

一样，也承载着情感："最主要的是电报、无线电报和印刷报业……使得现代国家的出现成为可能；这些让信息的传播与情感的表达变得容易了。"[197] 而这些沟通手段（means of communication）促进了"民族有机统一体"的出现。[198] 心灵感应不可能完成这些，因为它的力量随着距离的增加而消失（"diminishes with distance"）。[199] 这并非一个实质性的反对意见，但却很实际。如果"心灵感应假说"[200] 能够像无线电报一样克服距离的困难，那么它就又能够发挥作用了。

147

　　正是昆虫社会使得**其他渠道**作为**社会媒介**发生作用，埃娃·约哈克简洁地说。这一点在麦克杜格尔那里也得到了证明，社会性昆虫复杂且高效的组织让他从动物社会的集体思维出发，问出那个不可回避的问题，生理上相互独立的"单子"之间究竟是如何"沟通的"。[201] 没有沟通，他就无法设想一个集体意识的精神生活。在这场讨论中，心灵感应作为一种"其他的"、连接多方面的"渠道"得到了证明。[202]

　　西格蒙德·弗洛伊德的两篇演讲也与之相关：1921 年的《精神分析与心灵感应》和 1934 年的《关于心灵感应的问题》。[203] 在他的医学实践中，他碰到了一系列的案例，在其中，预言和占卜者起到了至关重要的作用。在病人的叙述中，对于弗洛伊德来说，重要的并非是预言的应验，而是占卜师或预言者为了做出预测，要对相关人员有着非常密切的了解。有一个病例因其启发性价值被弗洛伊德记录了两次，[204] 他确定，"占卜师并不认识提问者"，但却在其预言中非常精确地说出了病人的信息，这是无法用一系列的巧合加以解释的。[205] 弗洛伊德强调，"这在我的经历中绝非唯一的一次"，预言"表达出求卜者的……思想，尤其是他们隐秘的愿望"，不如说他知道对方的所有思想。[206]从这些数据中，他得出很有风险，却也有道理的结论：

> **存在着思维的转移**。占卜师的占星行为起到的作用是，使其自身的精神力量转移出去，以无害的方式活动，使得占卜师能够接受和渗透被其所作用的其他人的思维，成为一个真正的"媒介"。[207]

148

他在 1934 年重复说，"应当承认"，"思维的转移作为真实的现象存在着"。[208]弗洛伊德希望向显然被他惊呆了的听众们"建议，更友善地考虑一下思维转移，因此还有心灵感应的客观可能性"[209]。但他可不想做神秘主义者或超心理学家。他的结论不仅建立在自己的病例收集的基础上，还建立在公认的类比的基础上。两个形象发生了作用，它们也曾从各个角度影响斯塔普雷顿、梅特林克和巴勒斯：移动电话和昆虫社会。麦克杜格尔也在较高级的社会秩序的建立中，讨论过心灵感应和无线通信可能的功能对等。因此，认为这些不同的知识领域（心灵感应、电话、昆虫学）互相支持其假说和预言，并非巧合或某个作者的异想天开，而是 20 世纪 20 年代和 30 年代特定的认识群体可预期的表达。

彼得·盖默（Peter Geimer）就 1900 年前后"对超感官的思维转移的运作方式的无数尝试"记录道，它们都想要证明，"思想"的交流没有一个可解释的"物理载体"也是有可能的：没有媒介的沟通。[210]以心理物理学为导向的研究或对心灵感应的批评导致了记录系统（Aufschreibesystem）的发展，它的任务是证明所谓缺失的承载媒介的存在。从某种意义上说，弗洛伊德仍处于这种心理物理学的传统中,[211]他在无线电报领域确实发现了一种技术,可以作为思维转移媒介的模型。但他的文章却并未参与到这一讨论中去。因为与盖默所说的漫长的 19 世纪末期对于心灵感应的"无数尝试"不同,弗洛伊德思想中关键性的论据来自某种社会性昆虫的昆虫学研究,它直到 20 世纪才出现。

弗洛伊德比较了心灵感应的媒介和一种技术上的媒介:这一行为"就好像是(与某人)打电话,但实际情况并非如此,在某种程度上它就是**无线电的心灵对应物**"。[212]像梅特林克和斯塔普雷顿一样,弗洛伊德将心灵感应和无线电作了类比。在这一比较的路径上,他最终得出结论,在心灵感应之中也存在某种"物理过程"与电话的"等效",[213]但精确科学的测量观察却不足以捕捉到其精细程度。在《最后和最初的人》之中,从进化生物学的角度对群体的这种能力进行了解释。光线和声音是我们进行沟通所需要的波。为什么我们体内不能发射和接收"其他的"波呢?弗洛伊德却不满足于这种猜测,他要寻找对他的观察的"合理"解释。远处的"某个心灵行为""在另一个人身上引起同样的心灵行为"[214]是可能的——甚至非常有可能,如果考虑到另一个类比,也就是,社会性昆虫的互相理解。

人们显然不知道,集体意识是如何在大型昆虫国家中形成的。也许是以一种**直接的心灵传递**的方式。人们不禁猜测,这是个体之间相互理解的最本源、**最古老**的方式,它在种系发育的进化过程中被符号辅助的、以感觉器官接收的更好的通信方式所压制。但古老的方式可能还保留在暗中，并且还能在特定条件下得以实现，比如在狂热的**群体**之中。[215]

群体心理学以和昆虫学研究昆虫一样的方式来研究沟通，因为不仅在"昆虫国家"中存在"集体意志"，即梅特林克的蜂巢思维或麦克杜格尔的集体思维的心灵感应式"通灵"（Kommunion），在激动的、回落到原始状态的"群众"中也是如此。[216]社会性昆虫、群众和返祖现象之间的关联早就给人留下了深刻印象。艾伯特·奥尔斯顿从他的蚂蚁心灵感应沟通假说直接来到了群众心理学（Massenpsychologie）。"此处应当深入观察群氓思维（mob mind），与**客观感应**（objektiven Suggestion）的想法一起。"[217]继续追随"群氓思维"这个概念，我们就会遇到美国社会学家爱德华·A. 罗斯（Edward A. Ross），他 1908 年出版的代表作《社会心理学》（*Social Psychology*）便是致力于群众心理学研究的。但是早在 1897 年，也就是西皮奥·西格勒（Scipio Sighele）的《暴民心理学》（*Psychologie des Auflaufs*）出版的那一年，罗斯就创造出"群氓思维"这个概念，并拿他的德国读者库尔特·巴施维茨（Kurt Baschwitz）所称的"群体感应"（Massensuggestion）或"群体幻想"（Massenwahn）[218]与"情感状态在兽群中瘟疫般的传染"（contagion of feeling in a herd or flock）作比较。[219]从这一"传染"（contagion）的设想出发，如果想要像麦克杜格尔一样寻找扩散的媒介，那么离心灵感应假说只有一步之遥。[220]罗斯对群氓的阐述，对于群体以及社会性昆虫的认识史或文化史来说非常有意思，因为他不仅像西格勒和勒庞一样考虑到群集的民众，还考虑到了分散的人群："群氓思维也有效地表现在分散个体构成的庞大社会中……这可以被定义为在社会中沟通的个体在兴趣、感觉、意见或行为方面的相互理解，被认为是感应或模仿的结果。"[221] 提到感应和模仿，这里又重提了塔尔德 1890 年的作品《模仿律》（*Loi de l'imitation*）中的核心概念。在这部影响广泛的作品[222]中，塔尔德将模仿设想为一种媒介，它"或快或慢地"传播开来，"像是一束光波，或者一窝白蚁"。[223] 罗斯直面这个模仿媒介的问题，对于他的研究来说是必不可少的，因为他研究的不仅是在同一场地在场者的"群氓思维"，也包括"分散的个人"所组成的巨大人群。[224] 让对历史感兴趣的媒介科学家高兴的是，他在解答这个问题时变得非常清楚：

> 从前一则震惊的消息在一天内能够传播出 100 英里（1 英里≈1.6093 千米）的半径。第二天它继续向外吸引注意力，同时第一批人已经平静了下来，并追问原因。……我们今天的设备打破了时空，因而震惊的消息没有延迟地传播出去，让一切都同时进行。一大批公众分享相同的愤怒和焦虑，同样的激情和恐惧。……最终公众侵吞了一般人的个性，就像群体侵吞了其成员的意志。[225]

是"电报"和"日报"使模仿与感应能够越过群集的民众（"crowd"）到达整个"分散的"公众，使得行为者失去其个体性。[226] 在 1900 年前后，为了解释个体到群氓的变化，群众心理学和社会学有两个选择：心灵感应或远程通信。这两种通神的记录，无论是神秘主义的还是技术性的，在斯塔普雷顿那里以及在昆虫学中，都发挥着核心的作用。

151

152

群众心理学中的社会性昆虫

群众心理学和社会学的主导者，如加布里埃尔·塔尔德和西皮奥·西格勒，在 1900 年前后，动用了对动物社会和昆虫社会的生物和昆虫学研究，以解释群体行为与沟通。[227]这两位作者都将昆虫学知识应用于他们的理论建设；两位作者都转向昆虫社会，以证明其社会的建构与互动的规律性的命题。埃斯皮纳斯、福勒尔和卢伯克的文章得到引用。对于塔尔德建立在模仿律基础上的社会学来说，昆虫学提供了一条反对社会契约论的论据：社会性昆虫也生活在社会中，但它们并不缔结契约，因为它们没有这个能力。不存在命令流，不存在必须被遵守的决断，不存在理解。[228]因此，昆虫社会的建构必须以其他方式来解释，亦即，就像埃斯皮纳斯在他关于膜翅目昆虫（如蚂蚁、蜜蜂或黄蜂）的"节俭型母系社会"的章节中所指出的那样，是通过模仿。[229]"蜜蜂"大概是没有下命令的老板的，[230]毋宁说我们可以观察到被其他蜜蜂所模仿的行为。[231]下一步，塔尔德从模仿产生集体行为和目标明确的行为中得出结论，人类社会的起源与结构不能够以契约论来解释。[232]社会契约是一个幻想，我们在下文还将回到这一点。社会秩序与模仿律因此重合了。

法学家和群众理论家西格勒熟知塔尔德的作品，他也进行了相似的研究。但是他没有讨论社会契约，而是转向它的前提——能够缔结契约的有行为能力的主体。这种在社会学、政治学和经济学理性选择的（博弈）理论中扮演着不可或缺的角色的理性个体，西格勒认为只是"内部感知的幻象"。[233]剩下的只有可以观察到的"外部感知"的事实：不是理性，而是行为；不是道德，而是拟态；不是偏好，而是模仿。只要我们还是在和大众或群体打交道，就要从昆虫学家那里学习他们是依据哪些规律运作的。西格勒整页地摘抄埃斯皮纳斯对社会性的黄蜂的描述，以确认：

> 正如我所相信的那样，这种卓越的描写也能充分解释群众的心理学。[234]

为了避免对这个词语的选择造成误解——心理学在这种背景下并非指关于心灵的学科，而是指行为学。"心理学无非就是关于'行为'的科学。"[235] 即使是说到"心灵"或者"精神"，涉及的也只是群众的行为学说。在引用了埃斯皮纳斯关于动物社会的论文中相同段落的塔尔德和西格勒那里，他们的行为都存在于模仿的基础上。[236] 在民众群体（"foule"，即麦克杜格尔的"crowds"）中，模仿还可以依靠感官知觉：人们看到、听到别人在做什么，然后自己也这样做。每个人都做其他大多数人所做的同样的事情，布罗尼斯拉夫·马林诺夫斯基（Bronislaw Malinowski）甚至认为，这是"社会学中最基础的事情，因此不可以再行精简"。[237] 塔尔德却没有就此满足——他同样想到了心灵感应：

> 社会的纽带不可能在这样的外部模仿之上发展。让我们回到史前的黎明时代，那时语言的艺术还不为人所知。那时人的内心、想法和渴望是怎样从一个大脑传递给另一个大脑的呢？从**动物社会**中我们可以看到，这些社会的成员几乎不通过符号来交流，但交流确实通过影响以某种心

154

灵上的**带电**反应的形式发生了。因此可以假定，某种**头脑间的**相互影响跨越一定的距离发生了——也许以某种相当可观的，但又在瞬间衰落的强度——催眠暗示可以给我们一个大概的印象。[238]

由于有了史前的、语言出现之前的脑干，人类也可以"几乎不用符号"进行交流，就像动物社会的成员以及"蚂蚁"或"蜜蜂"一样，塔尔德在引用埃斯皮纳斯——"社会纽带"这一比喻也来自他，指的是可预期的、持续性的"沟通"架构[239]——时尤其喜欢提到它们。[240]我们和这些动物从远古时代以来有一些共同的东西，弗洛伊德也如此猜测，斯塔普雷顿也如此展示。正因如此我们才能够理解这些"低等动物"：

> 是因为我们在自身之中有一把通向它们的钥匙，这把钥匙只能是由意识的一些基本要素组成的，这些要素在它们那里和我们这里虽然有各种不同，但仍然一致。[241]

我们和它们共享的，是一种沟通的基础渠道，塔尔德和西格勒称之为"感应"（Suggestion）。弗洛伊德曾经以《心灵感应》为题猜测其远程作用方式，并尝试比对昆虫社会与群众心理学，又是埃斯皮纳斯指出了应当如何对它进行解释。[242]谁若想知道社会的媒介是怎样构成的，他不必去读霍布斯或卢梭，而要去观察社会性昆虫，并描述其行为规则。[243]对于西格勒来说，"重要的蚂蚁研究者"所做的"实验"不仅提供了灵感，还为他的大众行为学假说提供了"证明"。[244]西格勒在他的人群主题和福勒尔的蚂蚁之间建立起"类似条件"，[245]这让他坚持将昆虫学研究转化到人类群体研究上，用昆虫学的实验来证明群众心理学的命题。先声明，现在的群体研究就是这样进行的。对于塔尔德的社会学来说，这种类比构成了他的启发式知识的核心：

> 此外，在阅读这篇论文时可以认识到，社会生物在社会关系方面本质上是由模仿决定的，社会中模仿的作用、生物有机体中的遗传以及无生命物体中的波之间是存在着相似性的。[246]

由于这种遗传，我们还可以使用这种古老的沟通方式的残留，它以波的形式在远距离上也能触动心灵[247]，并**这样**将个人组成集体，**正如**在体内的神经系统中神经元组合成意识一样。[248]媒介技术与交通工具向塔尔德展示了心灵感应远程作用的"其他渠道"的现代选择：铁路与电报。这里又在媒介技术方面与蚂蚁产生了关联，因为，就像儒勒·米什莱所说的，毕竟它们的"语言就像电报的语言一样"。[249]在"某种电报"的帮助下，蚂蚁在它们的共和国中创造"公开性"，交换"新闻"。[250]对于塔尔德来说，这种模仿的媒介在"广阔的领域内"产生"启示性的和强制性的魅力"，几乎"无人可以逃出它的吸引"。[252]然而，这种经由媒介的（超）感官延伸的想法却是等级制的、集中性的："巴黎庄严地居于王座，引领外省。"[253]法国的大众媒介催眠从中央到边缘、从上到下扩展。然而与之相反，斯塔普雷顿的火星群体及其基因遗传的最吸引人之处却恰恰是一种去中心的、分散的、横向的关联。斯塔普雷顿同样可以追溯到思想的远程传递假说。这些假说构成了群体组织的 **156**

心理物理学上的基本条件。只有心灵感应的方式能够让群体分散的元素即时互动，并根据情况链接或解散。正如他在序言中所许诺的，这一虚构的现实并不会将人引入幻想的王国，而是会指向当代科学领域。确切地说正是那些科学，其研究对象并非"个人"，而是"人群"，西格勒在 1897 年的《暴民心理学》的前言中坚持道。[254] 在这一知识领域内，人类创造了或者能创造什么样的秩序这个问题，也在社会性昆虫的形象领域内得到讨论。精神的远距离作用不仅是神秘主义者和精神分析师的课题，也是熟读昆虫学的社会学家和群众心理学家的主题。他们都致力于探索"其他渠道"。[255] 然而斯塔普雷顿富有创造性的小说却对将这种"其他渠道"用于设计"其他种类的社会"持保留态度。

　　昆虫与人类类比的环在这里闭合了，它将我们从新的组织形式（群体）导向媒介（无线的、心灵感应式的交流），因为这些媒介，正如弗洛伊德所言，建立起或组织起"群体"或"大型昆虫国家"。对于社会学的理论建构，尤其是塔尔德1890 年的《模仿律》来说重要的是在沟通媒介的观察方面的新的调整。要想理解群体，现代的个性概念是干扰性的，不如回溯到对人类物种远古的种系发生层面的解释上来。这里，在返祖的领域内，存在着心灵感官支撑的非符号性的交流，这对于社会性昆虫来说属于日常交流。这种媒介是否应该像在弗洛伊德那里一样被称为心灵感应，或者像塔尔德所做的那样被描述为远程暗示，这两种情况涉及的都是一种"以直接的心灵传递……的方式"，没有"符号的帮助"的沟通。[256] 在蚂蚁社会的形象下，20 世纪初的群众心理学超越人尽皆知的发送—接收模型，发展出一套媒介理论。

斯塔普雷顿借用了这种独特的可能性。他为他的群体构成的群体配备了瞬时的、分散的"思维传递"[257]能力。由于这种媒介，布莱希特对广播所寄予的希望也成功实现了。群体显示了另一种社会的可能性。20世纪30年代的历史似乎证明了恩斯特·云格尔、奥尔德斯·赫胥黎、威廉·莫顿·惠勒和卡尔·埃舍里希是对的。即使到了20世纪50年代，社会性昆虫仍然被作为完全或极权秩序的样本，诺伯特·维纳这样的作者似乎直接看到了这种秩序在地球上的建立。然而，群体也是一个去中心的、分散的、自组织的社会的自描述习语。斯基内拉这样的昆虫学家在这个形象的引力场内设计了社会性昆虫的建模。但是群体作为社会的自描述习语不曾受到重视。为了复兴斯塔普雷顿的愿景，首先要找到一个媒介，一个能够为早已完全被遗忘的心灵感应代言的媒介。我们还将看到：它在互联网中被找到了。自那以后，它重新又有了意义。

158

第五章　社会即蚁丘

分析者强调"根隐喻"，思想的表象世界中那种占主流的符号，在此基础上，他发展出一系列理论和实验。[1]

总而言之，哈佛是一个人类组成的蚁丘，一个专家组成的万花筒，他们的生命目标是通过献身于伟大的整体而收获自己的幸福。[2]

一篇论文与一部小说

对于社会昆虫学、社会学和文学描述来说，2010 年是硕果累累的一年。首先，《自然》杂志刊登了一篇社会共同抚育后代的形式演化的文章，用专业术语来说——真社会性。这一标题下描述的是一种社群的生物理论。它所探讨的是简单的劳动分工组织产生的条件。不仅牵涉生物学家，还牵涉文化学家、人类学家、社会学家和哲学家的主题，是集体秩序的涌现（Emergenz）。一段时间以来，在这一关键词下，得到讨论的是"昆虫群体"甚至"社会系统"中的"高级规律性"。[3]这一范式尤其将"生物学"和"系统理论"联系在一起，在这两个领域内提出了同一个问题，即系统、有机体、组织、集体或网络是如何出现的，它们都拥有其组成部分所不具有的特性。[4]社会也并非是社会的组成部分叠加而成的，而是从各组件中涌现的，而这些组件并不具有社会的特点。亚里士多德在《政治学》中提出了相反的看法：城邦的组成元素就其本质来看是政治性的，它们力求成为社群，因此他也称其为"政治动物"。部分与整体在这里是相同的，因为"就其本质来看"是政治性的，[5] 这使得对社会秩序如何产生的追问变得多余或徒劳。这一早就由亚里士多德所提出的整体和部分的区别尽管有种种问题，却直到 20 世纪才被一个新的"关键差别"所取代，即系统与环境的区别。[6] 系统并不是由部分所组成的整体。威廉·莫顿·惠勒早在 1927 年就提出，一个社会系统，更应该被理解为它的组成元素涌现出的，而非叠加成的形象。[7] 蚁穴的"超有机体"应当被描述为"涌现层次"（emergentes Level）。**超级**的不是蚂蚁，而是它们的社会，社会在组成元素之上建立了一种组织形式，它的特性不能归结到单个蚂蚁的本质上去。惠勒给某种"比较社会学"下达了一个任务，去发现社会性昆虫与其他物种的共同特点。[8] 哈佛大学两位伟大生物学家的使命就这样被描述了出来。

其中的一位，生物学家、动物行为学家和社会生物学家爱德华·奥斯本·威尔逊，就是上面说的《自然》杂志文章的作者之一。这位多产的荣休教授（生于 1929 年）的出版作品清单很长，作为哈佛大学比较动物学博物馆主任，他对于这一主题已有多部研究专著。但是，既然是要在《自然》杂志上发表论文，当然要告诉大家一些新的东西，人们的期望也没有落空。事实上，关于社会性昆虫构成的演化生物学经典主题的核心部分，也就是威尔逊自己几十年来也一直极力支持的内含适应性（inclusive fitness）假说或者叫汉密尔顿规则，[9] 得到了彻底的修正。这条规则具体说了些什么，我们在下文还会细

160

说，在这里只要知道威尔逊放弃了长期以来对这条假说所持有的信念就足够了。"威尔逊转了 180 度的大弯"，沙维特（Shavit）和米尔斯坦（Millstein）早在 2008 年就如此评论道。[10]《南德意志报》向广大受众报道了这则消息，证明了这一"对社会进化普遍解释的攻击"被认为是多么重要。[11]诺瓦克、塔尔尼塔和威尔逊这一组作者所宣告的范式转化，使得他们的文章对于我的论述来说是那么有趣，它在蚂蚁社会的媒介中——又是这一通道——重新确定了社会学与生物学的关系。[12]

其次，这位昆虫社会学泰斗在 2010 年发表了自己的第一部长篇小说《蚁丘》（Anthill）[13]。他并非云格尔那样的业余昆虫学家，不像赫胥黎那样是昆虫学家的兄弟，也不像斯塔普雷顿那样是生物学家的校友；他并不需要为了创作小说而阅读别人描述的蚂蚁世界，然后在致谢中首先感谢这方面的研究，或开列一堆参考书目，就像安东尼娅·S. 拜厄特（Antonia S. Byatt）或迈克尔·克莱顿（Michael Crichton）所做的那样。[14]这位作家自己就是世界级的蚂蚁研究者，这大概就足够了，而他在写作了数十部专著、几百篇研究论文和许多科普读物之后，又创作了一部篇幅宏大的小说——当然，就像书名暗示的那样，书中的主角是蚂蚁。书的其余角色则由大学里的昆虫学教授们来担纲。确切地说，蚂蚁在书中出现两次，作为主体和作为客体。主人公拉斐尔·塞姆斯·科迪的学习生涯构成了这部《蚁丘》的叙事骨架。它从一个胆小的小男孩开始讲起：他生于美国一个叫克莱韦尔的粗野地方，他害怕父亲的枪，加入过童子军，进大学学过昆虫学，在哈佛大学法学院跟一个激进左翼女同学进行过激烈的性爱，加入过几个环保组织和全国步枪协会，回到亚拉巴马，通过母亲那边的关系网[15]最终又回到原来的专业领域，成为有名望的律师和备受尊敬的环保活动家。一切都很美好。情节和故事不是非常具有独创性。一个男孩必须克服对枪械的恐惧，才能作为男人去享受性爱，这不应该继续激起我们的兴趣？而跟蚂蚁社会的研究相关的是，我们时代最重要的昆虫学家和最富争议的社会生物学家之一[16]，在他的小说中是怎样同时作为蚂蚁研究者和博物学家来写作的。[17]威尔逊和一位佛罗里达州立大学的生物学教授弗雷德里克·诺维尔[18]以及拉夫成为了密友，这两位都跟他分享过自己的详细经历。可以说，年长的威尔逊成为了年轻人的导师，并保证他（以及他自己）接受到理想的教育。第一人称叙事者诺维尔和不断在内聚焦和外聚焦之间来回转换的拉夫视角，一方面由一个老套的全知型叙事者来做补充，这个叙事者不仅比他的角色知道得更多，还确确实实地知道一切；另一方面还有一个奇特的声音在补充叙事，也就是被诺维尔、拉夫和威尔逊所高度评价的蚂蚁的声音。"蚁丘编年史"这一章节讲述的是发生在一个栖息地的事件，"因此它可以尽可能地接近蚂蚁看待事件的视角"。[19]这部小说没有去描述蚂蚁，而是"从蚂蚁的角度"来叙述。[20]

　　对于我这本书来说，《蚁丘》是一个幸运的偶然。从这部小说中可以推断出昆虫学认识史的不同阶段和问题。作为文学文本，它属于虚构的昆虫学和文学所描写的蚂蚁社会的广阔互文领域。一个精心打造的故事和精挑细选的形象，跟《自然》杂志上的论文相比，可能会引起更多的兴趣、更大的融合性和更强的影响力。尤其是因为，这部艺术作品的创造者本身就是世界知名的蚂蚁研究权威，它并不让人想要把作者、叙事者和主角，把科学研究与故事中的科学，把作为文学主题的蚂蚁和作为研究对象的蚂蚁特意区分开来。小说暗示我们，一个像威尔逊这样横跨昆虫学—社会学的研究者，其实是同时在两条车道上行驶的：一篇论文是不够的，必须再有一部小说，才能让大众知道，人类社会和蚂蚁社会遵循着同样的社会生物学规律。

最后，这部小说让社会建模的修辞维度和作为主导形象的昆虫社会的组织文本与感知的效果变得可以观察。在本章中，文学史和昆虫学史以及社会自描述习语的历史发挥着同样重要的作用。这些话语间的通道使得文学加工的迹象变得明确，因此社会性昆虫的语义学才扩展成为一种启发性的社会自描述习语。

笔者将追随这些用修辞性、话语性、诗性以及认识论构成的形象，威尔逊自己用讽刺的基调称之为"根隐喻"（Wurzelmetaphern），[21] 以便将这一类比的形象世界与事实的世界相区分。他无法想象，某种"知识的诗学"也与他自己的昆虫学研究有关，"隐喻"也能组织起自己的观察与描写。但事实恰恰如此。被认为是昆虫学知识的，也是某种概念及其修辞的影响。类比和隐喻组成他言语的"基础"，不仅是在小说中，也在他的科学性出版物中。[22] "我们是谁"这个问题是威尔逊提出的，他也在《蚁丘》中给出了答案。但与威尔逊设想的不同，如果"科学"也关心这个问题（他的昆虫学和社会生物学的专业出版物，就是在这一问题的基础上创作出来的），那么这个问题也会生成"文学"隐喻。[23]

这一案例具有示范性，因为将隐喻性的文学和纯粹的科学"干净地"剥离的做法，在我看来可以彻底地宣告失败。社会的自描述习语从来不是无定型的（formlos），即便它们是由一起在《自然》杂志上发表论文的生物学家或数学家设计出来的。这不仅是因为它们缺乏明证性、吸引力、融合能力或可理解性，也是因为知识的"根隐喻"不仅涉及表达形式，还涉及被表现的知识本身。[24] 相反，威尔逊却认为科学观点并不包含表达的一面。世界的真理是以某种方式跨越历史的、非文化的；至少他认为，真理在所有的语言、所有生物形式中都是相同的。[25] 只需要仔细地、坚定地去观察。威尔逊认为，自然科学的解释，比如光是一种波，甚至从另一个物种的角度来看也可以是"非常明确的"，例如从"蜜蜂"的角度来看，如果它们也能够进行研究的话。[26] 对于威尔逊来说，真理都是相同的，在地球上跟在月球上一样，对人类来说跟对昆虫来说一样。可以从完全不同的视角来看待它，就像斯坦尼斯劳·莱姆（Stanislaw Lem）的小说《无敌号》（Der Unbesiegbare）所呈现的那样。在遥远星球上的智能群体，宇航员拿它们与蚂蚁进行比较，以通过类比了解它们，但最终仍旧徒劳无功，并且与这个群体相处的每一点经验，都是无法交流的。[27] 这种认识让《无敌号》的阅读过程跟《蚁丘》相比，多了许多紧张和惊喜。关于昆虫学知识的普遍性和可转化性，医生莱姆肯定比昆虫生物学家威尔逊更持怀疑态度。不过莱姆的小说仍然证实了这一猜测，即谈到群体的话，跨越昆虫学—社会学的通道几乎是不可避免的，他也让无敌号这艘宇宙飞船在这条通道上寻根究底。

真正的真理与叛逆的人文学科

威尔逊并没有被来自自然科学、哲学或文学方面的反对意见所激怒。他的昆虫学认识论对他来说是如此确定，让他很想

164

将它的基本原则普遍化。也就是说，威尔逊的科研成果应当不仅适用于自然科学知识，还应当绝对适用于对"文化"现象的解释，因为文化说到底也是建立在自然科学能够理解的生物学规律之上的，而不是**只能被**"人文科学"（Humanities）阐释的。[28]这一观点近来也得到了人文科学内部的支持，例如对于"艺术为什么存在"这个问题，就有文学学者试图从进化生物学的角度来回答。[29]这位生物学的研究泰斗不去研究艺术的时代、风格或纲领，而是去研究审美差异能力的进化优势。这已经走得够远了，但威尔逊仍旧抱怨，人文科学对自然科学的"无知"以及迄今为止社会科学的"地域性"思想在广阔的领域内阻碍了对社会进化的科学理解。[30]只有当社会学摆脱了它的"生物学恐惧症"，变成社会生物学，这种科学理解才能够实现。惠勒早在 1911 年也提到了这一点。而尼克拉斯·卢曼也恰恰是在这一点上看到了社会学的不足，他指出："生物学长期以来已经严格遵循进化理论来工作了……而在社会学中，进化论显然还有着相当大的难度。"[31]他希望将社会学从这种落后状态中解放出来。进步的火箭终将升空。"社会是进化的结果。"卢曼道。[32]他引用了赫伯特·斯宾塞这位以达尔文思想为基础的社会进化论的开创者、某种社会化生物学的代表。[33]社会在进化，并且是按照"达尔文模式"在进化。[34]然而相关专业对想象中的"有机体类比"[35]的防御反应过于强烈，导致进化论无法在社会学中作为社会理论得到贯彻。昆虫学家威尔逊对着头脑僵化的社会学家、文化学家和人类学家再次强调，应当参照"社会性昆虫"的例子来理解"人类社会行为是如何以生物进化的方式发展的"，也就不足为奇了。[36]而威尔逊形象地表述说，这会被一群"叛逆的"思想家所阻碍，这些人在所谓的后现代进程中脱离了科学的指引，却要解构研究和研究领域，也就是要培植一种"唯我论的、自我中心的"、"充满想象的"、任意的观点，它最多是原创的，但始终不是科学的。[37]威尔逊说，知识社会学家如布鲁诺·拉图尔和知识史学家如米歇尔·福柯将"自然科学"在几百年中"积累起来的知识"转化为一片"隐喻"的森林，在其中看不到一棵树，更不用说去认识了。[38]这位生物学家嘲讽了"后现代的"科学研究，这种科学刚刚开始学着接受"万有引力"确实存在。[39]针对这些叛逆者，应当建立起一种稳固建立在事实基础上的、方法得当的科学认识。

既然这里是在争论对科学的理解，那么应当允许一位"人文学者"提出异议。恰恰是针对威尔逊提出的万有引力的例子，可以"反叛地"说明，人类所拥有的物体向下坠落的经验：（1）总是融入不同历史、不同文化的世界观及其解释之中；（2）其本身依靠万有引力理论以某种方式得到解释，这一理论不仅与自然有关——自然的永恒真理宣布了理论——还与一个时代的认识论有关，这个认识论让这一真理的"发现者"，炼金术士和阿里安教派信徒艾萨克·牛顿终生致力于寻找一条解释世界的神秘公式。[40]他的反三位一体以及炼金术信仰对他研究的影响，在科学史家之间已经达成一致。不是历史上的牛顿，而是威尔逊所构建出来的、"净化掉"所有附加物的英雄以他永恒成立的自然规律，最终在"混乱与魔法所统治的"地方创造了"秩序"。[41]但是，只有当这位科学家和炼金术士的重要影响范围和出版领域被忽略、被否定之后，才可以这么说。汉斯·布卢门贝格（Hans Blumenberg），一位无可争议的后现代主义西方思想史专家，在他的《隐喻学》

167

（*Metaphorologie*）中展示了知识的修辞组织是怎样产生认识论后果的[42]：科学分为两种，是赤裸裸地思考真理，还是像镜子一样思考它；是直接揭破真理的面纱，还是反射它。与之相反，威尔逊则在历史或民俗的伪装之中辨别真正的真理。因此他可以将他的知识"累积"为超历史的准确性的庇护所。在此基础上，他写出了他的论文，讲述了《蚁丘》的故事。

"为了引起足够的关注，不需要把蚂蚁提升到一部小说主角的地位"，2006 年威尔逊在他的自传性作品《大自然的猎人》（*Naturalist*）中表示。[43]不到五年之后，他的小说就出版了。无疑，他让蚂蚁获得了足够的关注。他承认，这类似于一种"强迫症"（Obsession），但在他的激情开始的时候，"它们的社会进化的戏剧"还没有发挥作用。[44]而如今，这出戏剧站上了前台，一方面让蚂蚁可以跟我们这些哺乳动物和脊椎动物相比较，因为我们的社会也是同样进化的。[45]另一方面，这出"戏剧"让蚂蚁"具有诗意"（poesiefähig），因为蚂蚁由此踏上了社会的"舞台"[46]，并因而实现了悲剧"美"所必需的"伟大"。[47]惠勒将蚁巢的社会有机体称作一个"人"[48]并使人想起古老的 persona 概念，似乎也并非巧合。至少那些"动态代理人"对于作为"人"的"有机体"来说是合适的，[49]让有机体适合于亚里士多德所说的组成史诗和戏剧的情节。于是舞台已经为"蚂蚁的荷马"出场做好了准备。[50]

从威尔逊自己对知识与形式的理解可以得出结论，《蚁丘》给真理穿上了文学的外衣，大约类似于古希腊罗马或巴洛克的寓言诗。这看上去与他在昆虫学论文中发表的是**同样的知识**，即使采取了**不同的形式**。然而情况并非如此。确实，他的研究和认识为小说注入了信息、提供了知识。但是小说远远超出了威尔逊的昆虫学作品，并产生了附加值，其中的真理是不能够拿来与科学论断相混淆的。比如说，关于蚂蚁的一些东西，读者只能在这部小说而不能从其他任何一部作品中，了解到关于它们的宗教、它们的精英或它们的懒人问题。因此即使对于认识史的研究来说，借鉴一下这部小说也是值得的。文学产生的知识注入了蚂蚁社会的文化概念之中，它不仅表现出了，还修改、反思、扩大并超越了昆虫学的专业知识。阅读《蚁丘》将告诉我们，在威尔逊思想的组织中，什么样的形象和幻象在共同作用，这种思想自一个多世纪以来，对于社会性昆虫及其作为社会自描述"根隐喻"的成就的研究来说就是权威性的。[51]对本章节来说最重要的是，发现《自然》杂志上的研究论文与《蚁丘》是在处理同一个问题："社会性昆虫与人类"的"社会组织的基础"，即一座"城市"或一个"蚁群"的基础。[52]我接下来要问的便是，小说和昆虫学所理解的社会组织的基础分别是什么？虚构作品和科学研究又是如何互相渗透的？

169

《自然》文章的作者诺瓦克、塔尔尼塔和威尔逊坚定地表明，借助于"动物的真社会性进化场景"可以更好地理解"人类社会行为的进化"。[53]威尔逊的小说可以说是这种观点的一个典型例证，即谁理解了从蚂蚁到超有机体的进化，谁就能够理解人类作为社会性存在的重要性以及一个社会如何可持续地运转。因为蚂蚁和人类都是"超级合作者"。[54]蚂蚁和人类都是"真社会性的"。[55]这首先意味着根本性的问题：人类和蚂蚁在哺育后代方面，无论如何都存在着有组织的劳动分工。根据作者的观点，这两个物种能够成为昆虫界以及脊椎动物之中最成功的物种，似乎与这种"劳动分工"[56]的组织形式有关。[57]让这些物种统领昆虫界与脊椎动物的，并不是其个体的力量、武器、寿命、强壮的体格或智慧，而是其社会秩序。[58]"一只蚂蚁在蚁丘中什么都不是。"[59]一只蚂蚁无足轻重，但无数只就很重要了……关键是对蚁丘的理解。

作为隐喻与作为模型的蚂蚁

《蚁丘》使其作者在八十高龄受到批评界盛赞，还成了一本畅销书，这并不怎么让人惊讶。这位两度获普利策奖的学者的作品长久以来销量一直很好，在专业领域之外也广受赞誉。[60]激起认识史兴趣的不如说是威尔逊在小说中所进行的话语错接，它指向我所研究问题的核心：蚂蚁（研究）对于描述社会来说有着什么样的贡献。因为在《蚁丘》中把对人类作为社会性存在的描绘与对蚂蚁作为社会性昆虫的观察联系到了一起。这两种情况都假定社会系统在一个生态位中发展。环境中外在与自身产生的变化使得系统面对找到新的平衡状态的挑战。威尔逊的社会生物学和蚂蚁学专业知识，在小说讲述亚拉巴马州诺克比县一个自然保护区几处蚁穴的几章里汇流到一起，这些学识不仅服务于主角对蚁群的认识以及其他故事情节的动机，还同时创造出作为小说中所讲述的家族传奇之基础的人、社会与环境之间的联系。简言之，美国或者至少是亚拉巴马州和哈佛，威尔逊在南方和东部的家乡与工作地，就是蚁丘。

我们已经熟悉了用类比去观察，这在现在已经不是什么新鲜事了。几百年来作家们都拿蚁丘当隐喻。如果满足于提出这一主题的历史，就低估了组成威尔逊小说的那种知识结构了。从蚂蚁街道到蚂蚁城市的无数隐喻，虽然可以让我们得出结论，话语的错接像往常一样基于**类比**。这当然是正确的，但这并非全部。这些隐喻还基于一个关于学科领域基础原则之**一致性**的深远命题。他们不是**像**蚂蚁一样，他们就**是**蚂蚁。功能主义方法与进化生物学在蚁群和社会的组织中发现了相同的机制。比如从系统论进化论的角度来看，过去几十年产生的全球化的"世界社会"可以被视为"某种超级群落"。[61]威尔逊的小说所假设的社会实体的组织原则，也是以这种一般性的形式设计的，同样适用于蚁巢和人类社会。这种绝非不言而喻的假设是一种思想的基础，这一思想不仅在昆虫学中，也在其他学科如动物行为学、控制论和社会学中影响了对社会秩序的认识。

社会性昆虫在政治动物学（politische Zoologie）中的特殊作用怎么强调也不为过。霍布斯的鲸和狼、马基雅维利的狮子与狐狸，或牧师口中的羊是政治神学的影响力很强的形象，正如卡尔·施米特所说[62]是强大的象征，但没有人声称狮子真的是君主，或者吃草的羊在政治学的意义上是一个主体。米歇尔·福柯有理由称国家之船甲板上的领航员是一个"隐喻"。[63]所有这些隐喻都属于"在多彩的形象与象征、圣像与偶像、范式与幻象、徽记与讽喻方面极其丰富的政治理论的历史"。[64]如此广泛，如此美好或乏味。区别在于蚂蚁当然不是人，但是蚁巢对于现代昆虫学来说却是一个社会——而不仅仅是像一个社会！虽然蚂蚁与人类之间有着许多不得不说的显著不同，但"其循环在根本上表现出了相似性"。[65]这一命题绝不能被放逐到虚构作品的王国中去，它更多的是现代的，尤其是哈佛大学昆虫学界的典型："即便社会学……赋予动物社会的意义太少，仍将人类视为灵长类动物的生物学家依然能够将他的社会当作动物社会去观察。"[66]就"社会组织"而言，相同的进化机

171

172

制同样适用于蚂蚁和人类社会，这就是为什么这两种社会在解决复杂性问题上有着"一致性"或"并行性"，比如在劳动分工的问题上。[67]因此蚂蚁研究——迄今为止——对社会学有着启发意义。黛安娜·M. 罗杰斯（Diane M. Rodgers）提出了一个理由：昆虫学家和社会学家在共同的领域工作，分享方法、假设、理论，[68]在我看来，还有形象。

在这一前提的要求下，通用的社会学的基本特征同样适用于蚂蚁和人类，这使威尔逊小说中的蚂蚁从自亚里士多德起就颇为流行的政治动物学隐喻和原型，变成了社会学的实验系统：[69]在蚁丘中——田野上的或实验室里的——所观察到的，不仅能够说明这个被观察的蚁巢的情况，还完全能够解释人类社会的组织形式。蚁群成了高度人工化的"认知对象"，它生产出"关于我们"的知识：因为蚁群就是社会。它们被当作"社会单元"[70]"复杂的社会"[71]，有着劳动分工和相互交流的代理人。[72]当然，这在赫胥黎和云格尔、惠勒和埃舍里希那里也没有不同。但与威尔逊的蚂蚁社会相比真正划时代的差异，在于指引了昆虫学方向的进化论在生物遗传学和数学上的进步，还在于社会科学朝向系统理论的交流社会学的发展。我想让你们看到，这两种创新都在社会生物学中表现出来，两种创新都导向另一种不同于《美丽新世界》或《工人》中的计划风景的社会自描述习语。不仅是历史或媒介技术的剧变，还有昆虫学的认识论转折都反映在我们社会形象的文化构建之中。

不对称的认识论——作为社会学的昆虫学

"这对于我们这个物种来说意味着什么呢？"霍尔多布勒和威尔逊在他们关于昆虫社会超有机体著作的最后自问自答

道，"我们有权去观察蚂蚁和其他昆虫独立于人类的朝向复杂社会的发展，并因此越来越清晰地了解到，进步的社会秩序与它们所形成的自然选择的力量之间的关系。"[73]对于社会秩序起源与发展的这种愈加清晰的视界的原因，在于被观察的（超）有机体模型的优点。对蚂蚁社会的分析将科学家从身为研究对象一部分的难题中解放了出来。这种蚂蚁的社会学不需要像进行参与研究的民族学那样拉开距离或自我反思。因为无论如何社会学家都是一个人类，而社会生物学家却不是蚂蚁。

在这方面，霍尔多布勒和威尔逊发现了一个优势：正因为昆虫学家并不是昆虫，他们才能够观察昆虫社会的进化规律，经过调整之后，这些规律对于社会学也同样"清晰"。[74]对研究者与研究对象之间关系的这种认识论评估也并不新鲜。惠勒就已经看到某种建立在昆虫学基础上的社会秩序研究的更可靠、科学的一面，而社会学"仍旧是一门入门级的、猜测性的学问"。[75]威尔逊在1975年朝向人类的社会生物学的迈步，将会被另一个星球来的动物学家认为是科学性的。在某种形式的文学实验之中，他幻想有外星人来到这里，不带有色眼镜地将地球上的社会演化作为自然历史来记录，而不是以某种欠发达、猜测性的方式从事社会学研究。[76]霍尔多布勒和威尔逊还一起想象了一支"外星科学家队伍"的作用，这队外星人研究地球上的社会，其"最终报告""无疑"（surely）会跟这两位蚂蚁研究者的著作有着相同的意见和结论。[77]研究得到这种地球以外的认可，当然要感谢每一个人。但是让我们严肃地对待这部虚构作品，这是它的内涵所要求的……

如果一个外星科学家和一个地球上的蚂蚁专家在相同的研究领域得出相同的结论，可能有两个相当不同的原因：（1）要

174

么是**研究领域**被认为非常稳定有序，使得彻底的调查研究甚至
会导向相同的规律和特征的发现，即使是像这个案例中一样有
着如此巨大差异的科学文化——地球上的和外星的；（2）要
么是**科学**本身，无论是地球上的还是火星上的，遵循着消除了
时间、空间、文化差异的超验规则，这种小心翼翼导致在任何
地点、任何时间都以同样的方式来调查研究对象。这两种可能
性在霍尔多布勒和威尔逊那里都有着重要意义。

　　研究对象是稳定的，因为几百万年来，蚂蚁的进化已经完
成了，它们最主要的社会分化模式（繁殖、哺育后代、建造
巢穴、寻找食物和防御）也保持不变。[78]贝尔特·霍尔多布勒
的学术导师马丁·林道尔（Martin Lindauer）写道："将已经
存在了一百多万年的动物之间社会联系的规律性和组织原则**推
荐给研究人类的社会学家**，这个诱惑是巨大的。"林道尔说得
非常有道理。确实，几乎没有昆虫学家能够经得起这种诱惑。
即使林道尔"本人"在这里——决然不同于其他人——表现
出怀疑态度，他也依然确信，社会性昆虫的"规律性和组织
原则"确实得到了科学、客观的掌握、描述与理解。[79]这种
"规律性和组织原则"本身也是历史性的、受到文化影响的建
构，这一点林道尔和威尔逊一样都不怎么相信。但是与徒子徒
孙们不同，他忍住了没有"推荐给研究人类的社会学家"。托
马斯·西利所提到的"蜜蜂的民主"似乎不仅明确地指向生
物学家，还指向"社会科学家"。[80]林道尔将自己反对普遍化和
转化的态度看成是过时的，他写道："在我们的时代，无论以
伦理为基础的整个人类的责任能否跟上文化与科学的进步，问
题都仍然存在。"[81]或许他想起了他的前辈卡尔·埃舍里希在第
三帝国时期想从昆虫国家得到的学说，因此拒绝了对社会性昆

※ 页边：175

虫研究的一致化、类比和转化，即使这样做已经跟不上时代潮流。而已经给自己明确打上维尔茨堡学派印记的威尔逊，[82]则一直忽略林道尔的警告。《蚁丘》做了转化和普及所能做的一切。蚂蚁的社会秩序自亿万年来便是如此，而它也会以如此的形式为人所知，这一点在转化以及功能化之中起着核心的作用。

第二种可能性也抛出了问题，科学已经达到了客观地开启研究领域真理的水平，数学与生化遗传学，计算机模拟，算法，功能主义的、社会测量学的、统计学的和行为学的研究方法，实验室研究与实地研究——所有这些都能得出相同的结论，并且相互支撑。威尔逊的纲领性概念"契合"（Consilience）[83]指的就是在生命科学的穹顶下由多个学科和研究方法为支柱组成的这座科学建筑物。统合到一起的研究命题就变得——用威尔逊和霍尔多布勒《蚂蚁》一书中经常出现的说法——"明显"，甚至"非常明显"，至少对于没有成见的受众来说是如此。一个合格的真理追寻者只需要与对象保持距离，他的观察只需要时间——就像太空人会做的那样："想象一下，在木星的某颗卫星上——比如说，木卫三上——有一个地外文明建造的空间站。几百万年来都有科学家从这里观察地球。因为有法律禁止他们踏上一颗有人居住的行星（《星际迷航》任务的最高指示），因此他们借助卫星和精密传感器来研究地表。"可追溯的[84]结果是：自然显露出来。[85]谁若拒绝这样做，就是个叛徒。叛徒对于威尔逊来说就算不上科学家。

这一话语遵循着未曾言说的假设，"真实的东西不言自明"，只需要足够长时间地、不卷入其中地观察。[86]威尔逊的社会生物学将自然和文化截然分开，然后，用备受他嘲讽的布鲁

176

诺·拉图尔的话来说，"不对称地"行动，社会生物学坚信，真理蕴藏于事物的本质中，并终将展现出自己——对着外星人，如果距离足够的话，也对着人类。"自然物"摆脱文化的影响力，能够被科学"客观地"，并由于进步而越来越好、"越来越清晰"地认识到。

对待自己专业的历史，人们秉持着灰姑娘原则，"好的放进锅里，坏的吃进肚子里"。通往真理的道路上碰到的错误以"社会因素"的理由得到了解释。例如，"不存在蜂王"这个发现被忽略了，这是由于 17 世纪家长制的社会制度。或者，蚁巢被滥用为极权主义运动的标志，这应当有"文化"上的原因，比如意识形态方面的原因。它们不会触动蚂蚁学的真理，而是将错误解释为历史社会形势的产物。[87]地球和外星的昆虫学家对于蚂蚁社会所齐声描述的，并非他们"构建"或"发明"出来的，而是"发现"的。而那些应当归结于"吃进肚子里"去的研究方法，有另一部昆虫小说进行了表达。

危险的实地考察，或判反叛者死刑

在一部把威尔逊的引言当座右铭、把他的几部作品放到参考文献中的书中，其中一位主角化身为反对科学技术研究和行动者网络理论的反叛者形象。迈克尔·克莱顿（Michael Crichton）为了写作惊悚小说《猎物》（*Prey*），研究了现代昆虫学和群体研究，看一眼小说结尾列出的参考文献和文中为数众多的引用就可以知道这一点。[88]《猎物》在科学家和他们的研究对象之间上演了一场达尔文式的生死斗争。迈克尔·克莱顿的《微型》（*Micro*）让真正的研究者和后现代的人文学者

在实验室和野外相互竞争。威尔逊不对称的科学观，最终自然
本身给出了裁决意见：

178

> 迈诺特正在读科学研究方向的博士学位，心理学和社
> 会学的结合，还有效地混合了法国后现代主义。他本科读
> 了生物化学和比较文学，后者取得了成功。他经常引用布
> 鲁诺·拉图尔、雅克·德里达、米歇尔·福柯以及其他一
> 些相信不存在客观真理、只存在当时的权力关系所给定真
> 理的思想家。迈诺特加入这个实验室，是为了完成他关于
> "科学语言代码与范式转换"的博士论文，这实际上意味
> 着，他让其他的研究者心烦意乱，打扰他们的工作，记录
> 下与他们的谈话。
>
> 没人受得了他。[89]

在一所大学机构中，丹尼·迈诺特所从事的正是使布鲁
诺·拉图尔和史蒂夫·伍尔加（Steve Woolgar）成名的事
业——研究实验室。[90]克莱顿笔下的研究者们被这种人类行为
学的实验惹恼了。这个研究科学的博士生在与天才生物学家们
的谈话中先是被斥为话唠，随后还被否定了科学家的身份，[91]
以便在追求轰动的惊悚小说情节中得到道德的谴责并最终受到
惩罚。布鲁诺·拉图尔的这个分身变成了杀人犯[92]和叛徒。[93]叙
事者不容置疑地指出，那些源自后现代读物的相对主义破坏了
他的品性，导致了玩世不恭、为懦弱和邪恶行为任意妄为地辩
护的机会主义。相反，真正的自然科学家则互相合作、互相帮
助，就像社会性昆虫一样无私，力求作为一个整体在危险的境
况下——被危险的猛兽袭击，我们从克莱顿的恐龙小说《侏

罗纪公园》中熟悉了这一点——生存下去。[94]一只寄生蜂让丹
尼·迈诺特尝到了因果报应，它把卵产在了他的手臂中。幼虫
几乎是活活吞噬了这位科学研究者，同时也驳斥了他所有那些
建构主义的废话。[95]与拉图尔和伍尔加的设想不同的是，[96]事实
并非建构而成的，它们就在那里，当你忽略它们的时候，它们
就会显现自身。此外，寄生蜂是社会性昆虫的祖先。恰好是社
会性昆虫的祖先给了后现代一个教训。"反叛者"被处决。行
动者网络理论和进化论的批评性话语分析所得到的成绩是不
及格。

克莱顿的生物学家和昆虫学家大概不会以最美好的实证主
义的天真质朴相信"固定的、一成不变的真理"，但绝对相信
"经反复证明"所验证的东西。[97]他们的研究有方法上的指导，
猜想会在实验中得到验证，实验结果必须是可重复的。这些课
程中得到的结论，都在实际应用中证明了其有效性。所有的博
士生都要证明，他们的理论在实践中也成立，也就是说不仅是
在实验室条件下，也在一个影响因素不能提前控制的环境中。
能够这样得到证明的，绝对不是因为像丹尼·迈诺特所说的被
"当时的权力关系所给定"才是真实的，而是因为理论不仅在
实验室里，也在真实世界里被证明是适用的。[98]每一个善意的
（而不是被诱导向"反叛"的）读者都会将这理解为健康的人
类理智的态度。但这不仅仅适用于物理学、生物学或医学假
设。在这些被引用的生物学家和昆虫学家所发现的**社会规律**
中，也在这种意义上涉及关于"真正真实的"知识。[99]这种稀
缺资源是"人文学科"针对后现代的畸变所能提供的解
毒剂。[100]

180 这种不对称认识论的关键在于，蚂蚁研究不仅仅产出关于

蚂蚁的真理，还产出关于社会的真理。[101] 社会学最终得到启发，启发导向对社会的认识，而社会不必基于文化的或强权政治的自我相对化。[102] 霍尔多布勒和威尔逊赞同地引用哈佛大学校长阿博特·劳伦斯·罗威尔（Abbot Lawrence Lowell）一次向前辈惠勒致敬的演讲，"对蚂蚁的研究"表明这些昆虫 "**就像人类一样，可以不依靠理性创造出文明**"。[103] 在蚂蚁那里和在人类这里一样，文明的产生都是没有动机、没有原因的。蚂蚁研究者惠勒所提出的社会秩序涌现的假设[104] 被从蚁穴推导到了人类社会——并以显而易见的自然科学知识的权威性横扫其他一切社会理论。即便如此，新鲜事物也得到了空间。这一断言对于社会学来说已经被证明是非常有效的，昆虫学为社会学指出了一条通往没有人的社会的理论道路。在下面的外篇中，我会探索这一则富有成效的昆虫学方法讨论在社会学中的接受。我不仅希望由此对这一学科的认识史作出一些贡献，还希望同时对建立在更为坚实的基础之上的昆虫学—社会学通道提出我自己的假设。外篇还同时为我解读威尔逊的《蚁丘》做了准备。

外篇一：昆虫学—社会学通道

多亏了昆虫学和它的"空间站"，我们现在才确定无疑地知道，社会的产生与其成员的理性参与无关，也并非建立在契约的基础之上。托马斯·霍布斯对昆虫国家与人类联邦之区别的坚持（人订立契约，但蚂蚁不会）失去了基础。霍布斯曾坚持认为，与亚里士多德所说的其他"组成国家的动物"不同的是，只有人类拥有"理性"。理性使得人类——我们从中听出些《创世记》的意味来——能够区分善与恶，并且，在此基础上，能够通过缔结契约来达成相互的利益。[105] 但是，人

181

类的道德与理性却阻碍了某种昆虫学式的、远距离—客观的社
会学。从研究蚂蚁的形态学和分类学到分析其作为超有机体的
社会的范式转化，使得蚂蚁学要面对一个挑战：描述一个社会
秩序，但其出发点不能是这个社会是理性个体的理智产物，因
为人们并不相信单个蚂蚁会有这么多的理性。昆虫学面对这个
挑战给出的答案，为没有人类的社会学指明了道路。我不想简
单地以一种意识形态批评的姿态来揭露，这种社会学—昆虫学
通道是对于社会及其描述的"生物学化""自然化"或"达尔
文化"，[106] 而是要尝试评估这种合作的认识论收益。指出昆虫学
与社会学是一个"循环证明"是不够的，[107] 虽然这种批评话语
分析的判断（这一名称已经作为一种科学史和权力批评话语
分析的标志确立起来，正如克莱顿的丹尼·迈诺特所做的那
样）肯定是正确的，且在话语的政治性上意义重大。相反，
我想跟唐娜·哈拉维（Donna Haraway）一起，以关于社会的
知识都是"情境知识"为出发点，即关注文化的、媒介的和
认识论的环境。[108] 然而这种观点不仅显露出合法化策略，[109] 还使
得双方相互受益。思维形象从昆虫学到社会学的通道，通过对
方法和研究问题以及隐喻的新定位而产生了新的认识。[110] 社会
学的创新效果应当归功于其社会生物学的相邻学科，特别是以
帕森斯和卢曼为杰出代表的系统社会学，也应当将一些功劳归
于惠勒和威尔逊。蚁穴被证明是新的社会学的温床。[111]

外篇二：没有个体的社会——功能主义的社会学取代理解社会学

　　马克斯·韦伯开辟了这条道路，但他自己却没有踏上去。

他在《经济与社会》关于"社会学的概念"这一打下方法论基础的章节中阐明：（1）对于"社会学"来说，"行动的意义的相互关系是理解的对象"；（2）这种行动最终会落到"单个的人"头上，"因为对于我们来说，只有他们是以意义为导向的行为的可以理解的承担者"。[112]对于韦伯来说，既不存在没有可理解的行为的社会学，也不存在没有理性个体的社会。这表现得与"动物社会"很不同。[113]马克斯·韦伯明确地将理解社会学与对社会性昆虫（"蚂蚁与蜜蜂"）的分析划分开来，并且是在昆虫学研究的高度上。他引用了埃舍里希和魏斯曼。与那些没有理性因此也就没有韦伯意义上的（有意义的）行动的昆虫的区别，形成了一个颇有启发性的**方法论结果**：既然面对"动物社会"时，理解社会学是行不通的，那么"纯粹的功能观察"就是"理所应当"的了。[114]不是在分析我们的社会，而是在分析昆虫社会时，方法只能是功能主义的。

　　对社会性昆虫的讨论导致了对社会学研究方法的重组。围绕蚂蚁的智慧和本能的"争论"在韦伯看来是徒劳无益的，决定性的是对机制的分析，特别是很容易观察到的"功能分化"。[115]"喂养、防御、繁殖"等都被以劳动分工的方式组织起来——要研究的正是这种分工，跟行动者是否能够[116]或者必须先拥有某种理智或意识没关系，不依赖理性的作用（without the use of reason）。塔尔科特·帕森斯曾将韦伯的这部重要作品译成了英文，这本书描画出了社会学范式转换的可能性，而这种范式转换又是帕森斯的同事惠勒以与社会性昆虫的社会学非常类似的方式来完成的。韦伯在这里对昆虫学界所揭示的，符合一种没有人类的社会学，帕森斯的学生尼克拉斯·卢曼热情洋溢地代表了这种学说。[117]笔者对昆虫学—社会学之间转换

183

的重新构建，经过帕累托、塔尔德、惠勒和帕森斯，最终将通向这种系统理论的基本假设。[118]

功能主义最初在昆虫学家那里找到了肥沃的土壤。又是威廉·莫顿·惠勒，他的哈佛同事亨德森和帕森斯翻译了韦伯的作品，使他在美国声名鹊起，惠勒则致力于设计一种不含意向论（Intentionalismen）和心理学至上主义（Psychologismen）的关于社会性昆虫的社会理论，因为蚂蚁或蜜蜂的思想和意图总归是昆虫学无法了解的，并且他将蚂蚁看作一个统一成超有机体的集体，而非单个的样本。为此就需要定量研究方法和功能主义理论，用它们可以为大群体的行为建模。随之发生的对蚂蚁社会外部观察的昆虫学的重组，断然反对关于昆虫的本能或心理能力的说法，这种说法在德国以埃里希·瓦斯曼[119]和被马克斯·韦伯引用过的奥古斯特·魏斯曼为代表。[120]惠勒没有以通常认为引起社会组织复杂性的本能或意向为先决条件，[121]而是在昆虫国家的"社会进程"中寻找他的解释。[122]他这么做有很好的理由，因为对蚁科的古生物学观点表明，高度进化的社会性昆虫（大头蚁、烈蚁、弓背蚁）中的劳动者，与其远古的祖先（猛蚁）在形态上几乎没有差别。因此惠勒认为，昆虫国家中的劳动分工和功能分化并不是生理特征改变的结果，而是社会实践的结果："一个社会生活的结果"[123]！因而惠勒对个体不感兴趣，而只对社会分配给个体行动者的功能角色感兴趣。"个体"本身的关键之处只在于它们"彼此之间的沟通"（"being in communication with one another"）方式。[124]这种沟通的可能媒介——交哺、无线电子传感与心灵感应、发电报一般的碰触或信息素信号，已经在前文中得到了讨论。行动者之间真正所做的，如交换肢体接触、食物或气味，是可以观察到的，就像观察货币流通一样。这种交流可以得到测量和评估，而不必知道单个行动者的动机和决定。韦伯作为人类社会的社会学家所特别关注的，[125]在惠勒这里甚至都没有被考虑过。这是因为，他的蚂蚁社会学是以维弗雷多·帕累托和加布里埃尔·塔尔德为指导的。昆虫学在帕累托的思想中也发现了某种它愿意接受并传播的精英理论。在威尔逊的《蚁丘》之中还能找到它的痕迹。

185

外篇三：惠勒与帕累托——社会媒介和平衡

1927 年，惠勒首先在他的关于**涌现进化论**的小论文中引用了帕累托。摘自《普通社会学》中的一节与涂尔干的《社会学方法的规则》中的一段一起成了座右铭。[126]这两段引文都是关于不应将社会理解为个体之和的假设。社会性虽然确实是由可称之为个体的元素所构建的，但在这些元素中却无从找到社会性。真正的社会性只有当元素互相协调时才会出现，这将踏上一个新的层面，其规则不能被简化为其组成元素的规则。惠勒将这踏上造成社会性的新层面的一步称为涌现。构成自身的社会性整体，被他视为"非叠加的关系或相互作用"的构造。将整体的特征"简化"为部分的特征是不可能的。[127]惠勒对涂尔干和帕累托的引用表明，他的涌现理论触及了社会学的领地。社会学或许可以从他的建议中得出假设，即社会也只是由"关系和相互作用"组成的。并非单个的人，而是系统自身产生、"配置"的单位将被视为其组成元素（"configuration by the conditions of the system"）。[128]帕累托正是这样建议的。个人的个体性不是他考虑的出发点，因为社会学首先必须解释的是，为什么社会为其组成元素带来了这样一种描述建议

186

（"residues""ensemble de sentiments"）。[129]

　　惠勒 1928 年出版的综合性研究专著《社会性昆虫》也是以一句对帕累托的评论开始的，为了说明在描述昆虫社会的时候，为何从昆虫的个体智慧出发是没有必要的。构建社会性的应当是社会决定的预期之预期（Erwartungserwartungen）或角色（"残留"）：

> 我们开始认识到，无论是社会的还是个人的行为，都是由非理性的、潜意识的、生理性的过程的大背景决定的。任何对这一基础是否存在的怀疑都会被帕累托的《普通社会学》（1917）所驱散，这部书的第一卷便献给这些**决定了我们的社会活动**的 "剩余物"。[130]

　　夏洛特·斯莱有理由指出，惠勒对帕累托的接受是受到其兴趣影响的，即从行动者的个体性问题中解放出来，关注驱动 "被决定的" 群众的规律性："普通人的角色迫使他在功能性的角度上像蚂蚁一样生活。"[131] 这一从个体性和意向性概念到功能与沟通问题的范式转换，对于昆虫学和社会学的理论形成直到今天还在产生影响。但斯莱忽视了帕累托的另一个对于惠勒来说很重要的观点，帕累托在他的《普通社会学》中将社会的所有契约论的和自然法的理论都排斥到了寓言的王国中。[132] 在 "美好的一天"，一些人集中起来，以一部共同的契约建立起一个社会，然后成为它的成员，这是一件 "荒谬的事"。[133] 作为契约论前提条件的个人与社会的区别，也同样荒谬。缔结契约的人，早就已经是社会化的了。或者更普遍地说，个体总是扮演着一个社会角色。始终有一个统一化的框架被划出来，在其中"每个个体都在模仿其他个体"。[134]帕累托在这里接受了塔尔德的"模仿律",其对社会性的昆虫学阐释,我们已经讨论过了。社会性的组成元素通过模仿链接成一个网络。相应地,帕累托也将认为社会由"分散的、相互之间独立的分子的集合"构成的想法解释为错误的。[135]从这一前提出发的认为社会对立于孤立个体的猜想,同样应当是完全错误的。社会与个人的区分对于帕累托来说毫无社会学意义。对惠勒来说同样如此。他赞同地引用埃斯皮纳斯说,[136]每个个体,不论是蚂蚁还是人类,都是"浸没于社会之中的;**社会媒介**是生命得以保持和更新的基本前提。事实上,这是一条生物学法则"。[137]虽然这应当是一条"生物学法则",但这一媒介概念却成就了帕森斯和卢曼的社会学。[138]

　　单个的昆虫——这里大概也可以写作"单个的人类"——应当被理解为"适应社会媒介之过程的结果"。[139]帕累托自己在与社会契约论的争论中也举出了蚂蚁社会和蜜蜂社会的例子。建立在个体理智和缔结契约的能力基础上的诸种社会学,遭到了朴素事实的驳斥:存在着昆虫的社会。[140]在每一个社会中,无论是动物的还是人类的,能够观察到的是接触区域或交换关系及其规律性,它们并非基于单个个体的理智或本能,而是基于指涉大众的"社会规律",[141]比如基于塔尔德的"模仿律"。[142]对于帕累托来说,属于这种社会普遍规律的,还有两个核心的、互为补充的关于社会稳态和通过精英重塑失去的均衡状态的假设。他的均衡理论和他的精英理论对于威尔逊的作品同样意义重大,无论是在昆虫学还是在文学方面。

　　帕累托在今天仍因以他命名的定律而驰名。这条定律认为,每一个社会系统都寻求在其内部以及与其环境的关系中建

188

立起均衡状态。[143]由于系统及其环境都在不断地改变其形式，这种均衡可以被描述为持续转化的产物。均衡是动态的。[144]他举出了自由市场中的价格形成和国民经济中的收入分配来作这条"定律"的例子，他看到这条"帕累托定律"[145]在社会各处都发挥作用，并拿它和化学以及天文学的自然定律作比较。在分配有限的物品、收入或社会利益时，如果没有人得到更好的结果，同时没有其他人必然得到更坏的结果，那么所谓的"帕累托最优"的均衡状态就实现了。

《蚁丘》在两个层面上展现了这项定律的准确性：在其栖息地中的蚁群与在其环境中的阿肯色社会。恰恰是失衡（人口过剩、资源过度开发、生物圈的荒芜、退化等）明确地表现出，均衡是一个不稳定的状态，而从危机中重建稳态、使社会达到新的帕累托最优的，是精英。这样一种状态绝不像帕累托自己的例子所揭示的那样意味着平等的倾向，而是相反，意味着大众与精英之间的区别。[146]如果一个系统的均衡陷入动荡，无论是内部还是外部原因，使它在新的水平上重新回到均衡状态的，总是精英："社会均衡失去稳定性，任何振动——无论从内部还是从外部——都会摧毁它。征服或革命会改变一切，赋予一个新的精英以权力，并且建立新的均衡，它可以或多或少地保持较长一段时间。"[147]对**现存**关于理性行动者的**社会学**的批评、定量的社会测量学的方法、对社会媒介的观察和对社会规律的表述、均衡命题和精英理论，这些构成了惠勒所接受的帕累托的学说。

我们可以观察到，昆虫集体或社会被称为超有机体，因此作为活着的整体，致力于寻求其均衡和完整性。组成集体的个体因此需要相互沟通。**这种说法的真实性可以在任何昆虫社会中得到验证**。[148]

这一表述的意义与影响如今可以概括为：

（1）昆虫学研究的是社会系统，而不是个体。而根据帕累托和帕森斯，这也同样适用于功能主义的社会学。

（2）社会系统自给性地运作，并一次次地与自身的组成部分和环境达成均衡。这对于昆虫学家和社会学家的系统都适用。

（3）社会成员间的交流对于这一功能的实现至关重要，其媒介能够被精确的科学观测到。这一点也同样适用于昆虫学家和社会学家的媒介。

（4）这里作为基础的认识论适用于任何社会，无论是蚂蚁社会还是人类社会。

（5）对蚂蚁社会所作的社会生物学观察可以转移到以类似方式运作的、人口密集的社会中去。

190

（6）使陷入失衡状态的均衡系统重新达到帕累托最优均衡的是精英。

惠勒向所有社会学家推荐的从个体到社会的层面转换，又让人想起之前的蚂蚁学的一个过时的问题，皮埃尔·于贝尔在他1810年的经典著作《论蚂蚁的习性》（Sur les Maeurs des Fourmis）中提出蚂蚁究竟是如何"做决定"的。[149]它们使用自己的"智慧"吗？还是说它们像"机器"一样，让它做什么就做什么？[150]于贝尔说，尤其是在蚂蚁开始做一件新的事情时，容易让人认为在蚂蚁中出现了一个思想，这个思想随后在它们的行动中得以实现。[151]昆虫学界直到20世纪都在致力于了解蚂蚁究竟有多大的智慧。[152]但是在 20 世纪早期，社会逐渐成为蚂蚁研究者有待观察的目标，[153]而在这一认识论转换的过程中，蚂蚁学家逐渐从形态学家和分类学家变成了行为学家和社会生物学家。[154]惠勒清楚地表明了 1928 年的影响：因为蚂蚁社会必须被看作一个超有机体，一个活生生的、有组织的整体，昆虫学便不再观察组成蚁群的个体，转而观察它们的"相互沟通"。[155]蚂蚁是"自发"行动，还是说它们的行为是个体"智慧"造成的，这一老旧的争论被惠勒打上"经院形而上学"的标签而关进了黑匣子，这个问题被搁置一旁，在他的蚂蚁"社会媒介"理论中也不再出现。[156]实验观察到，单独的、哪怕是食物充裕的个体，在被社会孤立时也会死掉，这使他更加确信，沟通媒介是至关重要的研究范围[157]——对于蚂蚁社会和我们的"文明社会"来说同样如此，惠勒认为，例如通过对"公众意见"（帕累托的"角色"媒介）的观察，可以预测到社会的行为——而不是通过对个体的研究。[158]

外篇四：昆虫学的社会学生产力——惠勒与帕森斯，威尔逊与卢曼

塔尔科特·帕森斯认为，在所有可能的层面上，从身体的生理物理系统到整个社会的文化层面，是"流通媒介"（"circulating media"）如酶、激素、语言、金钱或权力等在控制着各种不同的过程。尽管激素与金钱之间有各种差异，但在活生生的、社会的系统中，这些流通媒介对于整个系统的"功能"是一样的。[159]这一功能便存在于"行动者之间的沟通媒介"。[160]谁要想解释或预测行动者的行为，就要观察系统及其

沟通。行动者想要做或允许做什么，可以在系统层面上得到观察，因为"行为不会单独地、分散地发生，它们被组织成系统"。[161]至于个体的行为动机，则可能是"完全'出人意料'的"，因此它不是"理论分析"的对象。[162]社会学不管特殊反应。相反，系统理论分析系统，而且是环境中的系统。帕森斯写道：

> 然而，社会系统的功能要求作为整体属于不同的规则。其中最清楚的是"稳定性"。从某种意义上说，社会系统趋向于"稳定的均衡"，趋向于长期保持其**作为**系统的自身，趋向于保留一定的、无论是静态还是动态的结构模式。在这个意义上，它类似于（**不是**等同于）一个有机体及其短期内保持生理均衡或"稳态"、长期内遵循生命周期曲线的趋势。[163]

192

引文中标注的脚注 58 指向维弗雷多·帕累托的《心灵与社会》（*The Mind and Society*）和劳伦斯·亨德森的《帕累托的普通社会学：一个生理学家的解读》（*Pareto's General Sociology. A Physiologists Interpretation*）。这些参考文献再次指向惠勒，他不仅为了发展他的蚂蚁社会学而需要帕累托，还首先把他引入了美国的社会学讨论之中。这对威尔逊来说也许很可怕，因为这表现了与叛逆者的和解，然而研究社会性昆虫的昆虫学与研究社会系统的社会学在其理论发展的过程中的合作非常密切。

社会学和昆虫学互相借用模型、方法和命题，当然是由行动者的亲身经历促成的。惠勒自 1908 年至 1937 年任教于哈佛大学。有十年时间，他是社会学家塔尔科特·帕森斯（此君自海德堡大学毕业后，在哈佛待了很久，从 1927 年到 1973 年）的同事。尼克拉斯·卢曼在哈佛的两个学期首先是待在帕森斯手下，而在这段时间（1960 年到 1961 年），比他年轻两岁的爱德华·奥斯本·威尔逊已经在哈佛教书了。这两位研究者都革命性地在各自的学科中完成了相同的范式转换，但可惜的是，我们不知道他们是否有过会面。威尔逊的前辈惠勒已经被证明对哈佛的社会学发挥了显著的作用。一方面，他是最早接受帕累托的美国人之一——帕累托的美国成功史始于 20 世纪 30 年代[164]——并且他的称颂者和批判者熊彼特（Joseph Schumpeter）未曾提过的是，这一成功伴随着一次影响广泛的

193　阅读指南。惠勒向他的同事生理学家劳伦斯·亨德森——同惠勒一样是哈佛大学新俱乐部的成员——推荐了《普通社会学》一书。[165]后者深受触动，自 1932 年起开设了持续好几个学期的讨论课。除约瑟夫·熊彼特外，塔尔科特·帕森斯也属于这个"帕累托团体"。[166]在著名的跨学科研讨会梅西会议①举办的二十年前，社会学家与生物学家、生理学家和经济学家就聚集在这里定期交换意见。[167]亨德森关于帕累托的作品出版于 1935 年，一个由他发起的团体的成果，帕森斯引用了这部作品，用来支持他的论点：帕累托领先于迄今为止最先进的社会系统分析方法。[168]帕森斯将系统在其环境中动态均衡的概念归功于亨德森和帕累托，这在上面的引文中已经很明显了。[169]卢曼也将在其基础性作品《社会系统》（Soziale Systeme）中引用了亨德森，为系统理论增加砝码。[170]亨德森的作品在对"适应"概念

①　Macy-Konferenzen（Macy Conferences），指 1946—1953 年在美国举行的一系列跨学科讨论会，由梅西基金会赞助。

进行系统理论的改写的段落中被引用，卢曼在这里意在强调，达尔文的进化论是他的建议的"最重要的先驱"，因为在达尔文那里，"选择""适应"和"进化"的关系已经被设计为"无主体的过程"了。[171]在这里，重要的是将人类从社会学中排除出去。**社会和蚁穴一样，也是被设计为"无主体的"。**帕森斯在他写到帕累托—亨德森的段落中，也给"动机"的概念加了引号，它指向个体的"特殊反应"，这使得社会学研究变得不可能。[172]帕累托已经为此提供了一条解决方案，这让惠勒如此着迷，放弃对人类个体的分析，转而为"社会媒介"建模。

在帕森斯的作品中，不仅有帕累托和亨德森的模型，还有惠勒的痕迹。帕森斯在1939年关于社会系统理论及其功能性区分的开创性论文中，以某种对这位刚刚去世的同事、社会性昆虫"超有机体"理论家致敬的方式开篇：

> 在其漫长的历史中，**生物学理论**发展出一个思维形象，它在某些特定方面**对于如今的讨论来说**可以作为其逻辑结构的**出发点**。它像对待属于有机体……或属于环境……的事物那样对待所有相关现象。有机体是基本的相关单位，即使它不是被当作简单的对象，而是被当作高度复杂的系统。[173]

正如卢曼一样，帕森斯将系统或环境中动态均衡对于变化的新的调整称作适应："在生物学上，这就是有机体'适应'环境。"[174]和之后的卢曼一样，他也提到了能够为系统的"生命周期"建模的"进化论"。[175]虽然帕森斯在文化的标准上区

194

分了"社会性昆虫"的社会和人类的社会——人类是唯一有文化的生物——但是人类与社会性昆虫之间不可逾越的"鸿沟"已经被达尔文大大地弱化了。[176]帕森斯宣称,社会学家和昆虫学家会以"近似的方式"观察一个复杂的超有机体在其环境中的进化,因为社会学在"广泛性的分析层面上"运作,[177]会考虑一个"作为整体的社会系统"的"动态均衡"。[178]帕森斯将个体行动的意向性问题和自由意志问题也以那种层面转换的方式抛诸身后,[179]他的同事惠勒令人印象深刻地完成了这个转换,甚至将它追溯到对帕累托的接受。研究范围是环境中的社会系统,而不是个体,帕森斯只是草草讨论了个体的认知力和动机。[180]惠勒在蚂蚁社会中观察到的动态均衡("moving equilibrium and integrity",他研究帕累托的一项成果),[181]被帕森斯重新描述为社会系统在其"生命周期"中的"稳定的均衡"或动态的"稳定"。[182]社会的历史如今可以像蚂蚁社会的历史那样得到讲述,即作为社会系统及其沟通媒介的进化史。

195

那么德国的系统理论呢?尼克劳斯·卢曼从哈佛大学管理学院回到施派尔管理学大学之后创作的第一部专著出版于1964年,题为《正式组织的功能与后果》(*Funktionen und Folgen formaler Organisation*)。对于卢曼的作品来说不寻常的是,这本书很传统地以一篇致谢开头。他提到了塔尔科特·帕森斯,与他的谈话让人"受益匪浅",还提到了施派尔的几位同事,其中有弗里茨·莫施泰因·马克斯(Fritz Morstein Marx),他在战前就结识了帕森斯——帕累托团体的主持人——并为这位年轻同事的专著贡献了一篇导读。马克斯将卢曼的系统理论科学的早期设计与昆虫学的视角相比较,这绝非巧合。

它从外部看向组织内部，就好像在看一座蚁丘。不能简单地将蚂蚁对自身的描述简单地拿过来。它在寻找隐藏的规律。[183]

但其实蚂蚁并不会描述自身——而这使得它们成为一种没有人类的社会学的典范。卢曼自称在"差异巨大的、各种各样的环境中"找到了"隐藏的规律"，在这些规律的基础上，系统通过自我控制和自我组织来响应。[184]卢曼自信地将这种研究方法作为划时代的社会学创新，它远远地领先于昆虫学，而正如我们看到的，昆虫学很久以来就在书写社会学史了。卢曼的专著以关于"人类和标准"的章节结束。在这里，卢曼就已经在用日后的那种令他声名远扬又臭名昭著的冷漠来写作了："我们并非将人类……作为研究主题，我们在一开始就拒绝了认为组织由人构成这一假设。"[185]惠勒和威尔逊的超有机体也并不是由蚂蚁组成的，而是由涌现的实体组成的。社会媒介与沟通可以被观察到。卢曼的系统理论中有许多东西借鉴自哈佛，经过施派尔时期的发酵直到比勒菲尔德时期的成熟，但他并非只借鉴了帕森斯的社会学系，还借鉴了动物学系。卢曼自己确实明确地强调过，他的项目"在社会学领域甚至没有先例"。[186]除了在社会学系统理论的发展过程中作用不容置疑的控制论之外，[187]还有另一个科学领域，其模式与方法为他的"超级理论"做好了准备。[188]卢曼回忆道，在他自己引为先驱的"伟大的梅西会议上"，不仅讨论了"控制论和自我参照（Selbstreferenz）"，[189]还不断地提到蚂蚁和蜜蜂，这支持了笔者的猜想。社会性昆虫的沟通被当作信息产生的例子，它与人类

196

行动者的沟通并无不同，恰恰相反，它可以作为后者的一个模型。"难道我们不都认为现在所作的类比是肤浅的吗？"朱利安·毕格罗（Julian Bigelow）在一次梅西辩论中怀疑地问道。他的伙伴们回答说："并不，这些绝对是非常重要的。"[190]这一信念也贯穿了爱德华·奥斯本·威尔逊的作品全集，无论是小说还是专著。

197

超级蚁群与精英——威尔逊的小说世界

拉斐尔·赛姆斯·科迪是大自然的孩子。无论他的"装备"有些什么，他都完全是由"诺克比湖畔的野生环境"教育（nurtured）大的。[191]他被叫作拉夫，在这个生态位上，他度过了自己的童年。他的昆虫学毕业论文的实地研究也是在这里进行的。而最终，拉夫在多年后作为哈佛法学院毕业的律师，成功地从一个"黑心建筑商"手中保护了这块独一无二的土地，使它免遭混凝土浇筑。这种不变的自然特性在小说中总是被宗教狂热反复诱发。"这是他的避难所……诺克比是一块藏着无穷知识与神秘的栖息地，它超越了可怜的人类理性，就像他祖先的栖息地一样。"[192]但是，不仅只有一个大地产商要用他毫无想象力的计划将这块自然保护区置于变成单调城郊的危险之下。大自然本身的脾气也让它失去了平衡。破坏了诺克比的生态位的是一个**超级蚁群**。[193]被作者、叙事者和主角如此珍视的生物多样性使得这块自然保护区具有魅力，但如今这种多样性即将不复存在。

再也听不到鸟叫虫鸣。寥寥几只松鼠、田鼠和其他哺乳动物窜过这片荒废的土地。蝴蝶和其他传授花粉的动物濒临灭绝。[194]

乍看上去让人惊讶的是，一个像威尔逊这样热爱蚂蚁的人写了一部小说，却在其中将破坏生物多样性的主要责任归给了蚂蚁。但其实正是这样："这种灭绝的起因正是蚂蚁的数量爆炸。"[195]恰恰是被认为是平衡的典型，并且超越昆虫学、为社会与环境的持续平衡作出榜样的生物，破坏了诺克比生物圈的平衡，将丰富的动植物资源变成了荒漠。只要蚂蚁还在隐喻人类，威尔逊的超级蚁群就是在诉说我们的种群经由破坏环境而自我毁灭的可能性。

超级蚁群形成的昆虫学原因是一种遗传缺陷，一种具有"显著社会性后果"的突变。[196]这一超级蚁群中的蚂蚁对于"蚁群气味"不敏感，这种气味的作用是让即使是同种类的蚂蚁也可以相互区分，如果它们来自不同的蚁穴的话。[197]这种气味通常是由女王发出的，通过交哺行为在蚁穴的所有成员间传播。它在某种程度上相当于一个蚁穴的"国籍"标志。[198]没有了这种嗅觉上的敌我辨识装置，这些蚁群就放弃了它们的政治主权，在一个更大的、几乎超国家的统一范围内开展合作。超级蚁群最终会由成百上千的超有机体和蚁后组成。

　　数百万工蚁和上千蚁后组成的无与伦比、不可估量的国家。这些蚂蚁无须保卫领地，不用再举行比武，在广阔的地域上不用再为食物展开竞争，这样，超级蚁群就用无数互相联合的蚁穴占领了整个可居住地区。[199]

无须为了和相邻的同种蚁群争夺资源或在边境战争中浪费

时间和精力，这种超级蚁群就可以毫无节制地扩大。而没有了
气味作为国家公民的区分标准，蚁群中就可以有多个蚁后，它
199 们共同为生育后代而努力。繁殖不是通过有风险的婚飞①，婚
飞会让大多数的雌蚁（以及所有的雄蚁）死亡，[200] 而是在自己
的巢穴里"与她们在蚁穴表层遇到的任意雄蚁交配，这些雄
蚁也可能是她们自己的兄弟或表亲"。[201] 这种超级蚁群的繁殖能
力极强，它们极高的居民密度可以让它们战胜任何竞争对手。
其他种类的蚂蚁没有任何机会，因为它们各自的国家（每个
国家中只有一只蚁后）不会合作。"超级蚁群中的战士们
（myrmidons）像一大群蒙古人一样袭击敌对蚁群。"[202] 本地的蚂
蚁种群几乎完全被扑灭。超级蚁群的百万大军不仅征服、占领
它们的生存空间，还将它们收割完毕，将它们吞食一空。"生
存空间的质量直线下降。"[203] 诺克比的生态系统发生了天翻地覆
的变化。[204] 而超有机体的进化优势翻转成了劣势。"最终到了这
一地步，每一平方米的地面上有了太多的蚂蚁，超过了诺克比
湖岸的承载能力。"[205] 迅速增多的蚂蚁吃不饱了。叙事者将这种
人口和后勤问题与人类世界的乡村风景向大都市周边地区的转
变等同起来。

> 曾经在广阔的土地上分散着独立蚁穴的地方，如今是
> 一座基本上绵延不绝的蚂蚁城市。消除超级蚁群的饥饿难
> 题**原则上**与解决人口过剩的人类城市的供给难题是一
> 样的。[206]

---

① Hochzeitsflug，指蚂蚁等昆虫在离开母巢、组成新的群体时所进行的交配
行为。

虽然超级蚁群成为了诺克比的主宰，但其资源管理的"可持续性"（sustainability）[207]的缺失导致了整个生态系统被破坏，从而使其自身的生存条件遭到破坏，因为说到底，一个系统不是在虚无中发展的，而是始终在一个其自身也参与其中的环境里演变的。创造出了超级蚁群史无前例大成功的遗传缺陷，从长期来看被证明是一个致命的"灾难"。[208]超级蚁群所攫取的超出了环境所再生的能力，一旦这个帝国的大军再也找不到新的食物来源领地，它们就会灭绝。"它欠大自然的债务是它们通过过度消耗能源和物质所累积的。"[209]而增长又加大了这个债务，使得它永远无法被偿还。它跨过了极限点（point of no return）。蚁群组成的蚁群注定了要灭亡。在它成为"蚂蚁帝国"[210]之前，就已经破坏了诺克比的公地。[211]这让威尔逊想起我们的社会以及对环境的剥削。"超级蚁群在走钢丝时坠亡。在这一根本点上，它与位于其上方及周围的庞大的人类蚁丘是很相似的。"[212]

威尔逊并非优秀的作者。小说情节发展很不连贯，没有表现资源匮乏导致蚂蚁数量的过度减少从而达到自然的再平衡，而是用毒气攻击解决了这个超级蚁群。在这个变异的种群成为爱在绿地上野餐的南方人的负担之后，一家灭虫公司消灭了它们。"在几分钟之内它们就全都死光了。"[213]为了评价这一在情节发展中毫无征兆的措施，我们必须知道，作者自己对于这种毒气应用很有经验。因为在威尔逊的实地研究中，就包含用毒气对一个岛上的动物群整体灭绝的"实验"（defaunation），以观察物种在其环境中再生并达到新的"平衡"。[214]在划定范围的隔离区域内消灭所有的动物生命属于实验生物学的研究实践之一。[215]诺克比必须喷毒气，因为威尔逊为了使动植物从周边

200

201

地区再生，需要一块完全的白板。

在古老帝国的边缘，一个土生土长的蚁群，过着悲惨的生活。超级蚁群的觅食大军逼近它们的时候，仍然只有几百只蚂蚁吃得饱。但它们居住在毒气的死亡地带之外，在超级蚁群灭绝后的一年，它们的几个侦察兵来到了荒芜之地，这片土地被威尔逊本人比喻为一个荒岛。"这些林地蚂蚁的表现就像登陆了一座荒岛的人类征服者。"[216]这片假定的荒地并不是殖民者自许的，而是以毒气行动为前提，以岛上的"动物灭绝"为前提，同样以相应的美国历史中的原住民与西班牙、墨西哥、法国以及英国竞争者的战争为前提。"我们的土地就是战争。"塞勒斯舅舅对外甥拉夫解释道。[217]这是针对过快的、生态不平衡的增长警告之后的第二课，它出自《蚁丘编年史》：权力总是基于对竞争对手的排斥。"我们跟墨西哥人打仗，让这个国家的领土面积翻了一倍。"塞勒斯解释了美国的地缘政治战略。[218]超级蚁群的例子展示出这种战略的风险。帝国的成功摧毁了自己的根基。不能变得太大，但多大是大呢？

氰化物的使用终结了超级蚁群的危险扩张。小小的林地蚁穴得到了毒气的保护，它那为数不多的工蚁在其觅食之路上再碰不上任何敌手。没有了已经灭绝了的邻居的竞争，蚁群吃得更饱了，它扩大了。它同样投入了"防御性和生产性劳动之间正确的平衡"，在"超级蚁群灾难"的一年之后，它不再只有几百只，而是有一万只蚂蚁，其中五百只兵蚁"时刻准备着"。[219]蚁群发现自身位于"一块未经开发的蚂蚁大陆的边缘，这是神降下的超级蚁群的毁灭所遗留下来的"。[220]应当感谢蚂蚁的神。[221]谁要是在这里想不到边疆（frontier）和神的国家（god's own country），叙事者会特意提醒他。面对敞开了大门的神的国家，蚁群繁荣起来了。"在这一美好的阶段里，林地蚁群也感受到了它们繁荣的代价是什么。不久之后，它们在原先的巢穴里就非常拥挤了。"[222]跟导致超级蚁群走向灭亡的问题是一样的，蚁群是一个没有空间的民族。它们的收获地不够了。蚁穴爆满。不过这个问题得到了解决。蚁群决定迁徙。

> 与此同时，家中的住房问题继续尖锐化。林地蚁群如今在严肃地寻找另一块家园。蚁群成员留下并追踪一些通往更理想地点的痕迹。而因为它们留下痕迹的不同密集度，它们就为所建议的地点投了票。一些备选地只得到很少的票数，另一些则根本没有。[223]

最终，侦察兵找到了一个好地方，"一个特别适合的地点，几乎是在原先路口蚁群的巢穴的正中"，[224]这里当然是无蚁居住的，因为它位于死亡地带。侦察兵回到蚁群中，全力争取同意。"紧急传递的消息意为：**跟我来！跟我来！**投票结果清晰地指向最近选择的优先位置。……很快蚂蚁的选民们就作了决定。共同智慧认为**这就是正确的地点！**"[225]这一描述与《蚂蚁的移动是为了改善：每当细胸蚁蚁群找到更好的巢穴地址时就迁徙》这篇研究论文非常一致。[226]不过这里又多了些昆虫学文章中迄今为止不曾出现过的内容。叙事者继续说道：

203

> 在从初期很具攻击性的招募行为到建筑巢穴的整个迁徙过程中，那些精英工蚁们作出了引导性的贡献。如果一只领导者开始挖掘一条通道，在周围的其他蚂蚁就来帮助

它进一步推进，或者自己开始挖掘其他通道。精英找到了追随者，而劳动又创造了更多平等的劳动，直到目标达成。蚁群需要精英来引领活动的变化，并使蚁穴内的其他同伴保持步调一致。[227]

虽然帕累托提到过群众中精英与大众的区分，但西利、多恩豪斯、霍尔多布勒或者威尔逊自己都没有谈到过这一点。恰恰相反，"劳动者并非参赛者"，威尔逊确信，它们并不参与这一"进化的竞赛"；群体才是参赛者，而单个的劳动者只是单纯的行动者。[228]按照这种描述，并不会出现领导、激励、采取主动性的精英。

威尔逊同样成为了昆虫学—社会学通道及其显著性的受害者。在他的小说中，他并不单纯地满足于将蚂蚁和蜜蜂的实验转移到巢址选择的叙事中，也不满足于接受西利所使用的选举政治学词汇，而是补充了一种假说，这种假说在昆虫学的社会学遗产中蛰伏已久：精英是存在的。而只要领导的精英存在，就也存在等着被领导的大众，以及拒绝被领导的闲人："懒人对于整个蚁群来说都是一个问题。虽然蚁群有领导它们的精英，但也有逃避劳动者，它们一直需要强劲的鼓舞。"[229]在小说中，这些懒人和逃避劳动者作为白色垃圾（white trash）再次出现，事实上在诗性的公平中得到了"足够强的鼓舞"，要么改变自己，要么死去。[230]但是林地蚁群却一切顺利，精英领导，大众跟随。昆虫学的超有机体和集体智慧被小说形象化为精英与大众的统一。如此，威尔逊找到了一个良好社会的典型形象。蚁群在新的巢穴中繁衍、扩展、战胜天敌。"它们赢得了达尔文式的竞争。"[231]与超级蚁群不同的是，它们的这场竞争并不是以牺牲其他物种为代价赢来的。蚂蚁——以及和它们一起的整个生物圈——找回了某种帕累托稳态。在帕累托那里，这也是由精英带领完成的。威尔逊为此奖励了它们。"诺克比如今就在那里，并将永远存在下去，它是活的，丝毫未受损，生机勃勃"，[232]这样就为拉夫的可持续的独家未来发展计划保留了可能性。既然它们挺过了毒气攻击，它们就不必再害怕混凝土浇筑所造成的灭绝了。这片地区没有被破坏，没有变成建造供中产阶级居住的高层住宅的市郊，而是建了数量较少但价格高昂的别墅。大部分区域变成了一个自然保护公园。这些地产的富裕买家知道要保护它。上层阶级拯救自然。"有钱人总归买得起房子，但中产者就未必"，拉夫解释了这个计划，即为什么只建造少量"高品质住宅"，以价格提升环境质量，而不是用廉价住宅覆盖诺克比，是有意义的。[233]房地产商也有可能像超级蚁群（迅速增长，迅速消亡）或林地蚁群（稳定地、持续地增长）一样行动，至少当他们有了精英的时候就会这样。

205

　　"我们可以从现代的昆虫社会中学到许多。"霍尔多布勒和威尔逊在他们关于**超有机体**的著作的前言中写道。[234]已经可以看出这些学说想要说的一切了，从可持续发展到决策过程再到领导问题。但是从昆虫学家的角度来看最重要和最普遍的教训，最终仍是对社会系统及其环境之间动态的相互影响的进化论观察："在蚂蚁和其他昆虫那里，我们……能够观察到高度发达的社会秩序与创造和塑造了它们的自然选择的力量之间的关系。"[235]读者还会再次被提醒，在它们和我们之间当然存在着根本的区别。[236]强调区别，一直是昆虫学以及在韦伯和卢曼那里可以看到的社会学的老生常谈。尽管有这些远离的姿态：其

间的相似性仍旧产生了比区别更强大的魅力。笔者已经说过这
些是什么了：沟通、媒介、自组织、劳动分工。其中最重要的
后果之一就是社会学的接受，它在社会性昆虫的昆虫学理论中
找到了一个很好的理由，在将来使社会与沟通和社会媒介相联
系，而不是与个人和意图相关。也是在相似性的基础之上，蚂
蚁社会在社会自描述的市场上提供了建议。昆虫社会与人类社
会之间的多重一致性，使得可以将我们的社会以昆虫社会的形
象进行描述——并从中（为我们）得出结论。但是，这种政
治隐喻学的所到之处却并非只有科学的沟通，还有社会性昆虫
206 被大众媒介传播的流行语义。从电影到畅销书的大众媒介中我
们可以看到，将蚂蚁社会和人类社会等同起来，开创了多少可
能性。而流行的语义也就由核心的主角们直接或间接地提供
出来。[237]

使命、平衡与生命政治

　　仅有一篇论文是不够的，哪怕它发表在《自然》杂志上。
十几份研究报告也不够。就像威尔逊一样，惠勒也发表过一篇
虚构作品：1920 年的《白蚁的意愿》（*Termitodoxa*）。[238]就像威
尔逊一样，他迫切地想要拥有更广大的受众群。这篇框架结构
的小说展现了一位昆虫学家和一位白蚁国王之间的书信往来。
微微（Wee-Wee）陛下在他写给学究气十足的叙事者的信中，
给出了上亿年白蚁社会历史（"我们社会的历史"）中社会学
和进化生物学的概要，[239]在威尔逊的小说《蚁丘编年史》一章
中能找到它的回响。[240]这两部叙事作品都是关于被内部和外部
的改变打破平衡状态，又以极大的努力重建平衡的社会。[241]这
种构想的真相得到了证明，自远古以来在昆虫帝国中这种平衡

就作为社会技术规划存在着。[242]只要威尔逊的精英角色没有昆虫学的根据，却在他的小说中登场，这种循环证明就只能在文学及其方法的影响下起作用。

　　和惠勒的叙事者一样，微微也是一个研究者，同样还是一个生物学家，对它的收信人，它回忆道："您与其他所有人类生物无论如何都只是动物，正如我一样"。[243]社会的组织这一主题是比较性地进行的（"你们的"／"我们的"），[244]并且在功能方面考虑到了进化的"达尔文竞争"，根据惠勒和威尔逊，这种竞争在人类和社会性昆虫的案例中作出了社会层面上的选择。[245]微微将同样让卡尔·埃舍里希和卡尔·施米特惊叹不已的白蚁进化到超有机体的成功之路描述为生命政治的改革过程，"我们古代的生物改革者开始了……"[246]，一位生物学精英掌握了主动性。其结果是一个劳动分工的社会，它似乎预示了云格尔和埃舍里希的工人国家和白蚁国家的情景。劳动、防御和繁殖这些核心任务被分化开来，专业化不仅提高了效率，还可以通过食品的生产量来调节蚁群数量，并且保持生产生理上"完美的后代"。[247]惠勒非常清晰地展示了这种调节的优生学意义，对任何偏离基准即"最佳社会行为"的畸形体，社会的反应都是将其消灭，它们对于超有机体的价值仅仅在于其脂肪和蛋白质的含量上。[248]它们会被吃掉。甚至这一点也是自组织地发生，没有触发任何道德问题。由此，"蚁口"政策被个体内在化了："一只白蚁由于一些不适或疾病，由于感冒、头疼、非社会的行为或变老，就自愿地去生物化学委员会申请盖个章，这并不少见。"[249]盖章之后就是被利用而消灭。这样，生病的或年老的、不满的或根本是反社会的白蚁还能对社群的效率作出贡献。这种思想对于威尔逊来说并不陌生。在《蚁

丘》中，病号和伤员在战场上自寻死路："无劳动能力者往往
成为蚁群中最具攻击力的战士。而垂死的工蚁往往完全脱离蚁
穴，以此来防止传染病的蔓延。"[250]残疾者对自己实施安乐死。
"对于一只无劳动能力的蚂蚁来说，体面意味着离开蚁群，不
再制造任何麻烦。"[251]惠勒的白蚁根本不区分"疾病"和"畸
形"，它们的优生学为了保护活着的和未来的白蚁的"美德和
健康"会做任何事情。[252]美国社会既不实行"优生学"也不实
行"生育控制"，此外还关爱、照料"所有病弱和残疾的个
体"直到老年，因此微微认为，它必然不幸地停滞在"社会
发展的一个有缺陷的阶段"。[253]只有一场生物学上的启蒙才能让
人了解社会进化道路上的局限，并开启一场生命政治的改革，
正如白蚁长久以来所贯彻的那样。[254]"就像我们的先辈一样，
你们肯定也会注意到，这些问题只能由生物学家来解决。"[255]人
们不能在神学家、哲学家、法学家或者政治家那里，找到对陷
入危机中的社会进行一场可能的改革的正确方法，甚至仅仅正
确地描述他们的危机也不可能，只有依靠"最广泛意义"的
生物学。[256]这在今天意味着包括种群生物学、进化生物学、社
会生物学、控制论和遗传学的所有生物学领域。威尔逊在这方
面也证明了自己是惠勒出色的后继者。微微的优生计划和惠勒
的生物学启蒙项目被威尔逊合乎时代地改写了，他把先进的
"进化的社会生物学"作为任务提出来：

（1）这一社会生物学将进行行为改革的推广（而不仅仅是
设想），以使得人类社会的超有机体实现与环境的平衡状态
（"塑造文化以适应稳定的生态国家的要求"）。

（2）为了在社会维度的层面上促进这种"适应"，它将指
导在遗传层面对社会行为的前提条件的改进（"监测社会行为

的遗传基础"）。[257] 为了朝向这一目标控制"社会进化"，生物学必须采取"神经元和基因层面的"控制。[258]

这条由昆虫学—社会学通道所控制的路会通向何处？我们也可以从威尔逊的《蚁丘》中读出来。拉夫在小时候就向母亲解释清楚了他对昆虫学研究兴趣的意义，任何一个门外汉都能理解这一点。"蚂蚁或许很小，它们可能会被嘲笑，但你知道吗？它们是环境的一个重要部分。在全世界范围内，它们都是有着高度社会发展阶段的动物。任何熟知这一点的人都会告诉你，**如果我们研究这些事物，我们可以从中学习到很多关于人类的社会行为的知识。**"[259] 威尔逊本人非常确信，他的研究有着超出昆虫学和生物学的重要意义。即使你不属于《蚂蚁》这部威尔逊和霍尔多布勒的昆虫学大全著作的上万名读者行列，也可以在阅读威尔逊的小说时得到最重要的知识。然而《蚁丘》并非畅销的科普作品。它以蚁群为媒介描述了美国社会的问题和机遇。一个庞大的集体在严峻的形势下作出决断的永恒难题被蚂蚁以某种方式解决了，通过社会生物学对蚂蚁社会和人类社会的连接，它将精英领导提供给美国民众作为政治选择。我们从林地蚁群谨慎的扩张中就可以学到："蚁群需要精英。精英……指引道路。"[260] 一个表率性的精英引导和鼓舞，它被由榜样所带领的群众追随着，"被精英所鼓舞的追随者"为了公共福利、公共事务（res publica）而劳动，"**蚁群依靠精英来发起变化，然后保证蚁众持续工作**"。[261] 这就是微微向惠勒和人类推荐的，也是威尔逊对于某种进化的社会生物学所期待的。必须高度评价关于社会性昆虫的许多章节中"与人类的一致性"这一点（叙事者毫不怀疑这些章节的非虚构性和科学性，因为他同样也是生物学家），小说一方面用老练的修

210

辞手法暗示道：一只工蚁（"精英蚂蚁"）被几滴雨水打中，叙事者立刻想起与人类的一致性，"雨水汇成涓涓细流，沿着地上的一条细缝蜿蜒，就像是一股激流穿过沙漠中的涧谷"[262]。这句老生常谈在**每一部**以蚂蚁为叙事主角的文学作品中出现："在蚂蚁的微缩世界里，草丛就像是乔木和灌木组成的茂密的树林，枯死的树叶和树枝就像倒塌的横梁。……而卵石就像是巨大的砾岩"[263]。另一方面，隐喻构建的类比不断出现在科学文本中，它们可以追溯到那些对于形象的发出者和接受者来说同样适用的基本原则：蚂蚁和人类的社会。拉夫在佛罗里达州立大学学到了"一种截然不同的重要真理。每一个有组织的系统，无论是大学、城市或生物体的任意组合，只要其增长到足够的规模、拥有了足够多的不同成员的数量，又有了足够继续发展所需的时间，就会发生**质**的变化。……**这一点**也适用于不同种类的蚁群"[264]。正如盖茨在人类和蚂蚁的关系方面纠正艾斯纳一样，这涉及的不是这两个物种的社会系统之间的类比，而是之间的一致性，从某个特定功能的角度来看，有些东西**同样**有效。能够实现社会性昆虫和人类社会之融合的昆虫学—社会学的交换经济，在小说情节的进展之中逐渐显现，在威尔逊的生物学著作之中也能察觉到。[265]而在小说中能够更清楚地看到路线的设置。**蚁中荷马**——以及惠勒和帕累托的继承人——事实上写出了一篇"使用说明书"[266]，而我们学习到"蚁群中有……领导它们的精英……"[267]，精英领导，大众跟随。"精英强劲有力，行动充满活力。它们鼓舞了大部分的劳动过程。"[268]其他的蚂蚁呢？它们必须特意受到激励和引导。"蚁群的其他成员被招募来帮助精英完成已经开始的任务。"精英是特别的，"它们不仅在统计意义上站在活动曲线的顶端，也单独成为一个自己的组合"[269]。与强调蚂蚁的任务切换[270]和放弃了对劳动阶层的信念的最新的昆虫学不同，威尔逊的小说展现了辉煌的精英阶层，没有它们的努力和主动性，"蚁群的……延续"就是不可想象的。[271]对于帕累托来说，这种评价是不言而喻的。属于昆虫学—社会学的交换经济之收益的，不仅有功能主义的系统社会学，还有一种面向精英领导、大众模仿之间反馈回路的社会生物学。如果威尔逊真的是在用诺克比郡的蚁群来讨论我们社会的难题和机会，那么问题来了，他所绘制的作为我们社会自描述习语的形象是什么呢？

群中之人：民主与愚蠢

与《蚁丘》不同的是，群体研究并不区分精英和大众。它研究的几乎是一个语词矛盾（contradictio in adiecto），因为群体就是分散的、网络状的、内涵性的集体，即使在空间维度中也不对任何可能给精英提供位置的地方拥有特权（等级制度的核心或顶端）。因此，威尔逊在《蚁丘》中重提精英社会学的老一套，并不能得到他发起的研究方向的支持。概念的运用在蚂蚁学上也是没有意义的。将蚂蚁社会的样本按照大众和精英加以区分，距离现代的昆虫学已经非常遥远。威尔逊笔下受到过昆虫学教育的叙事者，似乎在《蚁丘编年史》中跟随简单行动者的命题。单独一只蚂蚁几乎一无所知。但是"蚁群的智慧是分散在其成员之中的，正如人类的智慧分散在人类大脑的脑沟回、脑叶和细胞核之中"[272]。**分散的智慧**——这是群体研究的基本假设。而正如有智慧的并非任意一个神经键和神经元，而是人类的理性一样，能够学习的也并不是每一只单独的工蚁、猎蚁、运输蚁或兵蚁，而是超有机体。"在学习着

212

的林地蚁群的总体……由于超有机体比起每一只单独的蚂蚁来都知道得多得多，它也就聪明得多。"[273]来理解一下威尔逊的类比，在大脑中绝对不可能存在精英神经元。一个蚁群的聪明也并不基于一群特定的超级蚂蚁，而是基于群体分散的知识，这些知识会注入超有机体的决策之中。如果是这样的话，群体是怎么得到知识的呢？因为单个的蚂蚁并不聪明。威尔逊原本所代表的群体智慧模式又是如何变成他那源自帕累托的精英蚂蚁的呢？

213　　阅读《蚁丘》似乎能够证实一个印象，即迈克尔·哈特和安东尼奥·内格里从群体中得出的印象：这是一个多方参与的、基层民主的、等级松散的（**帝国**的）替代物。"群体"实现了"多数的民主"。[274]哈特和内格里强调说，"'群体'这一表述"使得研究（借用了）"以社会形态生存的动物如蚂蚁、蜜蜂和白蚁的集体行为，以便审查拥有大量行动者的智能的分散系统"。[275]巢址选择的难题在昆虫学的群体智慧研究中成为典型。群体的"集体智慧"[276]在这里被付诸达尔文主义的实验。正如从诺克比土地上的蚁群的不同遭遇所能看到的那样，一个错误决策很快就被证明是灾难性的。

　　在巢址选择这一至关重要的难题上，发生了一次"选举"，所有成员都参与了"投票"并贡献出了它们的知识。"很快蚂蚁的选民们就作了决定。共同智慧认为这就是正确的地点！"[277]蚁群迁徙到了更好的地点。《蚁丘》建立了群体的"自然"组织、分散式智慧及其政治制度之间的因果关系。"蚁群的智慧分布在其成员之中。"[278]而这种蚂蚁社会的"总体智慧"被表现为蚂蚁（"选举人""蚂蚁选民"）的参与与投票的基层民主过程的成效。[279]正如已经多次得到验证的关于蚂蚁社会作为跨语境与跨学科通道的假设那样，群体智慧和基层民主之间表现良好的关系也已经在昆虫学以外取得了显著的成就。

　　"在蜂箱和蜂群（hives and swarms）那里，去中心化和自组织涌现的可能性以惊人的智慧得到了解决。"霍华德·赖因戈尔德（Howard Rheingold）在相关作品中这样指出。[280] 这些关键词——涌现、自组织、蜂群思维——所取得的成就是从昆虫学开始的。赖因戈尔德也明白这一点。关于这一智慧群体的最重要特征的知识——"没有任何强迫性的集中控制，次级单位之间独立的本质和高度的连通性，同伴之间蜂窝状的、非线性的因果关系"——早就已经被惠勒获得了：

214

　　　　蚂蚁行为专家惠勒称昆虫群为"超有机体"。惠勒将完成任务定义为这种有机体的"涌现的特性"，对于这一点来说，单独的蚂蚁或蜜蜂的智慧是不够的。[281]

　　这些流行语由于现今对社会作为网络的自描述而广为人知。同样被赖因戈尔德引用过的凯文·凯利在1994年描写**经济学、技术和社会的生物学转向**的《失控》中以对社会性昆虫的赞颂为开篇，[282] 他在其中也在"蚂蚁先锋"惠勒的感召下识别出一个涌现的群体，这个群体的智慧不能够被归纳为其组成元素的智慧。[283] "躯体/精神或部分/整体"的二元论对于"惠勒的研究小组"来说不再重要，既然群体作为"超有机体"在行动。[284] 对于蚁群和蚂蚁的关系会得出结论，即它不允许被表现为等级制的。"它们并没有在某个更高的层面上作出任何一个可见的决断，而是为蚁穴选择一个新地址，向工蚁发出开始建造的信号，并且自我调整。"凯利就巢址选择的过程这样写道。[285]这仍旧是证明基层民主决策机制的典型例子。凯利也强调了与其成员的愚蠢相关的群体的智慧：

> "群体思维"的奇迹在于，没有人受到操纵，但仍有一只看不见的手在控制，这只手来自**极其愚蠢**的成员。这个奇迹叫作："多了就不同了。"[286]

凯利的"生物学转向"指的并不是蚂蚁，而是人类。如果一个"由数以百万计的细胞组成的"人类，根据社会性昆虫的榜样与数以百万计的其他人组成一个名为社会的"超有机体"，[287]分散的智慧和愚蠢又会如何表现呢？哈特和内格里在这里遇到了困难。因为一方面他们承认，在昆虫群体的例子中，单个的行动者"就其自身而言不是很有创造性"。[288]然而另一方面，被设想为群体的多数是由"具有不同创造性的行为者"组成的。[289]"群体之粒子"[290]是简单代理人，这一点在向多数的转化中被隐瞒了。

对于群体社会来说，"极其愚蠢"的代理人对于其智慧的构建来说是否就足够了呢？像威尔逊一样，凯利将蚁群的巢址选择过程称为选举，只不过他为这个进程给出了另一个注脚——这是"笨蛋们为了笨蛋们所以和笨蛋们召集的一次竞选大会"，却恰因为此而"惊人地"有效。[291]这些都是非常清晰的表达。行动者的愚蠢也被包含在研究文献中。在任何情况下，每一简单的群体粒子都将自己完全交付给"神秘的看不见的手"，这只手的决定"超出了理解的范围"。[292]所有这些命题都贯穿昆虫学—社会学通道的始终。威尔逊的小说中也写道："超出了可怜的人类大脑的理解范围"[293]，"可怜的人类理

216

智"无论如何是理解不了的。[294]

其后果是群体思维进入"经济、技术和社会"之中，不仅会带来"控制"的终结，也会导致责任的终结。不必剥夺某个个体的行为能力来阻止他参与决策过程，反正他已经够笨的了，连超有机体认为什么是对的都理解不了。正是在选举的过程中，一个模仿另一个，因此不必担心群体思维的**独裁**，因为在分散的网络中根本不存在权力的垂直分布。[295]群体消灭了所有等级制，并取消了个体对于决断的责任。这里所进行的"笨蛋们为了笨蛋们而与笨蛋们"的民主是否保护了基本人权和人类尊严，笔者是表示怀疑的。如果严肃地在政治维度上对待这种群体思维，而不仅是把这个概念当作一个时髦词语来使用，会被人认为是违宪。

本节的出发点是以小说中迅速发展的**林地蚂蚁**为例，来展现巢址选择问题。蚂蚁或蜜蜂怎样选择一处新的巢址，是昆虫学及其数学性相关研究的重要课题。找到正确的地址对于社会性昆虫的生存来说是"决定性的"，因为这涉及生与死的选择。[296]它在任何情况下都是为了所有成员的利益。蚂蚁搬家是为了改善，而有趣的问题是，它们如何总是能够作出对它们来说是好的选择。[297]因为如果严谨地坚持到底的话，群体非常有可能迁徙到一个更好的蚁穴里去，它可以帮助蚁群更加"适应"达尔文主义的竞争，因为它可能更好防御、更干燥、更大也更有益处。霍尔多布勒和威尔逊认为，这一重要的决断不能托付给任意一个单独的个体。[298]这种表述非常具有明证性及可转化性。作为超有机体的群体通过"自组织"找到了一个解决方案，这个方案一方面不应再是一个简单算法的结果，另一方面却又总是被昆虫学家及其"狂热的"受众当作是民主

217

的。另外，巢址选择总是被塑造为一个"算法引导的分散的过程"。[299]经过实验室和实地研究验证过的数学模型可以解释这种现象。这一算法考虑到了统计学上的规模，并在此基础上做出预言。在这样一个模型建立之前，昆虫学家要坐在一个蚁穴前面数数[300]达几个星期之久。这不是民主，而是像蜜蜂一样勤劳。在算法以数学形式得出它们的行为之前，蚂蚁要被计数。[301]一个这样表现了某种热带蚂蚁的集体决断的方程式对于广泛的受众来说是直观的、吸引人的，但并不完全。

218　　而当描述的语言转换一下，昆虫学又在某种程度上意识到蚂蚁是一种政治动物时，就立刻变得明朗和有趣了。霍尔多布勒和威尔逊就巢址选择问题写道："这就是民主。"[302]确实，这是一个"民主的决断"，托马斯·西利肯定道，他明确地将他所分析的群体决断过程作为我们前进道路上的指南："这个故事……包含许多对于其成员之间有着共同利益、想要作出正确决策的**人类群体**来说**很有帮助的准则**。"[303]这一群体是不是必须由"笨蛋们"构成，并没有特意指出。若是想要从话语分析的角度评估群体研究的社会概况，这恰恰正是关键的问题所在。

马库斯·梅茨（Markus Metz）和格奥尔格·希斯伦（Georg Seeßlen）提出了这个问题，并且毫不惊讶群体的成员是或应该是"愚蠢的"，但他们给"蠢人机器"加上了"群体智慧"的"意识形态"，[304]其功能在于，将思维从每一个个体中排除出去。[305]这一大胆的假设事实上恰恰是依靠了对蚁群算法的可应用性所进行的群体智慧研究的例子。一个在研究中经常被引用的案例是亚马逊购物网站的算法，即当我们浏览或购买什么东西的时候，它向我们这些用户推荐，我们接下来还会对什么东西感兴趣。"购买此商品的顾客也同时购买……"这恰好也是我们想要的。这一推荐背后的程序就是一种**"基于蚂蚁的算法"**（ant-based algorithm）。[306]

亚马逊的蚂蚁程序转化了野外生物学的简单观察结果，即大多数蚂蚁会做附近其他蚂蚁也做的事情。如同大多数的推特用户一样，蚂蚁通常是一个跟随者，它们模仿，正如埃斯皮纳斯和塔尔德所指出的那样。[307]我们从《蚁丘》中，也就是说从一本小说而不是一篇论文中得知，如果它不模仿的话，它就属于精英——群体的秘密领导阶层。

219

尽管精英在威尔逊的小说和帕累托的社会学中都得到了赞赏，但在群体智慧研究中它仍旧是一块盲区，因为它不再能够解释，为何事实上并非所有成员都做相同的事情，在著名的蚂蚁推磨①螺旋中绕圈运动直至群体死亡。西奥多·克里斯蒂安·斯基内拉描述了这一怪圈，他的文章经常入选海因茨·冯·福斯特（Heinz von Foerster）所编辑的梅西会议记录。

斯基内拉经典地将这一绕圈旋转现象当作"领导者"与"跟随者"的问题。他的观察表明，"只有第一只或头几只蚂蚁主动开始绕圈运动，其他蚂蚁只是遵循已定的轨迹"。[308]转换一下就是说，一个精英带领整个群体走上了模仿推磨的绝路。[309]

220

霍尔多布勒和威尔逊皇皇五百页的巨著《超个体》（*Superorganism*）中并没有描述这一罕见的行为。即使是小说《蚁丘》也并没有用绕圈推磨这样的例子来破坏一个精英领导同时又是民主制社会的形象。在群体智慧研究中也仅停留在这个猜测上，即这只是模仿构成群体的其他友邻之行为的规

---

① 指一群蚂蚁因丢失费洛蒙的轨迹而脱离觅食的大部队，一只跟着一只地盲目开始持续的螺旋运动，直至死亡。

则。[310]这一群体动物的行为规则是"真正的平等"和"分散的"。[311]标准化会是合适的话语分析概念，因为在亚马逊经济中执行的蚂蚁算法成为了一台愚人机器，它掀动了一个标准化的模仿螺旋，[312]将人变成简单代理人，去做其他人也做的事情。

221

> 网络上的购书者通过他们的选择——含蓄性地——暴露了他们的喜好。同一本书的不同买家有极大的可能拥有相似的偏好。这一原则在亚马逊网上书店得到了应用，每一本书下面都会推荐其他人购买的相关图书。[313]

和其他人一样行动，蚂蚁算法如是说，群体研究的通俗表现以用户友好的成就赞颂了这种算法的实现。[314]在这种用户民主制中恰好存在着一个处于领导地位的精英，群体智慧研究很愿意隐瞒这一点。亚马逊则直言不讳："我们的顶级评论员以他们总是很有帮助的、高质量的评论帮助了数百万其他顾客，使他们在亚马逊上能够在充分了解之后作出购买决定。"[315]尽管如此，这种一窝蜂式的决策机制引用的以巢址选择（而不是

222 转圈推磨）为支撑的研究，恰恰被认为是民主的。[316]这并非自相矛盾。人类以蚂蚁和蜜蜂[317]为榜样的"电子集体化"的确不应该是不民主的，相反，"愚蠢机器……是民主的……和透明的"。[318]愚蠢和民主合而为一。转圈推磨也不叫不民主，蠢倒是真的。

这种愚蠢的代理人和聪明的群体之间的不平衡不会长久。与群集体相联系的民主的表现，被一种奇特的差别所影响，威尔逊的《蚁丘》也指出了这一点。被生物学家所理解的群体，绝不是以平等的方式"自组织"的；它并非凯文·凯利或哈

特和内格里在社会生物学和群体智慧研究的著作中所想象的那样"众多"。[319]如果真的按照昆虫社会的模板组织起"多数的民主"[320]的话，[321]它的样子会是威廉·莫顿·惠勒在维弗雷多·帕累托的帮助下所看到的那样：一个精英在领导。社会化了的昆虫学家们显然想不出别样的创新和勇气。每个群体都有其"**领导**"，他们展现出"个体的主动性"，加布里埃尔·塔尔德在《模仿律》中也如此确信，并立刻补充说，在这一方面"无论动物社会和人类社会都是一样的"。[322]此外，绝非所有个体都会参与到群体动物不断举行的民主决策中去，"要想决定性地影响整个群体的行为，百分之十就足够了"。梅茨和希斯伦引用从电视中变得知名的群体研究道。[323]斯基内拉在1944年就猜到了这一点。将群体引入致命的死循环，有几个领头的就够了。霍尔多布勒、威尔逊、西利和其他用算法和法定人数来为群体的决策行为建模的研究者也认识到了这一点。不是所有成员都说了算，而是"一个临界的数字"决定了偏差。[324]社会性昆虫的法定数量甚至还不足百分之十。无论是精英模式还是阈值理论都表明：群体的民主并非共识民主，而是少数对多数的领导。[325]这可不符合群集的社会性昆虫无处不在的形象。正是由于这个原因而不断地循环。然而，除了领导问题之外，威尔逊小说中典范性地表现出来的蚂蚁社会形象还提出了另一个问题，将生物学家、经济学家、道德哲学家、人类学家和神学家引入了一个极具争议性的领域：人类在本质上究竟是一种利他的还是一种自私的存在？

利他主义或利己主义？

林地蚁群发展壮大并搬了家，路口蚁群走向了灭亡。它们

223

为林地蚁群空出了位置，后者接管了前者的建筑。《蚁丘》表现了这个蚁穴紧随其蚁后去世的衰亡。这个段落在 2010 年 1 月 25 日就以《路口》（*Trailhead*）为题发表在《纽约客》上了，即在小说出版之前。因此这一章带上了典型的特征，在几页之中表现得特别清楚。路口蚁群的灭亡令人印象深刻地表现了蚂蚁的利他主义。这个蚂蚁的社会在蚁后死后不能再有后代，此时它们被相邻的蚁群所攻击。[326] 尽管面临这样棘手的或者说绝望的处境，每只蚂蚁却坚守自己的岗位。"它们持续不断地劳作。"[327] 蚁群的秩序得以保存。在它们所有的行动中：

224

> 路口蚁群都按照**利他主义的原则**来分配劳动。蚂蚁所做的一切，都带有某种**自我献身的利他主义**的意味。首先工蚁放弃了繁殖的可能性……它们接受了寻找食物、行军打仗和其他使它们不断陷入危险之中的行动，甚至通常它们都注定会过早地死去。路口蚁群对其个体成员的**支配**是完全的。超有机体的安好**绝对是首要的**，一只单独的工蚁的生命道路已经被设定好了，它必须听从于超有机体的需求。[328]

这种对昆虫的完全国家及其乐于自我牺牲的工蚁的描写，如何能够与同一个作者所赞颂的通向群体决策的"民主手段"相吻合呢？[329]公民将生命奉献给国家。"自我牺牲……如何造就了路口蚁群的成功，可以从全体工蚁在任何情况下都完成了每一项任务中看出来。"[330]埃舍里希在这一行为中找到了国家社会主义民族共同体的典范。但威尔逊绝不是法西斯。在他看来，超有机体的存在基础之一是"工蚁的利他主义"。[331]利他主义或者也包括"无私的行为""社会捐助"或"报答",是社会性昆虫有别于其他物种的特性。[332]利他主义被认为是"蚂蚁生活的主要形式"。尤其是工蚁愿意为了单蚁后的共和国的利益而放弃自己的繁殖机会。[333]它们甚至为了"别人的"后代还要完成高风险的任务("觅食与防御")。[334]利他主义取代了极权主义。然而,这些听起来很美好的原则仍然与广为流传的假设相悖,人们普遍相信基因在根本上是"自私的",因此生物体是以延续自身为目的的自私机器。[335]道金斯的《自私的基因》也自有其读者。为了解释他们提出的利他本质的例外现象,霍尔多布勒和威尔逊在1990年重拾了"亲缘选择"假说,就是威尔逊2010年在《自然》杂志上所放弃的那个理论。这两篇论文对于社会秩序进化的社会生物学理论来说都有着重大的意义。其间的相关性反倒被《自然》杂志上发表的由103名作者集体署名的针对威尔逊文章的强烈抗议给证实了。[336]蚂蚁的社会组织及其"利他主义"产生过程中基因参与的问题(这也是《蚁丘》关于超有机体那一章的核心主题),在威尔逊的研究中,通过对所谓的汉密尔顿法则的批评,获得了更大的重要性。这一点值得更仔细的调查。不理解这种分歧,对威尔逊小说的科学史分析就会流于表面,也就会忽视昆虫学—社会学通道的一条重要的分支。

目前为了基因和群体的相对意义而在生物学界闹得不可开交的争论非常有趣,因为在接受了相同的数据和事实的基础上,产生出两种完全不同的对社会秩序进化的诠释。[337]上文已经多次提到过的威廉·D.汉密尔顿于1964年在《理论生物学杂志》(*Journal of Theoretical Biology*)上发表了他的经典文章《社会行为的遗传进化》(*The genetical evolution of social*

225

behaviour）。文章的标题就可被视为对社会学的挑衅，因为汉密尔顿将社会行为的产生视为遗传问题，而不是像尼克拉斯·卢曼在他著名的论文《社会秩序如何是可能的?》（*Wie ist soziale Ordnung möglich?*）中所写的那样，是"人与人之间关系"所"涌现"的"不可避免的"后果。[338]卢曼还在论文中表示，关于社会秩序的问题是"对研究的长久的挑战"，因此并不以寻求一个明确的答案为目的。[339]在卢曼看来，自古以来所提出的相关建议倒是可以重构，并从认知社会学的角度与相应的社会结构及其习惯的语义（其文化）联系起来。但是这种历史意识以及从中产生的对于"最终"答案的恐惧并未能给汉密尔顿的假说带来深刻的影响，因为它的论点立足于跨时代的、跨文化的基础之上：数学与遗传学的规律。社会秩序是如何产生的，威尔逊引用了昆虫社会的例子。那是一些强大的、团结的社会，在陷入困境的路口蚁群中，蚂蚁们互相援助，并且史诗般地肩并肩战斗至最后一刻。与在小说中叙述性地引入"利他主义"概念不同的是，汉密尔顿所讨论的情况极其复杂……

汉密尔顿的《社会行为的遗传进化》探讨的是对进化论来说特别困难的一个问题，即为什么性别中立的蚂蚁或蜜蜂会为了另一个个体的后代活下来或死去。[340]它们为什么要让生存的切身利益服务于它们的母亲或蚁后/蜂后的后代的利益？社会学家、哲学家、政治家或闲聊的人也对这个问题感兴趣，是可以理解的。在这里，可转化性是很有吸引力的。既然社会性昆虫中的工蚁或工蜂是性别中立的，没有自己的后代，它们本可以漠不关心地投入"达尔文竞争"[341]中去，享受生活，反正它们自己的基因是会随它们一起消失的。[342]既然什么都不会传承下去，为什么要操劳呢？

但这还不够。达尔文也从事过昆虫学研究，他提出的问题是，这些不育的工蚁/工蜂是如何形成的，既然它们不会留下后代，[343]谁又遗传给了它们一些什么呢？从这一点出发，会发现有待解决的这个问题又进了一步：这个不育的群体又分为更多的不同形态的团体，兵蚁、侦查蚁、觅食蚁、蜜罐蚁、育儿蚁、运输蚁、看门蚁等，它们都是不育的，都是没有后代的。

"说明这些工蚁是如何变得不育的，是一个很大的难题。"查尔斯·达尔文在《物种起源》中承认。[344]难点在于，要将这种罕见的事实用"自然选择"（natural selection）的原则来解释，即中性的工蚁在形态和本能上"显然是由其父母区分开的"，虽然它们"绝对不育"并"因此**不能**将所遗传到的形态或本能的变化继续传给下一代"。"我们或许会问，怎么可能拿自然选择套用这个例子呢？"[345]这是一些对这一理论提起挑战的例外。达尔文对回答这一问题的建议是开创性的。在"社会性昆虫"的案例中，自然选择并非限制"在个体身上"，而是延伸"到整个家族"。因为在这种情况下，经受住自然选择考验的并非个体，而是一个有亲缘关系的族群。[346]如果不育的工蚁的特征被证明是对整个"社群""有益的"，比如因为它们不繁殖自身而去抚育"社群"的后代、供养蚁后、保卫巢穴等，这些乍看起来"无足轻重的变化"提高了蚁群整体的进化机会。达尔文认为，因此，这样一些"社群"在与其他群体的严酷的竞争中被选择，它们"有生育能力的雄性和雌性"继续生育"带有同样变化的不育的成员。这一过程必定多次重复发生，直到这一物种可育与不育的雌性达到某种神奇的程度，正如我们今天在许多社会性昆虫那里观察到的那

228

样"。[347]性别中立的，但除此之外特别有益的团体被证明为"社群"的进化优势，[348]因此这一团体的特征得到了复制，被有生育能力者遗传下去。

在我看来，这就可以解释在一个蚁穴中有两种不育的工蚁这一神奇的现象了，这两种工蚁的自身和父母都非常不同。我们就可以理解，根据**文明的人类据之进行劳动分工**的那同一个原则，它们的出现对于**社会性的蚂蚁社群**来说是多么有用了。[349]

达尔文成功地从最初属于纯生物学范畴的不育昆虫的特征遗传问题过渡到一个关于社会之形成和劳动之分工的理论。对蚂蚁的观察使他得出两个很有影响力的命题：

一是**进化的社会层面**的猜想——被选择的是对社群有用的，其他的都灭绝了。

二是在选择中加入了某种经济学的基本原则——劳动分工。

社会性的蚂蚁和**文明**的人类的进化因此就立于群体选择和劳动分工的**同样的原则**之下。通道为任何一种转化准备了可能性。与群体选择一样，劳动分工也被理解为自然选择的结果："我相信，自然影响了蚂蚁社群神奇的劳动分工，通过自然选择的手段。"[350]根据这一观点，所有都处于同一个"原则"之下，威尔逊很乐意回到这一点，而他自己坚信，为了理解这一"原则"，某种由生物学所营造的科学也仅仅需要"唯一的一种解释方式"。[351]

用一个经济学术语来描述进化理论的话，大群不育的工蚁哺育、保护和照料后代以及这些后代的母亲，正符合蚁后的利益。那么这些不育者自己能够从它们的服务中获得哪些好处呢？答案各不相同，并都指向其认识论、文化史与社会政治的一体化。例如麦库克在 1909 年认为，那些虽然不育但性别仍为雌性的工蚁听从其"雌性特征"的天性，这一天性不可避免地赋予它们"母亲的感觉"。[352] 惠勒称，促使工蚁哺育后代的是纯粹的乐趣，因为幼虫的分泌物是甜的，[353] 就像赫胥黎笔下的唆麻一样甜。福勒尔也有类似的观点。埃舍里希尝试教导学生，工人享受着他所处的从属地位。

在遗传学的范式中，所有这些回答都不够充分，并被认为是不科学的。汉密尔顿在 1964 年更新了这个问题，为什么性别中立的个体会为了他者的利益进行某种自我毁灭的行为？[354] 或者考虑一下道德观念，这不是达尔文，而是现代的生物学家所使用的：为什么不育的工蚁的行为是**利他主义**而非**利己主义**的？[355] 这些问题说到底是作为每个社会之前提的真社会性的起源之谜，因为没有对后代的照料、喂养、繁殖和保护的劳动分工，就根本不会存在政治性动物。但是为什么应当是由一群性别中立的动物为其他成员进行这项工作？汉密尔顿讨论了这一问题。

出发点仍然是这一假设：进化基于"生存斗争"和"适者生存"。[356] 某种生物多大程度上被认为是"合适的"，是看它的基因如何能够传给后代。但是基因超越了它的会死亡的载体，寻求复制自身之路，这使得它几乎可以变得不死，汉密尔顿和政治学家（同时也是五角大楼顾问）罗伯特·阿克塞尔罗德（Robert Axelrod）共同阐述道。[357] 这一点可以通过自己的后代来完成（"直接适应"）或通过亲属来完成（"亲缘选

230

择")。如果某一个体增加了某个近亲的繁殖机会，它也就是同时在为了自己基因的成功而劳作。亲缘关系越近，所包含的"适应度"就越高。推动这一思想发展的是某种数学化了的进化论的开创者、英国皇家学会达尔文奖的获得者、奥拉夫·斯塔普雷顿的朋友[358]约翰·伯顿·桑德森·霍尔丹——据说是在他于牛津的一家酒馆里喝了几杯啤酒之后，[359]也就是说这个主题不仅仅适合于喝酒吹牛，它确实是从一间酒馆里传出来

231 的——伴随着这样的猜测，即彼此间年龄与自我的亲缘关系越是紧密，利他主义的行为就越有可能。打个比方，有人跳进了泰晤士河。向酒友们提一个代价问题：从进化论的角度来看，什么情况下跟着跳下去？为了他人牺牲自己的生命是值得的吗？如果有人为了自己的两个兄弟而危及自身的生命，霍尔丹在一张酒杯垫上计算道，这对于基因的传承来说没有区别。如果一个人救出了兄弟三个，就获得了统计学上的优势。从总的适应度的角度来看，牺牲自己的生命救出多于 2 个自己的孩子、4 个侄子或 8 个表弟是值得的，这是因为，孩子有救人者

232 50% 的基因，侄子有 25%，表弟有 12.5%。理查德·道金斯解释道："救出 5 个自杀的表兄弟，基因并不会在人群中变得更多，但救出 5 个亲兄弟或 10 个表兄弟就很有可能了。"[360] 这个例子是惊人的，并在一定程度上是特意找来的，谁会有 5 个同时在泰晤士河溺水的兄弟呢？吸引人之处却在于**每一个**行为都靠近某种"内在适应度"。这种内在适应度被定义为行为对适应的自我及年龄的影响乘以其亲缘度的结果。社会遗传学的基础知识是：一个人救助他的近亲，跟救助较远的表亲或陌生人比较起来，等于他为了他基因的传播做了更多的事情。乘数会是 1/2 或 1/4 甚或 1/n。根据汉密尔顿，同样的"选择方式"

大概可以解释"野蛮文化中英雄理想的演变":每一个以其行动救出了8个以上表兄弟的英勇死亡都是有意义的。[361]

汉密尔顿在1964年将霍尔丹的基本观点写成了公式:$R > c/b$(R代表共享基因的份额,c为成本,b为收益)。威尔逊以及共同作者诺瓦克和塔尔尼塔在2010年阐述道:"例如,如果对兄弟或姐妹的收益大于利他者成本的2倍($R = 1/2$)或对第一代堂表兄弟收益的8倍($R = 1/8$),利他主义就会得到发展。"[362]如果亲缘度大于成本收益比,合作性的或利他性的行为就会被进化所支持。昆虫学研究将对这一问题的假设进一步化为,蚂蚁是怎么认出它们亲戚的。对于独特的蚁群气味的证明似乎给出了答案。但我们再回到牛津的泰晤士河问题。

一个偶然在场的目击者与受到溺水威胁的最少数量的人也有很近的亲属关系。很少有人会跟着跳下去。博弈论的理念使阿克塞尔罗德和霍尔丹得出结论,合作性的行为是极为罕见的,因为在正常情况下自私性行为的"回报"要更大——"在博弈论中和在生物进化之中同样如此"。[363]但在蚂蚁、蜜蜂或黄蜂中,情况却并非如此,因为工蚁之间的亲缘关系(3/4)比起与其母亲(1/2)或兄弟(1/4)来说更为紧密,因为工蚁姐妹们都是从受精卵中发育而成的,而雄蚁则是从未受精卵中发育的("单倍体"繁殖)。只有雌性的昆虫才有双倍染色体组(二倍体)。因此,这些昆虫与它们的雌性后代(如果它们能够生育的话)有50%的相同基因,与它们的单倍体雄性后代只有25%的相同基因,与它们的姐妹却有75%的相同基因。

与之相应,如果所有工蚁都致力于让更多的姐妹出生并得到喂养，总体的适应度就得到了最好的满足。因此这些姐妹帮助它们的母亲生养更多的姐妹。汉密尔顿由此得出了后来以他命名的法则：相同基因的高系数促进了利他性行为，并进而促进了国家的形成。[364]这是社会遗传学的伟大基础。对于膜翅目的工蚁/工蜂来说，抚养姐妹而不是女儿是更有益处的，这样比起抚养自己的后代来，它们就可以更有效地传播自己的基因。每个人都可以推算出这一点。这一思想很快成为一块"社会生物学的基石"，而"内部适应性"解释了真社会性甚或社会的形成这一猜想，在 20 世纪 70 年代成为该范式的标准知识。[365]它的吸引力肯定不仅仅在于数学的公式化上。[366]在弗朗西斯·高尔顿（Francis Galton）那里还被称为本能的东西（汉密尔顿的研究正是基于他的观察），现在却变成了数字游戏。[367]由于进化在很长的时间里用很大的数量做了实验，因此非常可能的是，膜翅目昆虫中的每个物种都是被选择了的，它们找到了一个通过姐妹传播其自身基因的最优秩序：真社会性的、合作性的、劳动分工的昆虫社会。

234

如同每个昆虫学假说一样，这一个假说也被转化到了其他领域。研究者越是对比喻和类比发出警告，他们就越是自然地忽视自己的教训。通道已经建立好，航道通过多余信息得到加深，明证性的形象组成的信号灯指明了方向。人类并非像蚂蚁或蜜蜂那样繁殖，与他人的亲缘性也并非那么容易辨识出，俄狄浦斯、金发的埃克贝特①或瓦尔特·法贝尔②很能说明这一

---

① 德国浪漫派作家路德维希·蒂克所作的同名童话中的主人公，他娶了同父异母的妹妹为妻却不自知。

② 瑞士当代作家马克斯·弗里施小说《能干的法贝尔》中的主角，他在晚年爱上了自己素未谋面的女儿，在女儿死后才从前女友的口中知晓真相。

点。冷静地指出这些并不能阻止将社会当作蚁丘、将蚁丘看作社会的观点，而是得出一个问题，这个问题自然地成为了这一观点的前提：在人类社会中，不育的团体代表着什么呢？

"我们人类无论如何算不上是真社会性的。"这一区别得到了强调。[368]但只要去寻找，就能找得到。令人吃惊的是，这里又需要一个类比。近来，同性恋者进入了人们的视线，他们不繁殖自身，乍看起来像是被排除出了为了传播自身基因所进行的**达尔文主义的竞争**之外。对于作品建立在种群生物学和进化论基础上的社会生物学家而言，首先很难理解的就是，为什么会存在同性恋现象，因为异性恋才是繁殖的明显的成功之道。但同性恋确实存在，这就必须用范式所要求的来解释：它有一种进化的优势。[369]转向社会生物学的蚂蚁社会形象的解释力是不可抗拒的。而这一论证的"典范文本"又是来自威尔逊。[370]这位社会生物学家写道，无论禁欲的"僧侣""老姑娘"还是"同性恋者"，都不会"在基因方面遭殃"，因为他们的"利他性的行为"为其亲属的"适应性"作出了贡献。只要"成本收益比"是适当的，而对神职人员和同性恋者的供养并不比他们在"内在适应度"的意义上对社群所贡献的更多，那么这些人类的中立性别团体就有机会创造某种"进化的趋势"。[371]因为，如果这一"特征"[372]在"生存斗争"中对基因不利的话，那么带有同性恋基因的人群可能就根本不会存在，他们会灭绝，将地盘让给"异性恋"竞争者们。因此，进化生物学表述的同性恋问题一举得到了解决，只要想想社会性昆虫和人类社会具有可比性。在关于真社会性之形成的内部适应性假说的框架内，同性恋者简单地对应于不育的工蚁和工蜂。显而易见，这也相应地改变了对于同性恋（其文化结构）的观

235

点，因为这在功能上代表了社会性昆虫中必不可少的工蚁团体。因为它存在，它就必须符合"成本收益比"。《连线》（*Wired*）杂志作者布兰登·凯姆（Brandon Keim）在 2008 年 1 月 3 日以一个问题作为文章的标题："同性恋是通往超有机体的进化步骤吗？"[373]文章引用了威尔逊的真社会性阐述，然后得出了显而易见的结论：

> 带着所有对还原论的必要保留和对事实的忽略，我们要问：人类社会不应检查自己的族群选择机制吗？我们不是已经发展出真社会性特征了吗？夸张点说，不生育的人类——男女同性恋者和没有生育愿望的异性恋者——不是已经展现出涌现的真社会性了吗？

236

《连线》并非《罗马观察报》（*Osservatore Romano*），因此文章最终采取了一个可预见的加利福尼亚式的自由主义结尾，尽管有许多保留意见和括号，它仍从**生物学的**类比中得出了**道德**上的结论：

> 以真社会性来捍卫某些生活方式，也许会恰恰适得其反：它隐含了将个人的福利从属于社群利益的意味。但至少有一些非传统的生活方式不会再被认为是"不自然的"了。

作为在"适应性"竞争中有着对于社会整体有利的成本收益比的进化趋势，同性恋与享乐主义通过大自然找到了辩护。当它们追求自己的喜好时（利己主义），事实上是在"服

务于更大的利益"（利他主义）。这一悖论让人想起蜜蜂寓言
中的著名格言——私人的恶德，公众的利益。

从基因到族群

这里所说的汉密尔顿法则及其解释在新近的研究中站不住
脚了，[374] 至少获得了许多争议。社会性昆虫之中总是有一个突
出的反例：白蚁。白蚁和其他许多昆虫[375]不像蚂蚁和蜜蜂是二
倍体（因此与其姐妹的亲缘度**不是** 75%），但**仍然是真社会性
的和合作性的**。[376]社会性的产生因此不能像蚂蚁和蜜蜂的情况
下那样"简单地"用基因来计算。[377]蜜蜂也提供了一个反例，
因为甚至在它们得到一个与它们**没有亲缘关系**的新的蜂后时，
它们也表现出"利他性"和"合作性"。它们精心地照料卵和
幼虫，仿佛这是它们亲近的姐妹。[378]来看看昆虫学家的典型例
子。在蚂蚁中，"奴隶"与其"主人"没有丝毫亲缘关系，因
为它们甚至不属于同一个种，但仍然舍己为人地照料着陌生蚁
后的后代。它们只要共享蚁群气味就足够以姐妹的身份行事
了。只要你愿意，就有很好的放弃内部适应性假说以及汉密尔
顿法则的理由。[379]诺瓦克、塔尔尼塔和威尔逊陈述道，不能证
明亲缘度提高了社会性涌现的可能性。[380]

后果是相当可观的，家庭失去了其"成因体"的身份以
及自古以来就被赋予了的作为社会基本单元的地位。[381]什么取
代了家庭的地位？"高度复杂的社会系统"发展的基础**不再是
由基因决定，而是由社会**。现在，第一步是一个协同性的族群
的形成。[382]直到第二步才有遗传物质发挥作用。诺瓦克、塔尔
尼塔和威尔逊认为，当"预适应性特征"[383]可以被用于分派社
会劳动、为了共同的利益建立和保卫共同的巢穴时，这一族群

237

才算稳定。[384]一个族群的形成可能有很多个原因。跟家庭中的情况（每个孩子都有父母）不同，它的形成是很偶然的，"甚至只是随机地由于被彼此的地点所吸引"。[385]这种"自发的"族群形成（而不是由于出生在同一个家庭或有理性的个体缔结契约）给了托马斯·霍布斯否定亚里士多德传统中蚂蚁和蜜蜂作为政治动物之地位的理由。[386]自然出现的事物，根本就不是政治行为的结果。相反，埃斯皮纳斯却在他关于亚里士多德和霍布斯的作品中辩称，城邦在"自然的媒介"并在其地区性的"影响"下形成。[387]"生物体"采取某种"符合习惯的相互服务的关系"，最终"没有他人的援助不（再）能够生存下去"，[388]这可能是"偶然"发生的，或是由于某些"一定的"但有机体本身不可预见的"条件"。瞧瞧：埃斯皮纳斯就把这称为一个"社会"。[389]环境可能促进合作，并且是以偶然的、自发的方式，如果所出现的有机体有能力并且，以今天的话说，"预适应"（pre-adaptive）的话。而当它们不再能够独立生存的时候，它们就获得了**真社会性**的称号。

　　"预适应"或许会被恶意地当作声名狼藉的目的论模式的功能等价物。回头看看就会确信，社会性昆虫对于一种社会性的生活方式就像是天造地设的，因为它们由于特定的、迄今为止不活跃或无用的特征，早就已经适应了某种偶然出现的东西。一个很有吸引力的想法。尼克拉斯·卢曼着手考虑这一同样以霍尔丹为代表的"预适应性发展"模式，将它融入某种社会进化的理论之中。[390]卢曼宣称，社会进化也在等待着"有用的偶然"。[391]一旦由于诸如资源集中于一地并且对它的防御尤为有利等**偶然的**原因，产生出一个"族群"——共同合作的利己群体[392]——那些对族群有利的"预发展"就可能被选择。[393]在那之前却不会。如果没有可用的预适应性优势，该组织就不会存在很久，最迟会随着其成员的死亡而瓦解。也就是说，进化导致那些个体拥有并继承了对社群有利的特征的集体被选择留下，比如拥有繁殖那些不育却乐于奉献的团体的能力。在这样的集体中，较高的亲缘度倒不是必需的，而是某种社群形成的结果。[394]

　　跟威尔逊以前的研究相比，对社会性昆虫的研究在抛弃了"汉密尔顿的昆虫社会性理论"之后，[395]变得更加社会学化了。因为并非是较高的亲缘度导致了合作行为的产生，[396]而是自发的、对于给定的情况来说有利的"族群"的产生表现出进化的成就，如果它能够通过遗传稳固下来的话，就能够解释昆虫社会中紧密的亲属关系了。[397]或者用卢曼的话来说："孤立的个体或孤立的家庭生存的不确定性转化为它们结构性合作的（更小的）不确定性，从而开始了社会文化的进化。"[398]即是说，社会文化的进化刚好在"族群"通过"合作"在繁殖中得到优势的时候发生。"如今，生物学称之为族群选择。"[399]没错，而如今的社会学称之为社会。这两个学科都在处理社会秩序是如何产生的问题。在较新的系统理论和社会生物学方法中，它们都追溯到同一个元理论，即进化论。根本不存在"社会对象与生物学对象相比截然不同的特征"。[400]恰恰相反。对于威尔逊来说，它们面对的都是相同的、综合性的问题。[401]变动了的是社会秩序之谜应当在其上得到解决的层面。诺瓦克、塔尔尼塔、威尔逊和其他许多人，如今尝试在族群的层面而不是基因的层面上去寻找答案。首先是族群的形成，然后才有了"预适应性发展"，而社会能够保障族群的合作。

外篇：社会的形象（视觉语义学第一部分）

　　每个社会都会产生关于自身的形象。现代社会只能在自己内部寻找。[402] 尽管卢曼在给出"社会沟通的不可能性"[403]这个问题的答案之时，至少是在修辞上提到了视觉策略——当被赋予一个特别的证据、显露出惊人的特征时，想象的结构就特别的自信——形象问题在系统理论中最初并没有得到进一步表现。卢曼只将"以书写形式固定下来的思想财富……的形式"列入他对社会自描述的传统与历史变革的讨论中。[404]这个问题直到最近才进入研究界的视野，即是否恰好是某种特殊的形象逻辑导致某些"备选的自描述意象"[405]的成功和另外一些的失败。对于经济尤其是金融广告的子系统来说，乌尔斯·施特赫利（Urs Stäheli）指出，"社会系统的可视性"在自描述和他描述中起到了决定性的作用。施特赫利说，语义分析不能局限于文本，它应当包含对形象的分析，也就是说包含对"视觉语义"的研究。[406]不过迄今为止这一问题还未得到研究，即哪些形象逻辑遵循着社会整体的表现。如果视觉语义想要作为社会系统的自描述取得成功的话，应当发展什么样的策略？

　　几百年来，社会性昆虫构成了特别受到偏爱的形象领域。以蚂蚁和蜜蜂、黄蜂或白蚁为媒介的社会自描述有别于特别顽固的其他社会形象。与建立起的其他"国家隐喻"如牧师住所、船或房屋不同的是，社会性昆虫的视觉语义表现了大量的人，表现了密集的大众和群体。我们知道，蚂蚁社会恰好也充当了明证性的形象，这些形象同样包含了对整体的截然不同的描写，从法西斯式的全能国家到自由的群体。本章还证明，社会生物学的争论不仅是用专业杂志上的文章来进行的，还可以

241

用小说来进行。从社会性昆虫领域转移到我们人类社会的建立，当然是涵括在那些论文之内的，在《蚁丘》中也不容忽视。属于社会学—昆虫学通道中起到接口作用的概念之认识史和文化史的，还有这里提出并探讨的社会形象之本源意义的问题。这些形象是怎样被创造的，有哪些形象逻辑使得它们能够发展出对于描述社会的整体或本质的影响力？除了在社会性昆虫的视觉语义的形式构成中起重要作用的媒介差异（mediale Differenz）之外，还要注意，形象在可视化的两个寄存器之间移动，它们不仅作为"认识论形象"出现在研究过程中，还在科学领域的内部被可视化流程的媒介载体所支撑。下一步，它们就作为文化的表现形式踏入科普领域和虚构与非虚构的媒介格式之中。直到完成科学形象世界和媒介文化表现之间的转移，社会性昆虫才凝结成社会自描述的一个明证模型。

蚂蚁社会的可视化使昆虫学的、认识论的、文化的和政治的信念成为直觉，并隐藏起其他的替代物。诺瓦克、塔尔尼塔和威尔逊在《自然》杂志发表的具有高度争议性的文章也表明，形象政治不仅在大众媒介中被赋予了重要意义。在这篇论文中，尽管版面空间非常有限，但蚂蚁的族群和社会的形成还是用多张图片表现了出来。与基因不同，社会秩序必定要用集体照来表现。威尔逊的同事和朋友贝尔特·霍尔多布勒拍摄的展现切叶蚁作为社会性动物场景的照片应当表现出两个事实：令达尔文感到惊讶并将它发展为族群选择假说的形态差异；所有类别的蚂蚁为了共同利益的合作。形象有助于说明一个假设，没有人会对此感到惊讶，这没什么新鲜的。但是，认为形象"只是辅助阐述一篇文章或一个理论"可就大大地低估了它们在科学界的地位了，如同洛兰·达斯通（Lorraine Daston）

242

和彼得·格里森（Peter Gallison）所指出的那样，形象还促进了认识论的政治学。[407]看一眼这种蚂蚁形象的形成史就会惊讶地发现，应当在文章中同时证明、说明、展现"超有机体的涌现出自简单的真社会性"[408]的这些照片，与整整一百年前惠勒在其专著《蚂蚁》中所附的图片没有本质上的差别。[409]

"**显而易见**，这个社会的每一个成员都已命中注定要去完成一个与众不同的社会劳动。"[410]惠勒在一百年前如此声明。今天的人们或许要对这一论断做出大规模的修改，鉴于任务切换和灵活的团队合作等现象——与《美丽新世界》里描写的不同——这绝对说不上是在社会劳动分工内部为了完成特定任务个体的"显而易见的命中注定"。

然而，社会性昆虫的形象已被证明是惊人的稳定的。其视觉语义仍旧忠实于某种固有的形式。并非 19 世纪的约翰·卢伯克笔下细致入微的插图所表现的分类学和形态学，而是这个族群整体进入了这个形象。它经受住了像现代遗传学的发展、博弈论或计算机模拟技术进入昆虫学，以及对汉密尔顿法则的放弃或蚁穴管理的灵活形式的发现等认识论革命。惠勒和威尔逊所使用的主题的集合，构成了一条名副其实的形象洪流。

一个世纪之后，许许多多的形象在所有理论辨析之前唤起了相同的"火热的行动与合作"的想象，同时还有人类社会与蚂蚁社会之间惊人的相似性。[411]惠勒指出，这些形象和类比经常重复出现，但也正因此，没有人能够摆脱它们。这一点直到今天也没有改变，即使传播这些"明喻"（影像、比喻、比较）的媒介结构的频谱已经大大地扩展了。[412]许许多多的古代作家已经证明了勤奋与合作，他们也很乐意创造许多比喻，但却对分布式智慧或内在适应性一无所知。回头看看威尔逊关于

"根隐喻"的嘲讽。今天谁要是看到一只钟表,不一定非得想起造物主的创造工作,而一张鲸鱼的图片也不会让许多观众想到国家。但谁要是看到"蚂蚁在工作",[413] 比如说蚂蚁排列成一条"流水线",就会和一百年前一样联想起社会组织的问题,这一问题不仅关涉到蚂蚁,还关涉到我们自己。在这些尝试将我们的社会收纳进一个形象之中的"根隐喻"里,蚂蚁社会可是遥遥领先的。

1810 年,惠勒创作《蚂蚁》的一百年前,《自然》杂志登出"终极超有机体"图片的两百年前,在《大英百科全书》的"蚂蚁"条目下就给出了说明,称这种膜翅目昆虫表现为"一个社会",生活在"某种共和国"里;此外还提到了不同类别的形态差异,尤其是没有翅膀的"中性蚂蚁",但条目的附图并没有表现出社会性。一个蚁穴显示了出来,但却看不到其社群。

一本 1817 年的昆虫学入门图书奢侈地印上了彩色图片——但表现的却不是蚂蚁似乎与我们共有的东西——它们的社会组织。作者斯彭思(Spence)和柯比(Kirby)说:

> 完美的昆虫社会在其规律性和成就方面,显示出与人类社会的某些相似性。如果没有准确地理解昆虫是什么,我们就不能说——如果我们没有小心翼翼地得出结论——它们是相同的。但如果我们想想这些社会的目的,即为了物种的生存和延续,想想达到其目的的方式,即千百万个体的协同合作,似乎就会发现,昆虫的动力和激情与人类社会**非常相似**。[414]

这种"相似性"却并没有被画下来。1877 年的《布雷姆动物生活》（*Brehms Tierleben*）中的一张全页插图同时描绘了有翅膀的雌雄蚂蚁和工蚁，但在这里既没有通过形象语言，也没有通过一句评论来尝试像惠勒和威尔逊那样强调蚂蚁的社会性。严格地说，绝对不会看到有翅膀的蚁后和不同种类的工蚁在一起，因为它在第一次产卵之前就会脱掉翅膀。也就是说，图中的场景在自然界是看不到的。对于塔申贝格来说，这不重要，重要的只是将不同形态的许多蚂蚁整合到一幅图中。

₂₄₈

然而到了 20 世纪，就找不到一篇不包含表现社会层面的图片的昆虫学论文了。奥古斯特·福勒尔称，他的第 76 号插图表现了一个混合的蚁群，所有蚂蚁"一起和平地相处和沟通"。"蚂蚁的社会世界"在形象中明确地得到表现。[415] 埃舍里希的插图（比如第 39 幅）也表现了一个有秩序的世界。[416] 除了单个的蚂蚁之外，超有机体也得到了展现。相应地，2005 年的《新版大英百科全书》在"蚂蚁"条目下将整个蚁科确定为在根本上有"社会性行为"，并以多幅图片表现了它们的共同生活。所有这些都是以形象为媒介，"产出科学事实"。

如果说蚂蚁社会的形象在过去的一百多年来确实相对稳定的话，这又确实提出了更多的问题，虽然这为许多答案给出了出发点，因为在此期间关于蚂蚁的生物学和社会学研究不停地进行着范式转换。那么，既然昆虫学和社会生物学的理论改变了，为什么蚂蚁社会所创造的形象却没有改变呢？

₂₄₉

一个形象表现所有情况——视觉语义的功能（视觉语义学第二部分）

这种连续性的原因在于形象的**功能**是**不变**的，虽然形象可以被赋予**多重含义**。相对稳定的形象在不同的（媒介的、话语的）作用场所带来完全不同的信息，其效果至少可以像尝试解释蚂蚁的社会行为之起源一样变化多端。笔者认为，从惠勒到威尔逊所使用的插图，证明了形象修辞的功能超越了数十年的时间以及范式的转换，这种形象修辞在不同的启发式算法和计算模型导致不同结果的地方也能产生明证性。不受关于汉密尔顿法则、利他和利己的基因或涌现的学术争论的影响，蚂蚁始终都是社会组织与合作的典范。果真如此的话，就要对这些形象的根本性作用提出疑问了。以形象（这并不包括比喻性的言语）来表现什么是社会，将会是一目了然的，形象以此对蚂蚁社会作为社会自描述习语的构建作出了自己的（美学的与诗学的）贡献。因此得出结论：

当我们想在社会间进行比较的时候，**就设定了蚂蚁和蚂蚁社会的形象**。蚂蚁被赋予了复杂的社会组织形式这件事不言而喻，这给某种也想成为社会学的昆虫学研究指明了道路。惠勒的《蚂蚁》以一张不同种类的蚂蚁相互合作的照片开始。他的昆虫社会学遵循着这张图片。理解这种形象与知识、修辞学与认识论之间关联的关键，也存在于小说《蚁丘》之中。

250

威尔逊在《蚁丘》中用**比喻**确定了蚂蚁和人类的关系。[417] 这一快乐但却未经证实的直觉，刚好与迪特马尔·派尔（Dietmar Peil）基于实际的主题史观察相吻合，即在社会性昆虫的案例中，政治学和动物学领域可以同样作为形象提供者和

形象接收者起作用。[418] 蚁穴，或者也包括蜂巢，一方面可以将
社会秩序形象化，另一方面可以将政治比喻融入昆虫学话语。
因此产生了一种双重隐喻，它使得社会与自然、生物学与社会
学之间的转换成为可能，并建造了那种通道。要描绘它，仅靠
251 对昆虫学—社会学话语的知识史重构显然是不够的。在寻求对
自然的（科学的）"表现"和（美学的）"陈述"的努力之
间，必要时应启发性地作区分，[419] 但在社会性昆虫语义的丰富
的文本与视觉材料中，这一点尤为困难。因为它们的"形象
领域"[420] 不仅是以政治的或生物的方式，也是以审美的与修辞
的、诗性的与媒介的方式组织起来的。这一点已经引起了对社
会性昆虫感兴趣的科学研究者的注意，但却没有做出取得相应
结果的相关研究。夏洛特·斯莱在她清晰的蚂蚁文化史中，不
仅描绘了伟大的范式转换与重要学派的作用，还指出，昆虫学
的隐喻和叙事过着一种并不遵循科学规则，而是遵循修辞规则
的独立的生活。[421] 她本人却并未深究这一重要观点，且没有回
答关于知识的诗性与审美构建的问题。媒介史学家尤西·帕里
卡（Jussi Parikka）将"昆虫范式"确定为"现代媒介文化"
在其中寻求新的认识、组织与形式可能性的话语。[422] 像群体这
样的角色被证明为"不同方法的最重要的驱动力，从生物技
术到新媒介技术"[423]——再到电影、[424] 文学[425] 和艺术[426]。帕里卡
昆虫媒介说的核心论点是，只要有昆虫出现，它们就将现存的
霸权或常见的范式去地域化（deterritorialisieren）。一方面，这
并非十分准确，因为社会性昆虫的模式并不仅仅是"去地域
化"，而是往往肯定已经建立起的秩序——从蓄奴制到阶级划
分。另一方面，帕里卡的作品本身沉湎于驱动该书从弗里德里
希·茂瑙（Friedrich Murnau）的表现主义著作《诺斯费拉图》

（*Nosferatu*）到后女性主义的软色情电影《人造人》（*Teknolust*） 252
的运动之中，[427] 否则的话这本书还会跟昆虫有些具体的联系。
如果真的有一条红线的话，那就是整体消解为微粒并自组织成
网络的主题。然而昆虫在这里只发挥着随机的作用；可以是
"细菌"[428]，也可以是"动物体"[429]。帕里卡并没有遵守他对于
"松散类比"[430]的警告，因此他的研究更像是通过形象进行话语
组织的样本，而不像是关于知识的诗学的论文。尽管有这些缺
点，对他的假说"昆虫充当艺术（创造）和媒介"，[431] 还是应
该更严肃地对待，只要社会性昆虫的诗性形式和视觉明证性在
昆虫学—社会学的知识领域内的创造力不被高估，而帕里卡的
这本书也形成了这种创造力。黛安娜·M. 罗杰斯恰好想要研
究社会理论和社会性昆虫理论的这一领域，她以《调试》
（*Debugging*）为题的研究作品却会让那些对排除程序错误的期
待落空。罗杰斯以丰富的材料所展现的观点是，社会学和昆虫
学在一个"循环证明"中支持彼此的假说。她这一观点的合
理化是完全成功的，但这些想法在让 - 马克·德鲁安（Jean-
Marc Drouin）、阿比盖尔·勒斯蒂格（Abigail Lustig）和夏洛
特·斯莱那里就已经可以看到了。[432] 关于我们这里所讨论的话
语的**形式**，罗杰斯在她将社会学和昆虫学理论相联系的过程
中，虽然小心地讨论了类比和隐喻的区别，但她论述的结果对
于生长于科学技术研究水土之上的批判性话语分析来说却惊人的
陈旧。"隐喻与类比"，罗杰斯警告说，可能在"科学"中导致
"误解、偏见与局限"。[433] 253

　　布卢门贝格经过深思熟虑之后说，作为如此开明或澄明的
科学家，也永远无法成功达到直接的"既成的清晰"，而是永
远都在"他自己所生成的"背景下运动，在"他的形象和创

造物、他的猜想和投射的世界"中。[434]关于认识的这些条件，威尔逊也绝对是明白的，他写道，世界是"通过形象"生成的。但他将这种生成世界的方式仅仅归于社会科学和人文科学。他的不对称的认识论，从生成世界的技术中区分出解释世界的方法，这些方法属于自然科学。[435]对于他自己研究的"背景隐喻"（它不断削弱着自然与文化、昆虫与人类、形象与概念、昆虫学与社会学之间半正式的区别），威尔逊毫无所觉，尽管来来回回的痕迹并非不引人注目。在以群体智慧为主题的《国家地理》杂志（2008 年第 8 期）德语版中，威尔逊和他的学生马克·莫菲特发表了文章和照片，在它们的相互作用以及本期主题的背景下表现出强大的、具有视觉冲击力的论断。

254

"人人为我，我为人人"，威尔逊给自己为墨菲特拍摄的表现合作的照片所做的短文配上这样的标题。这也绝非偶然。它让我们想起威尔逊的小说、传记和他的社会生物学历程。这句格言因大仲马的畅销小说《三个火枪手》而著名，但它的扩散却早得多。海因里希·乔克（Heinrich Zschokke）在 1822年谈到瑞士的鲁特利宣誓①时提到了它，一位功勋卓著的老将在 1829 年用这句格言来描写巴伐利亚军队的团结精神。[436]关键的是，当它被引用的时候，是一种**特殊**团体的要求。例如童子军团体。一个团队，在其中人人互相帮助，以便能够帮助到邻人和团队整体，这显然并不是社会的常态，而是一种例外。因此这句话成了火枪手和瑞士结盟者的座右铭。与人类的新兵不同，要在蚂蚁的守卫和童子军那里期望对这条规则的遵守，肯

256

---

① Rütlischwur，传说瑞士施维茨、乌里和下瓦尔登三州的领袖曾于 13 世纪在鲁特利山谷宣誓缔结同盟，后来这成为瑞士建国的起源。席勒的名剧《威廉·退尔》描述了这一故事。

定是要失望了。所有成员都为了一个共同的目标而合作，这不是例外，而是规则，例如在搭桥或建野外工事时。蚂蚁不会别的。我们从 20 世纪六七十年代的生物学家和昆虫学家，比如汉密尔顿、威廉姆斯和威尔逊那里得知，合作行为表现了一种算法模型，**与道德无关**。伦理和行为之间的区别是非常大的。在《国家地理》杂志中，价值支撑的判断（伦理）和本能行动积累的可能性（行为）之间的区别被隐藏了。这一非常典型的威尔逊式的由格言、图像（Pictura）和文本（Subscriptio）组成的意象，将蚂蚁变成了一个勇敢的火枪手。因此我们也可以向它学习，就像文章标题所承诺的那样。人类不能模仿本能，但可以模仿行为方式。

"人人为我，我为人人。"我们来设想下一个很有可能发生的场景，一个美国童子军，在《侦查》（Scouting）杂志的一篇文章里看到了这句蚂蚁的座右铭。他看到的会是一篇文章，虽然很专业，但仍唤起了它们社会制度的"强大的"凝聚力，并寻求著名的类比：

> 这些引人瞩目的工蚁生活在许多方面类似于人类。它们是农民、牧人、工程师、杂技演员和蓄奴者。它们居住在地下的城市或摩天大楼里。它们的阶级和社会制度建立在**"人人为我，我为人人"**的基础上，因此极其强大、组织良好、运转有效。[437]

257

在蚁穴中，火枪手的座右铭是分工明确但又合作良好的社会的基础。距离这个标准，美国——当然不只是美国——不管在 20 世纪 70 年代还是在 21 世纪还都很遥远。每一个行动指示都以位置说明为前提，而这种更多是隐含的而不是显性的说明，使得差异巨大的童子军变成了一个"强大的社群"模式的典范。只有强调相似之处的时候，才会注意到差异。美国的社会也是有专业化和劳动分工的，但我们不能说它是完全运转顺利的，正是在将所有阶层团结成一个整体的这一点上问题重重。因此，蚂蚁社会的这幅素描被证明为一种文化批判的形象，它的座右铭听起来就像是《美丽新世界》中的"团结、本分、稳定"。在蚂蚁的形象中可以看到对现存的社会结构的替代方案。

不是每个人都会为了学习什么是我们社会的正确秩序而成为童子军。但威尔逊在上哈佛之前确实是个童子军。而拉夫，他的小说《蚁丘》中的主人公，也踏上了他的道路，先做童子军，再做哈佛人。就像在一部优秀的旧式成长小说中一样，威尔逊的读者可以投入地跟随他走过"自律、行动、纪律、纠正、决定"的期待之路。[438]对蚂蚁的观察，不论是在现实世界还是在虚构现实中都奖励了童子军一枚荣誉勋章。特别的投入让他得到了提升。这是一个伟大的主题，因为童子军在这里学到的不仅是蚂蚁在它们的环境中的知识，还包括自己的行为准则。[439]人人为我，我为人人。我们最终都只是一个"人类之蚁丘"的一部分。[440]在小说的结尾处，拉夫自己也带领一队童子军来到诺克比湖生态区，将他的知识、经验和信念传递给下一代。林地蚁群、诺克比的生态圈、城市与乡村、资本利益与自然保护、经济繁荣与可持续发展、精英与大众，最终还有拉斐尔·塞姆斯·科迪自己，达到了一个新的平衡。"诺克比活了下来，因此他也活了下来。诺克比给了他这份珍贵的礼物，现在将帮助他康复。反过来，他保证了诺克比的不朽、永恒的青春，并为它的古老历史延续了持续的未来。"[441]不朽和永恒，这听起来颇有些宗教意味，但在威尔逊看来，我们的命运并非掌握在神的手里。相反，它取决于我们持续地参与达尔文竞争的熟练度，我们最好是作为一个整体，比如说一个团队，来参加这项竞争。[442]不这么做，就会完蛋。拉夫、童子军，甚至还有塞勒斯舅舅的公司和亚拉巴马州都向蚂蚁学习如何赢得竞争、保持收益。跑得最慢的才会成为冠军，因为在"生存斗争"中最说了算的，不是自私的个人的迅速获利，而是整体的可持续成功。他们学习到，是团体而不是单一的个体的适应性，能够经受住这个充满敌意的世界的挑战。他们学习到，如此获得的适应性只能在一种均衡中才能持续，否则的话他们就会像超级蚁群的例子那样走向灭亡。小说的叙事、从亲缘选择到族群选择的范式转换、威尔逊的经历和童子军的纲领在这里携手并进。

259

道金斯—威尔逊之争

《蚁丘》中饱受昆虫学教育的社群的适应性及其平衡的可持续性，又指向了那篇关于族群选择及其后果的《自然》杂志上的文章。文章以社会性昆虫为例探讨了真社会性的起源。本文对于人类及其社会秩序的可能影响，可以从《蚁丘》中剖析出来，但不要满足于解读及推论，因为威尔逊自己在他2012年发表的最新专著《对地球的社会征服》（*The Social Conquest of Earth*）中明确表示，他想要将他的那些论文普遍化。在小说中仅在形象层面出现、为转化做准备的，被他在这部作品中作为事实确认。不仅蚂蚁是真社会性的，而且人类也是真社会性的，"在最严格的生物学意义上"[443]。他与道金斯关于选择层面的争议在这本书中继续进行，在修辞上却把它当作既有结论。威尔逊认为，如同社会性昆虫的情况一样，社会性并非来自亲属关系（亲缘），而是来自一个族群在特定的、几乎可以说是地缘政治的情况下的共同利益。像蚂蚁一样，人类学会了与他人一起在一个有利的地点获得、建造并保护"宿营地"。原始的社群并非家庭，而是面对共同的敌人结成的防御联盟。"互相帮助"[444]的第一个动机就是防御。

260

有理由猜测，宿营地在通往真社会性的道路上是基本的适应，因为它在本质上是**人造的巢穴**。所有发展出真社会性的动物，无一例外地都先建造了巢穴，以保护自己、防御外部的威胁。[445]

真是不能更像蚂蚁了。[446]人类社群在产生之初就是"巢穴"，而随着"巢穴"又出现了内政外交。社会性在这里，在其诞生的舞台上还原为卡尔·施米特意义上的政治性。为了保护自己的巢穴，生存所必需的资源保护也变得重要起来，这导致了在"宿营地"周围建立起某种影响区域，在这块区域里，竞争者得不到任何东西——包括食物。威尔逊的人类进化概况——与《蚁丘》小说中的超有机体和超级蚁群的历史一模一样——被描述为面对所有竞争者所进行的对资源的竞争、对空间的争夺。无论如何，到目前为止，我们这个物种是胜利了。

通过对食物和生存空间的竞争或争夺中的真正的屠杀，我们的祖先被某种方式决定了，在智人适应性扩散的过程中能够战胜这些尼安德特人和其他任何进化中的物种。[447]

智人战胜了所有竞争对手，是因为他学会了在防御和进攻的群体中通力合作。进化奖励了团队精神。[448]成员间的彼此合作，个体仿佛被控制住了的利己主义，提高了族群的适应性，并最终确保了物种的持续成功。

> 通往真社会性之路被打上了选择竞争的标记，族群中个体的各自成功与各个族群的成功在这里是至关重要的。[449]

在族群中，人类学会了互相支持、划分狩猎和战争等工作、保护后代。"在这方面，他们在技术上可媲美蚂蚁、白蚁与其他社会性昆虫。"[450]这种论断从字面意义上来看并不新鲜。一个世纪以来，自从惠勒在1911年写下了关于蚁穴作为有机组织的文章，我们就一直听到这种论调。这种比较中新鲜的，首先是得到特别强调的第三者（tertium。族群选择，巢穴或宿营地，而不是像往常一样的，也是从社会结构上来表现的劳动分工），其次是从亲缘选择假说到族群选择理论的转换中呈现出来的后果。无论如何，始自克鲁泡特金和福勒尔的属于社会性昆虫形象基本要素的英雄式的利他主义，必须得到全新的理由。汉密尔顿的从河里救起近亲以免其溺毙的美妙故事或许还可以在酒桌边讲述，但在生物学家之中它已经没用了。汉密尔顿法则被扔进了垃圾堆，"过时的亲缘选择和自私基因的理论宣称，族群是个体的结合，个体互相合作是因为它们的亲缘关系"。[451]膜翅目昆虫中的"士兵"和"工人"为了它们的"母

261

亲或姐妹"奉献出自己的生命，是由于紧密的亲缘关系并且为了最好地确保自己基因的传播，这种解释也因而变得传统且过时。[452]无论是野蛮文化的英雄主义，还是加利福尼亚同性恋者的享乐主义，都不会去用亲缘关系比例去计算成本收益系数（$R > c/b$）。[453]将同性恋解释为内在适应性意义上的进化优势，现在看来缺乏进化生物学的基础，如果这种解释曾经有过这种基础的话。上文概述的许多"明证性的"转化都失去了遗传学和数学的支持。大多数进化生物学家几十年来所相信的，"至少到 2010 年"都遭到了驳斥。因为在这一年，"马丁·诺瓦克、科琳娜·塔尔尼塔和我揭示了……内在适应性或亲缘选择理论，不管在数学上还是生物学上都是错误的"。[454]

262　　　进化生物学和社会性昆虫学的新时代开始了——同时，威尔逊在这一崭新的基础上建立起了一套崭新的世界观学说。就像典型的意识形态一样，它认为自己应负担起所有问题，并为每一个难题都提供一个解答。昆虫学在这里又一次证明了它的语义派生能力。这一次，从昆虫学的方法和观念中获益的不再是社会学，而是社会自描述的语义全面地、非间接地（如通过文学和电影）从中获益。在本章的结尾处，我还要再次回顾 2010 年的两篇关键文章，以评价威尔逊关于人类的三个伟大问题的回答。"我们从哪里来？""我们是什么？""我们到哪里去？"[455]这三个问题通常会开启一个哲学反思的过程，思考人类在世界进程中的地位。[456]谁提出这些问题，谁就是在研究形而上学或者与之竞争。而谁回答这些问题，谁就扮演了先知、思想家或智者的角色。

　　　"答案（叫作）族群选择。"[457]在这块基石上，威尔逊建立起了他的学说。但大多数昆虫学家却愿意将他的基石称为砂砾，因为诺瓦克、塔尔尼塔和威尔逊的论点要么是被有争议地提起，要么是被轻描淡写地带过。当威尔逊开始描述《自然》杂志上的这篇文章所引发的关于社会性进化的选择力量的争论时，他也意识到，他给出了一份"前线报告"。[458]这是一场战争在咆哮。然而在战士们所踏足的战场上却有着一致性。有争议的并不包括那些认为自然选择控制了生命的生物组织之路和社会行为之进化的假说。[459]这是它们的共同点。有争议的只是，谁在这里怎样控制以及控制了谁。

263

社会有什么用？自私的基因作为光杆司令

对于理查德·道金斯来说，是"自私的基因"构建了"生存机器"，其目的只是尽可能长时间地保护基因，直到它复制自身。身体和基因的关系就像车辆和驾驶员。道金斯也称这些"机器"为"机器人"（Roboter），它们受到基因的"曲折的、间接的"操纵，"通过遥控"得到控制。[460]引人注目的是在这一语义化的同时，基因与机器、操作员与机器人、目的与手段、中心与边缘的不对称化。国家的形成，比如说蚂蚁或蜜蜂国家的形成，被视为基因的又一种把戏，是为了确保基因自身的生存，[461]这一次是通过有组织的手段，例如劳动分工和垄断繁殖。也就是说，社会行为、其组织和分化只不过是基因的总是"曲折的"或"遥控的"操纵。道金斯称，这种认识是"自私的基因理论最壮观的胜利"。[462]

道金斯的基因不仅自私，还反社会。这个控制狂总是给自己建造"更庞大"的生存机器，[463]但它不会合作。道金斯排除了族群选择在进化上的有效层面。在一个群体中，其个体成员随时准备"为了族群的利益做出牺牲",他认为这种想法是幼稚的。只有那些"不熟悉进化论细节"的生物学家才会维护这种理论。[464]道金斯的对手威尔逊从他的立场将"自私基因"论称作是过时的,就不奇怪了。[465]反过来,他的族群选择论作为"更加坚定和更易理解"的理论,取代了"自私的"个体选择假说。[466]一种更好的解释,可它解释了什么呢?是某些道金斯丝毫不感兴趣,但几百年来对于蚂蚁学家来说属于核心的东西,即社会秩序的产生。威尔逊研究遗传学,只是因为它也能够为"社会性的进化"提供解释。[467]对于道金斯来说恰恰相反,社会性只是基因为自己建造的"生存机器"的又一个延伸。无论哪种思想对于生物学家来说更可信,无论最终哪种思想在本学科内占上风,道金斯和威尔逊之间的争端都是意义重大的。因为对于在我们的文化中讨论的社会及其组成元素的自我认识来说,这两种理论有所不同。克莱门斯·克诺布洛赫(Clemens Knobloch)指出了这一区别及其后果,道金斯这样的"新达尔文主义者"将"社会性"看作一种"妄想",而对于威尔逊,社会性恰好提供了他在关于"昆虫的国家形成"的研究中全心投入的问题。对于"如今的新达尔文主义者来说,社会生物学家威尔逊……是一个浪漫的'族群选择者',他尚未理解基因或模因的冷酷的、绝对的利己主义"。[468]威尔逊却不是独自一人。反驳他与诺瓦克和塔尔尼塔合作的《自然》杂志上的文章、开启了争端的那 103 位作者,毫不怀疑生物进化的力量也可以解释个体、家庭、族群、社群甚或社会的社会性行为。他们也对真社会性感兴趣,在所引用的研究文献中,又以社会性昆虫为例对这一点加以讨论。蚁群就是社会。研究对象的社会维度一直是存在的。不可能让昆虫学家相信,"国家

的形成"并非第一级次的进化成就。他们还可能确信，他们
的目标在于整个社会。惠勒和埃舍里希就是如此，威尔逊和霍　265
尔多布勒也不遑多让。

　　还有一群作者，只有九个人，为《自然》杂志上所进行
的论战辩护，以进化生物学为社会秩序产生的问题给出了答案
这一假设为基础，提出论述。其具体的论点是，一夫一妻制是
真社会性的源头。这些生物学家在阐述时就考虑到，要让更多
的受众对他们的论点感兴趣。博爱和社群意识不是源于滥交，
而是源于婚姻的忠诚。早在合作出现之前，人们就在合作的物
种和不合作的物种之间的滥交中发现了区别。这些区别表明，　266
"一夫一妻制"的形成"要早于互相帮助的发展"。[469]

　　合作物种与不合作物种间的这种区别，对道金斯来说意义
不大，因为在他看来，物种只不过是自私基因的媒介。道金斯
所提供的叙事，如果想将它归类的话，是一种新自由主义的世
界观，符合其个体选择的特权。自私基因的运作伴随着"保
险成本的权衡"，就像是（私人的）"人寿保险"。[470]行动者和
选项的庞大数量以及环境对所有不成功策略的淘汰，为概率论
建模提供了理想的材料。基因就是玩家。[471]随着时间的推移，
在与其他策略的竞争中，哪怕只是有一点点微小劣势的行为偏
好都灭绝了。问题在于，基因及其寄主是否能够通过"好的
风险"。[472]群体中个体的行为，在一个观察者看来，可能是乐于
助人的或是自私的、合作性的或是竞争性的、攻击性的或是平
静的，都可以通过保险精算来解释。[473]利他主义也只不过是**自
私基因**的进化稳定策略的一个绚丽名称。合作或竞争、互相帮
助或压榨弱小的所有可能形式，都被认为是永恒的"战争游
戏"[474]中的算计，通过让同一物种的不同变种[475]相互竞赛，

进化跟自己玩起了这场游戏。自然选择就是评审团。

道金斯在这里不能引用查尔斯·达尔文来为自己作证。《人类的由来》（*Die Abstammung des Menschen*）中讲到，鸟类喂养自己失明的同伴，即使这些同伴变老了，或者与它们没有亲缘关系。[476]达尔文对互助的描述让人不禁猜测，他必定赞同某种"形式的族群选择"。[477]认为这些生物是受某种"自私的基因"操控的机器，这种观点可能是会被他拒绝的。[478]相反，对于道金斯来说，"个人的身体"对 DNA 的作用只是基因复制和传播的"车辆"。[479]他所使用的机器人和遥控、车辆和生存机器[480]的比喻，搭建起一条在昆虫学家关于亲缘和族群选择以及真社会性之起源的论战中发挥重要作用的社会性昆虫所建立的完全不同的通道。他的"复制基因或车辆术语"[481]不适合现代社会的自描述，但却可能适合展现一场复制基因和机器的战争。道金斯的区分在流行文化中也得到了体现。雷德利·斯科特（Ridley Scott）的第一部《异形》（*Alien*）电影上映于 1979 年，是在道金斯的畅销书出版三年之后，这部电影令人印象深刻地展现了作为其基因的生存机器的有机体。飞船和船员成了外星复制基因的车辆。在续集《异形 2》（1984）中，蕾普莉穿上装载机器人的外骨骼来与异形女王搏斗，她从内部来控制其巨大的钢铁双臂。复制基因的战争是通过巨大的车辆来进行的。仿佛生存机器的控制员一般的基因序列如果被替换掉，会发生什么，对这种想法的实验催生出了《异种》（*Species*，1995）这样的电影。人类的身体在这里变成了外星复制基因的媒介。与许多像《第四阶段》（*Phase IV*）、《小蚁雄兵》这样的蚂蚁电影不同的是，《异形》或《异种》在外来生物的形象上并没有考虑社会性秩序的形成，而是将生存斗争表现为对基因的延续与对车辆的工具化的无情斗争。这里没有涉足昆虫学—社会学的通道，尽管外星物种与昆虫社会有着相似之处。在《异形》系列的所有电影中，女王都从性别中性的样本中区分出来，虽然这与蚂蚁的形态很相似，但社会维度对这个物种没有意义。直到《异形4》（1997）中一只异形为了种族的延续而被牺牲（在用酸性血液腐蚀实验室来出逃的镜头中）才有了族群选择的层面，随后这个物种的合作能力和社会性智慧的问题才引起关注。异形的合作在为了族群利益而谋杀一个成员之时达到巅峰。但这并非像典型的蚂蚁形象那样是自我牺牲，而是谋杀。威尔逊和道金斯相互对抗的进化理论的文化共鸣指向了各自不同的方向。在对蚂蚁社会的迷恋史中，自私的基因理论仅仅是一个配角。无论这个理论是正确的还是错误的，被道金斯蔑称为"语义暴发户"产出的"废纸"的"族群选择"[482]研究文章都随着它的历史一同被书写下来。因此，它不是因为更合理才被赞赏的。

268

昆虫学启蒙与生物学现实主义

在《蚁丘》中，一方面亲缘选择和族群选择这两种模式都得到了描写，另一方面，朝向族群选择的范式转化已经发生。进化理论的争议在小说中发生了偏移，通过文学手段作出了决定。拉夫得到了他舅舅的支持，这位舅舅没有自己的孩子。若非塞勒斯·塞姆斯慷慨却绝非无私的支援，拉夫绝无可能打入学术界。[483]舅舅通过对外甥的资助提高了自己的内在适应性，并在公司中确立了继任者（亲缘选择）。书中

269

有着大段对他家族谱的描述，评论家曾对此表示嘲笑或不解，[484]但从这个角度可以看到其动机。这些段落可能冗长，但它们让关于"社会进化"之争的一个关键点清晰起来。"家族至上"是小说中亲缘选择的座右铭。但是书里不仅有一个作为赞助人的舅舅，还有一个作为导师的童子军。昆虫学家弗雷德里克·诺维尔教授尤其记得，他在年轻时候达到过"鹰级童子军"的等级；如今，他很关心拉夫也能够尽可能早地加入"美国童子军"。"我不能更高兴了。"第一人称叙事者补充道。[485]拉夫不仅在十二岁时成为了童子军，还开始对作为栖息地的诺克比湖进行系统研究。[486]他自己的人生轨迹也带领他从"动物学、植物学和昆虫学"活动到达了"鹰级童子军"。[487]经由童子军的组织和诺维尔教授的领导，拉夫在十几岁时就成为了一个名副其实的"自然探险家"和"科学家"。[488]他探索、研究以及——越来越清晰地——崇拜的对象，就是诺克比的蚁群。为了理解社会系统功能的进化、涌现、组织分工等范畴，拉夫在这里学到了他所需要知道的一切。[489]与此同时，他了解到，在这些机制的背后隐藏着什么样的原则（族群选择），这一原则有着什么样的意义（可持续发展、生物多样性）。在哈佛，他自己也加入了一个乍看上去很利他主义的社团"盖亚之力"——一个环保活跃分子的协会，声称要为了人类的利益而保护自然。[490]然而事实证明，这个社团只是一个招募性伴侣的平台和候选人竞争的舞台。[491]在哈佛校园的这些章节里讨论的是性选择，很显然这是一种个体选择，起作用的是"赢家通吃"的原则，也就是说，是利己主义的，而不是利他主义的。在这里，拉夫找不到他在诺克比所经历的。回到阿拉巴马，拉夫所依赖的——和他的母亲一样——不仅仅是家族的联系。他搭建起一张网络，这张网比他在波士顿所取得的任何联系都更为强大。"它们是真正的伙伴，由共同的时间联系在一起。"[492]他对一名环境记者如此倾诉他的友谊。女人在这一阶段根本不重要。对拉夫来说，关键的不是直接适应性，而是将诺克比从规划住宅区、摧毁生物保护圈中拯救出来。作为受雇于一家房地产公司的环境问题专业律师，由于正派，他在"当地的环保社群"中同样也很受尊敬。与此相应，他在这一阶段也"在美国童子军协会中担当了领导性角色"。[493]拉夫在一个特殊的社群里担当起了领导的责任。在短短几年内，他凭借网络的帮助，成功地阻止了诺克比的毁灭，并说服投资者相信环境保护在经济上有利可图。百分之十的面积建立起豪宅，[494]剩下的百分之九十仍然受到保护。"为了维护保护区，他取得了完整的胜利，跟他所能想象的一样。"[495]这是环境得以保持的社群的胜利，也是生物多样性、可持续发展和系统动态平衡的胜利。叙事者让这一生态—经济联盟的狂热对手葬身于诺克比湖边沼泽的鳄鱼腹中。[496]"是很艰难，"拉夫对他的朋友比尔说，"**非常难**。"[497]拉夫自己的生命曾被环保对手威胁。然而诺克比的大自然帮助了它的朋友，淘汰掉了疯子，爱上了"新的启蒙"的力量。[498]

　　威尔逊将他的进化生物学转折的宝藏称为"新的启蒙"。它的主线构成了作为进化之动力的族群选择猜想。[499]它解释了作为一个物种的人类的起源，这个物种不仅能够进行"先进的社会行为"，并且命中注定就是如此。[500]智人是族群选择的结果。因此才有了社会，因此在人类的基因层面上才出现了"族群级性状"（group-level traits），"包括合作性、情感共鸣和网络模式"。人类——亚里士多德是正确的——是社会性动物。人类的核心社会性特征是"可遗传的"。[501]其他特征虽不是基因遗传的，却也是能够被生物学完全理解的。因为生物学表达了"表观遗传规则"，"它由遗传进化和文化进化的互动所促进"。[502]表观遗传结合了人类生物的和文化的进化。据此，"从遗传上不可改变的"并非人的行为，而是操控我们进行一系列行为方式的表观遗传规则。[503]它包括审美判断、性偏好、恐惧和恐惧症、与孩子和性伴侣的关系等，"跨越了行为和思想的较宽的其他范畴"[504]。"不可改变的"不是我们在日常行为中对这些规则做出的个体阐释，而是这些规则本身，它们在我们的天性中"盘根错节"，从而形成"人性的真正的核心"。[505]然而在整个 20 世纪，这种人性却被"大多数社会学家所否定"[506]。他们还加上了荒诞的教条，声称所有的社会行为都是习得的，并且根据文化的不同，其他的行为方式也是可以想象的。[507]使人成为人的东西，就这样被人文学科以偶然性的诅咒所打击。人文学科不去探索人类的天性，将其行为、文化、社会作为表观遗传规则去理解，却"顽固地"坚持它们的学科特性。如果它们不接受生物学的框架条件，就永远不会成长。"当然，我们永远不会看到完全成熟的人文学科，除非这些维度被添加进来。"[508]人文学科滞留在认识论的青春期，只有生物学的启蒙能够将它解放。

如此，经由威尔逊的启蒙，我们就应该非常肯定地知道，大多数如此复杂的人类行为方式"说到底都是生物性的"。[509]如果人类理解了这一点，并将社会秩序与文化多样性理解为"基因—文化共同进化"的结果，[510]人类就应该最终能够从将他束缚在前生物学的不成熟状态的力量中解放出来。"人类解放"的第一步将会把我们从宗教中解放出来。第二步则是从政治意识形态中解放。[511]任何以某种更高事物的"名义"行训诫的人，都会被揭露出骗子的本质，因为没有什么是在我们"之上"的，只有在我们"之中"的表观遗传规则。[512]社会生物学比宗教和政治理论更清楚人类从哪里来，人类是什么，又将往哪里去。现在，威尔逊给出了关键性问题的最终答案：人类是什么，文明、语言、文化多样性、道德和荣誉、宗教和艺术是如何产生的。[513]如果我们能够从科学的角度知道我们是谁，我们就也能从科学的角度决定做什么、允许什么。从全球变暖到航空航天，威尔逊都能给出行动建议，[514]这些建议当然可以听起来不幼稚、不教条，也不充斥着意识形态，[515]而是在"科学知识"的高度上做出的开明决定。[516]进化生物学让威尔逊有了对任意问题做出判断的能力。他以族群选择为核心的基因—文化共同进化理论呈现出某种世界观的全部特征。

273

自然选择

当威尔逊俯视这个世界时，他就大致表现出对我们全球社会的习惯、风俗、规则、法律和制度的认同。不可能不是这样，因为它们都在"达尔文竞争"中得到了证明。"我毫不怀疑，在大多数情况下，今天被大多数人类社会所共享的规则与行为准则，都通过了基于生物学的现实主义的检验。"[517]

然而，一些文化特征并没有通过这场"生物学现实主义"的检验。我都要赞同他的列举了：禁止使用避孕药，强迫年轻女性结婚，或驱逐同性恋。但并非出自生物学的原因。因为谁若是始终都相信，在所有这些情况下都要对道德与文化差异或者强权政治进行协商，谁就会发现威尔逊给他上了更好的一课。事实已经从科学的角度得到了判断，只有那些逃避进化生物学研究结果的人，比如天主教教皇，[518]才会继续束缚于宗教与意识形态教条的盲目性之中。[519]从《蚁丘》中牧师韦恩·勒博和他教区的形象中我们可以看到，前生物学的蒙昧能导致何等的谬误和暴力。自然作出了选择。牧师消失在了鳄鱼腹中。[520]他的世界观被铲除了。

在人类基因—文化共同进化的历史中[521]（这一历史在这个进化过程中引领着我们从真社会性最初成型，经过各种各样的表观遗传与适应，最终到达生物学洞见的可能性），终于迎来了人类能够从他加于自身的不成熟中解放的时刻。"康德风格的"伦理学犯了太多的逻辑错误。[522]因此解放的推动力并非对自身能力与极限的哲学反思，而是生物学的启蒙，一场新的启蒙。[523]相较于所有其他的世界观、信仰方式与生活教条，这场启蒙的巨大优点，同时也是它的卓越特色，即它确实是正确的，因为它建立在坚实的科学基础上。"这并不仅仅是'认识**另一种**方式'"，威尔逊指出。[524]这才是如其所是地观察现实的**正确**方式，甚至外星科学家也可以以这种方式行事。又因为甚至人类行为最复杂的形式说到底也是由生物学激发的，并应从生物学角度去理解，[525]所以只有等到进化生物学最终圆满解释了这些行为方式的形式、成因与作用之后，我们社会的启蒙才得以进行。

然而威尔逊并没有在我们自己的物种中，而是在社会性昆虫那里寻找到了"理解人类境况的关键"，[526]是蚂蚁早在人类之前几百万年就踏上了"社会性地征服地球"之路。族群选择创造出了它们复杂的秩序与社会道德。人类应当从它们的模式中学习生物学法则和"社会进化的力量",[527] 这些使得生物个体组成了族群、社群,最终组成了社会。蚂蚁为我们指明了生物学启蒙之路。我们可以学习昆虫学并拯救世界——或者至少是世界的一部分,但它代表着整个世界——就像拉斐尔·塞姆斯·科迪一样。或者,我们满足于支持拉夫这样的人,并听从他们的建议。谁若是没有跻身"被选中的精英团体"[528] 的运气或功绩,他还可以追随精英,就像帕累托和塔尔德的大众、《蚁丘》中的一般蚂蚁或者群体研究中的简单代理人所做的一样。我们能够从威尔逊的昆虫学与文学文本中学到的,惠勒笔下博学的白蚁王微微早在九十多年前就在他关于社会的进化生物学书信中点明了。更美好的社会是可能的,但朝向未来国家的改革步伐必须由生物学家来设计和监督。"所有……这些问题都只能由生物学家来解决。"[529] 当"神学家、哲学家、法学家和政治家"再也没有一点儿用处之后,只有生物学家才能解决紧迫的社会问题。[530] 微微提出的增加百倍的职位、提高他们薪水的建议,生物学家们肯定乐于接受,这与他们的认识论信念无关。族群选择的进化优势是显而易见的。

275

276

第六章　探险与侵略

他人的误解

在系统理论中，信息自述（Selbstauskünfte）并不怎么重要。在为卢曼《正式组织的功能与效果》（*Funktionen und Folgen formaler Organisation*）一书写作的序言中，弗里茨·莫施泰因·马克斯在系统社会学与昆虫学之间进行了比较，并指出，关键的不是"蚂蚁关于自身能说些什么"，而是其向社会成员所隐瞒的，即集体性的"潜规则"。[1] 相反，《蚁丘》则揭示了这个词。昆虫学家威尔逊想要从蚂蚁的角度来讲述他的故事。威尔逊的化身诺维尔，以第一人称与他的同事威廉·A. 尼德姆教授，即拉斐尔·塞姆斯·科迪昆虫学"论文"的第二导师一起，向读者讲述科迪充满学术礼仪的"报告"，摆脱了"测绘与图表"，写得像是一个"故事"，写出了"在无尽的战斗与战争的同时，那些蚁丘里究竟发生了什么"——并且是"尽可能地以蚂蚁自己观察事件的方式"来写作的。[2] 蚂蚁只是被描写，从来没有亲自提笔过，却在小说中获得了发言权。[3]《蚁丘编年史》这一章讲述的并不是"荷马式的"蚂蚁史诗，而是一篇从蚂蚁的视角所做的报告。[4] "编年史"这个概念加深了一个印象，即在这份报告中重现了数据和事实，这些不是由一个叙事者放置在某个语境中的。情况恰恰相反。

宣称《蚁丘编年史》是从蚂蚁自身采取的视角所进行的

事实报告，对于昆虫学家来说，显然要比对于文学家或民族学家来说更加不同寻常。例如，某部小说中的布达佩斯昆虫学院编外昆虫学讲师、图书馆管理员提摩太·图梅尔就发现了刚果的阿乌米蚂蚁的"编年史"，并把它翻译过来、传播给后人。[5] 威尔逊所说的以蚂蚁的视角表现世界的计划，在文学史上属于虚构民族志的传统，比如弗雷德里克菲利普·格罗夫（Frederick Philip Grove）在《蚂蚁之智》（*Consider her ways*）中也尝试过这种写法。[6] 体验性观察这种民族学研究方法，在观察蚂蚁社会时，也与从上方（比如从云层之上的飞行器驾驶舱中）俯视的系统理论方法截然相反，后者是卢曼社会学结构的形象化。[7] 格罗夫的小说表明，蚂蚁的国家建设问题并不仅仅影响了塔尔德、韦伯、帕累托、帕森斯或卢曼的理论建设，还促使"西方的"或"现代的"文化对照其他文化进行反思，正如 20 世纪 20 年代以来的民族志所做的一样。人类学和昆虫学这两门学科都在 20 世纪初变得专业化，专业学者出现了，他们离开书桌，走进田野，利用"客观的"方法确保科学性，尤其是进化生物学和功能主义的方法。[8] 将研究对象当作自己模型的投影，或者迷失在研究对象的变化之中，对于民族志和昆虫学来说都是一个风险。这两门年轻学科的主要活跃分子，布罗尼斯拉夫·马林诺夫斯基和威廉·莫顿·惠勒，都注意到了对方的研究。[9] 他们在同一家出版社、同一本期刊上发表作品。[10] 本章的主题就是这两个学科通过蚂蚁形象搭建的通道的共同旅程。上一章我们将埃斯皮纳斯和帕累托、惠勒和帕森斯、威尔逊和卢曼紧密联系在一起，重建了对社会的系统理论与社会生物学描述的形成，是对社会从外部，从一个空间站、飞行器或者一个背着

278

喷气装置的亿万富翁的角度进行的观察，而本章在科学史与认识论方面与上一章形成对称。没有人会向后看。没有人会注意"蚂蚁关于自己能说些什么"。[11]这种不受干扰、没有互动的外部观察在一系列小说中得到体现，这些小说直通民族志与昆虫学的社会结构的核心。

　　格罗夫的作品虚构了一份切叶蚁在美国进行研究旅行的报告，它运用了从普林尼和亚里士多德直到福勒尔、于贝尔和埃梅里（Carlo Emery）的昆虫学文化史，以便能够以蚂蚁为镜观察人类。[12]那么这样一份蚂蚁写的报告是怎么收入格鲁夫的叙事者编纂的书里的呢？这个谜题通过内层叙事中广为人知的昆虫学—文学猜测得到了解答。一位业余的蚂蚁研究者在委内瑞拉与一只蚂蚁发生了某种心灵感应的交融，蚂蚁借助这种"催眠传播"[13]将它的"研究报告"告诉了他。这篇思想复刻的文献出处写着：**记一次探险，从这块大陆的热带一直到北边，遵照欧拉微一百六十六世陛下之命。由哇哇圭与 R. S. F. O. 汇编完成。**[14]这位蚂蚁研究者在这里成了蚂蚁的媒介，媒介同时成了信息，因为心灵感应的接触只有在消除了研究者个体性的状态下才能成功，而个体性的消除同时代表了蚂蚁乌托邦或反乌托邦（这取决于这个人是厌恶还是欣赏自己的个体性）的核心信息。[15]

　　　我的自我，我的个体性，通过某种催眠般的力量被吸入一个陌生的（alien）群体意识之中，并被它完全占据，它带领我通过一条条通道，这些并不完全是感官的通道。在那一时刻，我放弃了自我，我的意识不再存

在，只有蚂蚁的意识，不是一只蚂蚁，而是蚂蚁的整个
物种的意识。[16]

这一心灵感应的梦境曾经表现为梅特林克的蜂群思维、
斯塔普雷顿的无线沟通构想、塔尔德对昆虫社会的思考甚至
弗洛伊德关于思维传递的阐述，在这部小说中也出现了，而
现代性问题重重的伴生物，即个体性，在通往这一梦境国家
的大门处被放弃了。理解蚂蚁，就意味着放弃为人。与蚂蚁
的沟通同时又抛出一个问题：是什么让人类成为人类，人性
的起点和终点在哪里。

"有谁在什么时候与蚂蚁达成过某种理解吗？"赫伯特·
G. 威尔斯（Herbert G. Wells）《月球上最早的人类》（*The
First Men in the Moon*）一书中的贝德福德先生向凯沃问道。
正是格罗夫把这部小说翻译成德语的。[17]小说中，一位发明家
和一位作家在月球上碰到了某种像蚂蚁的昆虫的高度发达的
文明，它们的社会没有战争，没有社会矛盾，没有嫉妒和痛
苦，也没有个体主义。这两位绅士与"月球人"沟通的尝试
一开始失败了，因为月球居民以为他们是无智慧却具有攻击性
的动物（这也可能是正确的），而到访者无法放弃他们"无可救
药的拟人思维"，向这些昆虫做出了完全错误的举止。[18]与另一种
智慧生物的接触导致了归因错觉（Fehlattribution），这在最初妨
碍了沟通的进行。即使将陌生事物拟人化，它也仍然是陌生
的。"对我们来说，那是一个空洞的、黑色的身影，但是我们
的想象力会本能地给这个轮廓加上一些人类的特征。"[19]但这导
致了错误，威尔逊的主人公贝德福德最终发现，"恰恰只有那
些我赋予（attribted）它的人类的特征，是完全不存在的"。[20]
但是这些智慧昆虫也并不能做得更好，[21]它们陷入了某种"拟

280

蚂蚁思维"之中，[22] 这迫使格鲁夫的蚂蚁也将电灯当成了萤火虫、将飞机当成了巨大的甲虫。蚂蚁就是蚂蚁，人类就是人类，两者之间没有共同之处，"关于它们世界的一切对我们来说都是如此不同"，我们从贝尔纳·韦尔贝尔（Bernard Werber）的《蚂蚁帝国》（Empire of the Ants）中至少可以学到这些，[23] 但没有人会坚持这一洞见，人类没有，蚂蚁也没有。蚂蚁和人类都按照自己世界的形象来构想另一个世界。这里引用的几部小说反映出的并非民族中心，而是物种中心的归因过程。为理解另一个种族所做的努力，在格鲁夫那里变成了一场对北美洲的民族志探险，在威尔斯那里却变成了对月球的入侵。[24] 因为即使是月球生物，那些"虫形月球人群体"，在它们动身前往地球之前，也彻头彻尾地研究了一番人类，从它们的蚂蚁中心角度得出了误解，[25] 并且恰好体现了霍尔多布勒和威尔逊理想的进化生物学与社会生物学研究方式，即从另一颗行星的距离进行观察。一方面，远距离勘测导致亲自拜访；另一方面，体验式的观察构成了入侵的前提。小说中民族志与昆虫学的链接产生了入侵的场景。野外生物学与民族学的田野调查也并无不同，它们必须侵入他者的生存空间。

281

帝国的回击

1901 年，即小说《月球上最早的人类》出版的那一年，鲁德亚德·吉卜林（Rudyard Kipling）也出版了他的小说《基姆》（Kim）。这两部小说都从大英帝国的核心地区看向边缘区域，看向殖民地印度和待殖民的月球。"我们必须吞并月球。"面对智慧"昆虫"，贝德福德如此说道，这些"昆虫"被不列颠的宇航员认定为统治月球的物种（也是顺利开发宝贵资源的障碍），他们以古希腊月神塞勒涅的名字为之命名，以便至少是象征性地驯化它们。贝德福德幻想自己化身恺撒与哥伦布的角色，他的同伴凯沃则从更基本、更符合人类学的层面想到了他的"脊柱"，这让他与所有的昆虫（无脊椎动物）相区别。"这是白种人义务的一部分"，贝德福德为他的任务做解释，这对不列颠人来说应当是理所当然的。[26]因此才会对他者进行研究，因为随后可以更好地进行侵略。民族学是文明化与帝国主义项目的一部分。随"审查"之后而来的是"勘探"。[27]这既适用于探测地形和气候，也适用于研究动植物，或研究当地居民的生理和文化，无论面对的是印度人还是月球人。[28]因此，殖民地官员天生都是民族学家。"你瞧，作为一个民族学家，这件事情对我来说很有趣。我要记下来，写进我为政府所做的一些工作之中。"《基姆》中的克莱顿上校说明道，他将为了帝国的利益从事的情报官的工作与民族学家的工作联系到了一起。[29]在这两种工作中，他都收获了秘密情报，可以让伦敦在印度次大陆进行一场持续不断的、不宣战的战争——"大博弈"[30]——为了这个任务，他搜集情报、让基姆传递信件。战争与情报在月球上也重合了，贝德福德屠杀月球人时也了解了一些它们的生理结构。[31]基姆随着故事的发生学习到，做一名大人物（Sahib）意味着什么，也就是说做一个白人，而不是印度人、阿富汗人、波斯人或阿拉伯人，[32]而贝德福德在月球上经历了一场分离，就像格鲁夫的主人公在与蚂蚁的心灵感应沟通中那样。"如果可以这么表达的话，我从贝德福德中分离出来，我看不起贝德福德，当他是个平庸的、微不足道的东西，我只是偶然跟他有了关系。我看到贝德福德的许多事情……"[33]贝德福德从他的自我中分离，他的人格解体了。主

282

体连同主体性一起消失在田野中、消失在陌生的地点，这是欧洲人的噩梦——就像库尔茨上校在刚果一样。

可对比的认同危机与血腥屠杀并没有出现在《基姆》中，但发生在了《黑暗的心》（*Heart of Darkness*）之中，约瑟夫·康拉德（Joseph Conrad）的这部刚果殖民地小说出版于 1899 年，比《基姆》和《月球上最早的人类》要早两年。[34] 在电影《现代启示录》（*Apocalypse Now*）中由于马龙·白兰度（Marlon Brando）的表演而出名的库尔茨上校的遗言"恐怖啊恐怖"，[35] 在威尔斯那里有了三声回响。[36] 如果陌生者不能被圈养起来或者被驯化，就会被射杀。[37] 贝德福德在月球上武装起一支军队回来打一场歼灭战的意图，可以与马洛讲述的一场对当地人的屠杀联系起来看，那是在从非洲腹地回程时顺流而下在一艘蒸汽船的甲板上用连发步枪舒舒服服搞出来的。[38] 在刚果就跟在月球上一样，因为"地球显得是非人间的"，人类是"非人的"。[39] 他们"大多是黑皮肤，赤身裸体，像蚂蚁一样蠕来动去"。[40]

类似的一场逆流航行也出现在《现代启示录》中，它不仅是针对库尔茨上校，也是针对我们当中的陌生者。这支远征军同时在进行一场通往猜测中的社会起源地的民族学旅程，最终却几乎完全消失在了田野中。

可以作为刚果河上这场航行的对照物来读的，是炮艇"邦雅曼·贡斯当"号在亚马孙河上的逆流航行，这是威尔斯 1905 年在《蚂蚁帝国》中所写的。[41] 如果想探究一下这艘战舰名字的来源，可以读一下与之同名的法国作家的一封信，他在信中将现代人比作一只隐匿在拥挤的巢穴里（"fourmilière"）的蚂蚁。[42]"贡斯当"号的舰长接受了一个任务，要去探寻一场蚁灾的原因，蚂蚁一直在骚扰一条偏僻支流上的炼糖厂的居民。说到殖民的利益，巴西的甘蔗就相当于比属刚果的象牙（两者都有白金的价值），以及月球人的贵金属。葡萄牙人和荷兰人建立起的巴西种植园如今受到的威胁却并非来自当地人，而是来自蚂蚁。这艘战舰的舰长一开始将这个任务当作上司的一个自掏腰包的恶意玩笑——跟昆虫开战？荒唐！但当他得知面对的是一个"全新的蚂蚁种类"时，他的兴趣越来越大。通常情况下，亚马孙河沿岸村庄中的军蚁、行军蚁或者叫军团蚁（矛蚁亚科）会定期入侵房屋，吃光所有的微生物。这种蚁群在热带和亚热带也被称为"访客蚂蚁"（visiting ant），因为就像出身克里奥尔人的舰长格里耶记忆中的那样，它们总是来了又走。居民在这段时间会离开他们的住所。几个小时以后，他们可以回来，屋子里就没有小动物、害虫和病毒携带者了。黛安娜·罗杰斯称，这种并非不受欢迎的访客蚂蚁是由欧洲殖民者改名为军蚁的，为了跟欧洲的殖民军队形成对照。这种改名的过程中有着话语上的暴力，它取代了当地人对本地的知识，建立了某种术语体系，这成功地将殖民行为作为某种自然的事物合法化了。[43]

这是一段美丽的后殖民故事，只可惜它是错误的。比如，威尔斯的小说中所描写的南美洲索巴（Sauba）蚂蚁在1877年欧洲帝国主义全盛时期创作的《布雷姆动物生活》中就被称作"访客蚂蚁"。[44]"访客蚂蚁"这个名称在19世纪80年代以来英语地区的昆虫学中也很常见。[45]可以肯定的是，这种蚂蚁也被叫作"军蚁""军团蚁"或"行军蚁"。[46]它们对印第安人房屋的"夜访"是受欢迎的（因为它们让房屋中没有害虫），也是被讨厌的（因为它们"吃光一切"，总是"吃掉含糖的

284

物质"），肯定取决于住宅各自的卫生情况和食物储存的
丰富程度。[47]与此相应地，我们可以找到同时期对这种蚂蚁的
两种描写形式。"军队"或"访客"这两个名称透露出的对蚂
蚁的不同视角，从威尔斯的一条可信文献来源中就可以看到：

> 在几内亚有一种大型的红色蚂蚁，有时被称作
> Ranger，有时被称作 Coushie。这种蚂蚁数百万一群地穿
> 过这个国家，秩序整齐，就像一个军团；它们吃掉所有挡
> 路的昆虫，如果面前有一座房子，它们就直接穿过去。即
> 使它们蜇起人来很可怕，房主（planter）也很欢迎它们的
> 行军，因为它们会消灭在此地栖身的所有害虫。[48]

285

Coushie 对某些人来说是 Ranger（游骑兵），重重武装、难
以阻挡的士兵，然而对另一些人来说却是访客，在路过时还会
顺便清理房屋。威尔斯探讨了这一矛盾情感，然而"军蚁"
的名称并非来自对关于它们的"访客"性质的本土知识的打
压，[49]而是针对蚂蚁的不同行为。虽然它们仍然会来拜访，但
正如格里耶舰长用蹩脚的英语所说的："那些蚂蚁不走
了……那些蚂蚁在战斗。"蚂蚁不再离开，它们留下来战斗。
它们成为了殖民者。威尔斯参考过的另一位专家——亨利·沃
尔特·贝茨（Henry Walter Bates），索巴蚁的研究权威，也记
录过一起某种红色的、恶毒的、蜇人的蚂蚁占领一座村庄的事
件，惠勒与霍尔多布勒、威尔逊也提到过这件事：[50]"房屋都
被它们占据了……它们攻击人似乎纯粹出于恶意。"[51]依靠巨大的
优势力量，它们威胁要踩蹋文明。贝茨指出了这种"火蚁"惊
人的扩散速度。[52]它们还会再碰到我们，半个世纪之后，它们在

20世纪20年代到达了美国南部，在那里爆发了所谓的"火蚁大战"，以昆虫学为基础，美国实施了化学灭绝（"根除程序"）。[53]索巴蚁的语义成就导致了侵略和战争的场景。

回到《蚂蚁帝国》中来。根据贝茨的描述，亚马孙印第安人的村庄遭到了入侵，他们相信"火蚁"以人血为食。[54]"贡斯当"号经过漫长的航行之后到达的村庄到处都是死人和活蚂蚁。面对新的敌人，一名训练有素的士兵应当准备着，为了同胞投入战斗。科学或许会有所助益，"我们可有着——你叫它什么来着？——昆虫学"。[55]蚂蚁学关系到战争。"贡斯当"号上的工程师，受过进化生物学教育的不列颠人霍尔罗伊德推测，这些事件的原因或许在于蚂蚁的进化中具有划时代意义的一步：

> 在短短数千年时间里，人类就从野蛮状态发展到了文明的阶段，这让他相信，他就是未来和地球的主宰！那么是什么阻止蚂蚁也进行这样的进化呢？据我们所知，蚂蚁生活在几千个个体组成的小型社群里，对更大的世界没有形成共同的影响力。然而他们有语言，他们有智慧！为什么它们要停留在人类曾经历过的蛮荒阶段呢？让我们来猜测一下，如果蚂蚁现在开始储备知识，就像人类凭借书本和记录所做的那样，还使用武器，建立帝国，开始发动战争。[56]

一个纯粹个体的集合与有组织的（超）有机体的区别，对于埃默森以及惠勒、埃斯皮纳斯和斯宾塞来说，都在于协同行动的能力（"concerted action as a unit"）。[57]正是社会性昆虫的的这种"有计划、有组织的……协同努力"得到了霍尔罗伊德的肯定。[58]他遵循了斯宾塞和埃斯皮纳斯的思考，认为"个体的有机结合"可能形成或涌现"更高等级的（或者围绕同一个圆心的）无数个体"。[59]随着组织内部的功能分化和劳动分工，出现了新的、更高等级的有机体"集合"的形成。这条公式同样可以从社会学的角度来理解，正如（外省或殖民地组成的）帝国的概念显示出，当从个体（蚂蚁）的协作中产生出超有机体时，获得了怎样的生物学理解。关于超有机体间的合作，我们所能想到的，威尔斯——这是文学文本的优势之一——用短短几行简洁地勾勒出来，蚁穴之间开始合作，组成一个帝国，并在生存斗争中与人类展开竞争。从有机体中产生超有机体，从超有机体中产生超级合作者。最终阻止蚂蚁进化、阻止它们模仿它们的帝国空间扩张所必需的那种文化技术的，会是谁或者什么东西呢？[60]

一处小型巢穴里的几千只个体的组织可以忽略，但索巴军团的数量是以百万计的。[61]这一规模对于以其为基础的社会组织结构来说意味着什么呢？会不会变得更复杂，而超有机体也相应地更有智慧？量变会转变为质变吗？会涌现出适合于百万个体的新秩序吗？霍尔罗伊德的描述虽然完全停留在人所熟知的类比框架内，但也处于同时代研究的高度上，他甚至还走在了研究的前面，因为他设想的超级蚁群的形成，比生物学对此以及对由此爆发的人类与"进化了的"、数千巢穴联合行动的火蚁之间名副其实的"战争"的描述，[62]早了大概六十年。[63]霍尔罗伊德理所当然地将人类文化从"野蛮"到"文明"的发展作为相对应的蚂蚁社会进步的模型，又一次证明了昆虫学—社会学通道的意义及强度。

与查尔斯·沃特顿（Charles Waterton）描写的短暂拜访来消灭害虫的游骑兵蚁不同，威尔斯笔下的蚂蚁发动战争是为了更多的空间、资源，最终是要夺取全球性的统治地位。因此标题中的"帝国"一词用得恰如其分。索巴蚁一方面反映了殖民的空间扩张，另一方面代表了发出威胁的殖民地居民，他们的发展挑战了欧洲的权利。威尔斯在这里表达了大英帝国对于它所实际上或号称推动了的"文明化"后果的恐惧。"野蛮人"分散为"小的社群"，彼此之间没有交流，才能让英国人感到自己才是地球的主人。但是，从野蛮的部落中产生出有组织的社群，将不可避免地以一场战争挑战旧日的强权，谁或者什么东西又能阻止这种进化呢？毕竟，亚马孙的蚂蚁已经像"**现代**的步兵"一样战斗，亦即早已将野蛮、古典还有中世纪都抛在了身后。[64] "我们能怎么办呢？"面对蚂蚁大军无能为力，炮舰舰长的这句反问越来越无助。[65] 是啊，我们能做些什么呢？什么也不能！进化塑造了这样一个帝国反击的场景，因为一旦达到了特定的文化阈值（沟通、知识存储），随后就会像哈罗德·亚当斯·英尼斯（Harold Adams Innis）所著的课本里说的那样，[66] 不可避免地迈出朝向"大帝国"及其所发动的现代战争的发展步伐。[67] 因此，威尔斯的军蚁并不像黛安娜·罗杰斯假定的那样，是一幅殖民扩张的合法化图景，而是广阔殖民地上庞大人口的一幅恐怖景象，它们交流知识，克服部落性，组织起来，向想象中的"地球的主宰"[68] 宣战。霍尔罗伊德惊恐地发现，蚂蚁在数量上占有很大优势。[69] 这也适用于英国殖民者与印度、非洲或南美洲的当地人以及被迫定居于殖民地的奴隶或苦力的关系。

因此，霍尔罗伊德看到帝国处于极大的危机之中。"它们

289

威胁着英属圭亚那，虽然那里距离它们目前的活动空间不下一千英里，殖民局应当立刻对此采取措施。"[70]他对殖民局的指向证实了将威尔斯的超级蚂蚁作为开化了的、武装起来的殖民地居民的解读。蚂蚁是未来的他者——在它们划时代地飞跃进现代之后。吉卜林在《基姆》中反复提到的印度兵变（即1857—1858年的大起义）显示出，当训练有素的当地军队不再听从英国军官的命令而反对殖民政权之后，他们能做到何种程度。像威尔斯与康拉德的小说中那些法国与巴西的殖民地战舰所做的那样，远距离地对着丛林开炮，[71]并不能证明他们的军事优势，反而证明了军事行动的无奈。"还能怎么办呢？"[72]

290   英国人的答案是研究。霍尔罗伊德第一个对"开化了的"亚马逊蚂蚁进行了昆虫学描述，将它们的发展与大不列颠的历史联系起来，向伦敦的殖民局针对来自南方的竞争者，即"全球主权的新的竞争对手"发出紧急警惕，[73]这比英国动物学家们写给殖民地国务秘书克鲁勋爵警告"昆虫敌人"、建议采取昆虫学上的进攻策略的紧急信件要早整整五年。从"白人"手下守护了热带地区的，不是原始、懒惰或散漫的当地人，而是非常好斗、非常勤勉的昆虫。这个敌人在数量上占有极大优势，必须在它转为攻势之前击败它。因此，如夏洛特·斯莱所言，"热带昆虫学"就是为殖民者与帝国的项目服务的"昆虫战争"。[74]昆虫学知识对于帝国主义国家来说是至关重要的。

对害虫发动毒气战

这也适用于德国的殖民者与德国的昆虫学。卡尔·埃舍里希是他们的领军人物，我们在上文讨论过他那篇影响了全能国家理论的慕尼黑校长演说。在 1911 年一次环游美国的考察旅行中，他从负责协调昆虫研究与害虫防治的昆虫学研究所得知，"所谓的阿根廷蚁"（Linepithema humile，在埃舍里希那时候还叫 Iridomyrmex humilis）在"大约二十年"前（据说是通过运咖啡的船）离开了它们"在巴西和阿根廷的家乡"，来到美国南部。"它们在那里拥有很好的繁殖条件（首先是缺少天敌），因此能够大量繁殖，导致它们如今已成为严重的公害，不仅仅在路易斯安那，甚至在美国的大部分地区。它们所造成的伤害是多方面的。"它们使当地的农业造成损失，还威胁到美国本土的"其他有益的蚂蚁"。作为公职人员的"国家昆虫学家"已经"对这种恼人的南美洲生物展开了研究和斗争"。[75]作为"**最美国式**的战斗方法"，埃舍里希介绍了"氰化氢气体熏蒸法"。[76]埃舍里希写道，使用毒气的建议会被每一个有教养的欧洲人本能地断然拒绝，不过这种方法确实是可行、成功的。他注意到，仅仅在加利福尼亚，为了用毒气战对付这些害虫，一个季度就要花掉"四百万帝国马克"！"氰化氢处理法"值得期待的"伟大未来"在"我们这里"却还没有起步。[77]显然，德意志帝国的人们还没有走到这一步。

这一发生在美国的事件还证明了夏洛特·斯莱最近提出的指控是错误的。她认为，埃舍里希领导的德国昆虫学为欧洲的犹太人大屠杀做了准备，因为他"应当对以毒气手段防治危害德国树木的害虫负责"，他"所开发的技术和毒气武器"正是"纳粹在不久以后用来消灭人类中的'害虫'的"。[78]事实真相在这里遭到了意识形态的遮蔽。埃舍里希——在纳粹上台后——确实是纳粹党员，而他根据社会性昆虫模式提出的全能社会的建议，我们也已经详细讨论过了。但使用毒气防治害虫

291

不是他发明的，他甚至都没有推广过。萨拉·詹森（Sarah Jansen，斯莱曾参考过她关于用化学武器防治虫害的论文）提出了埃舍里希—害虫防治—毒气室的因果链，但并未加以证明。相反，我们在她的文章中还可以读到——埃舍里希1913年的书中也写到过——氰化物气体首先在加利福尼亚的果园中投入使用，相应的化学制剂在第一次世界大战之前就在美国生产了。[79]无论斯莱还是詹森都不曾问过，这种害虫防治是否在美国也曾隐喻地转化为针对"人类中的害虫"，正如似乎在德意志帝国或许不可避免地发生过的那样，以便走上早在19世纪就出现了的"灭绝犹太人与其他人类害虫"的道路上去。[80]即使埃舍里希在由国家所组织的、装备精良的美国昆虫学机构中看到了德意志帝国那无望地落后着的、没有资金支持的"应用昆虫学"的榜样。无论如何，并非埃舍里希，而是威廉·莫顿·惠勒早在20世纪20年代在他的昆虫学讽刺作品《白蚁的意愿》中提到了对不能生育、过于衰老的成员（"老掉牙的家伙们"）用毒气安乐死的昆虫学探讨："有些经济昆虫学家提倡某些更有效力的杀虫剂，比如氢氰酸毒气。"[81]毒气被当作优生学的选项来看待。

在埃舍里希看来，昆虫学毒气战争的先驱无疑是美国人，比较了美国系统性研究针对昆虫的"生物学防治方法"的努力之后，他发现了德国的不足："更明显的是对殖民地昆虫学的忽视！正如我们所听说的，直到不久之前，我们的殖民地还只有一处研究昆虫学的场所。"[82]他要求以美国的昆虫局（Bureau of Entomology）为样板建立中央研究所，它应当由一名"应用昆虫学家"来领导，这个人应当"有着长期实践经验，最好是在热带"，并能通过自身的观察认识到风险。[83]在

"美国，这一应用昆虫学的经典国家的游学经历"，也是值得推荐的。[84]埃舍里希在这里显然是将自己推到了位子上。他成功了。1913年，他成为第一任德国应用昆虫学学会主席。直到今天，这一机构还会向优秀的昆虫学家、动物学家和行为学家颁发埃舍里希奖章，这当然表明了德国昆虫学研究历经各个历史阶段的连续性，并证明了这一行当在处理他们理论的政治可用性方面的不足。埃舍里希在1913年所关心的殖民地，虽然在不久之后就易了手，但德国的昆虫学却保留了下来。针对殖民国家发出的蚂蚁警告在各处都引起了重视。最终，许多欧洲国家的殖民者都作为定居者和农场主参与了进来。在威尔斯小说情节的发生地巴西，关于那里的蚂蚁，在两次世界大战间隔的时间里也有数十篇报道和专著发表出来。危险被认识到了，但还没有被排除。在1934年的《论热带与亚热带世界经济作物》（*Tropische und subtropische Weltwirtschaftspflanzen*）的文章中，法学家安德烈亚斯·斯普雷彻·冯·贝内格（Andreas Sprecher von Bernegg）引用了这句名言："要么巴西人让蚂蚁完蛋，要么蚂蚁让巴西人玩儿完。"[85]威尔斯所描绘的两个帝国之间爆发战争的场景完全得到了验证。

"邦雅曼·贡斯当"号顺流而下返航，霍尔罗伊德向殖民局发出警告。帝国尚有余暇，但南美洲的危机已经迫在眉睫。亚马孙流域的一名德国殖民者必须直面危机，尽管巴西当局曾警告他躲开进击的蚁群，它们所过之处，所有动物都只剩下被啃食干净的白骨。《雷宁根大战蚂蚁》（*Leiningens Kampf gegen die Ameisen*），1937年的一篇短篇小说，就是对威尔斯的故事的续写，仿佛"贡斯当"号的考察报告是一篇真实的档案。雷宁根的战斗最终取得了胜利，因为这个农民像霍尔罗伊德一

294

样，也受过蚂蚁学的教育：

> 他了解蚂蚁的智慧，他知道，有些蚂蚁会豢养其他昆虫当作奶牛、当作家犬、当作洗衣工、当作奴隶；他熟知蚂蚁的适应性、秩序感和组织能力……他知道，蚂蚁的习惯是，先夺走受害人的视力。最终，他往鼻子和耳朵里塞满了棉花……他有一种药膏，是用某种甲虫制成的，蚂蚁很难忍受它。是气味保护了这种甲虫免受凶残的蚂蚁攻击。[86]

他并没有像小说的电影版里查尔顿·赫斯顿（Charlton Heston）扮演的雷宁根那样用一把柯尔特手枪朝蚁群射击（《蚂蚁雄兵》，拜伦·哈斯金执导，派拉蒙1954年出品）；这个情节很荒诞，却很适合通过"黑色背景上的圆形切口"对马拉本塔（Marabunta）蚂蚁进行电影化表现，正如彼得拉·朗格-伯恩特（Petra Lange-Berndt）所说，这样"从视觉上……驯化了这种爬虫的危险形象"。[87]这个切口在蚁群中形成一个目标，赫斯顿可以对着它射击，像一个西部片的英雄那样。斯蒂芬森笔下的雷宁根没有这么做，他也没像手足无措的"贡斯当号"舰长那样开炮射击；在巴西拯救了他的生命和财产的，是他从昆虫学研究中所"熟悉"和"了解"的事物。格里耶舰长也对这一专业知识提出了要求："我们必须（学习）……昆虫学。"[88]雷宁根学习了，就胜利了。《雷宁根大战蚂蚁》是一篇德语小说，但在蚂蚁战争最前线的国家，斯蒂芬森的作品取得了持续性的胜利。它不仅被拍成了电影，还早在1948年就被广播节目《逃脱》（*Escape*）做成了广播剧。[89]

人蚁大战尚未结束，但这场丛林里的战争，雷宁根已经决定了人类的胜利。他的种植园被淹没了，蚂蚁大军被烧死、淹死。在这以后，就不会这么简单了。在索尔·巴斯（Saul Bass）表现蚂蚁入侵的电影《第四阶段》（*Phase IV*，派拉蒙，1974年出品）中，也有一匹母马首先成了蚂蚁的牺牲品。这只强壮的、恐慌的、受折磨的动物被怜悯地射杀了，像斯蒂芬森小说中的一样。人们在环绕农场房屋的混凝土筑成的水沟里灌满了汽油，点燃汽油来阻止蚂蚁。徒劳无功。惊逃的农民陷于雷宁根曾经逃脱的残酷死亡。在抵御进攻的蚁群时用毒气来替代围绕研究所的火圈也仅仅帮助了两个主角一次。在第二次交锋时，蚂蚁已经知道会发生什么，并克服了让它们第一次尝试失败的障碍。在虚构的故事进行的过程中，蚂蚁社会一次又一次地学习——正如霍尔罗伊德所预测的。是进化促使它们这样做的，因为它们发现了一个"势均力敌的对手"，"有创造性，有计划性，残忍，并且与它们相匹配。"如果没有这个"严肃的敌人"，它们会在"无忧无虑、不安全且弱小的蚁群中浑浑噩噩地过日子"，而现在它们必须继续发展它们的社会，否则就会灭亡。[90]莫里斯·梅特林克所阐述的、惠勒的笔友微微所引用的关于促进蚂蚁和白蚁进化的敌对关系，[91]被威尔斯和巴斯等确定为蚂蚁与人类的关系。"它们是很聪明的蚂蚁。想想这意味着什么！"霍尔罗伊德惊慌道。[92]这使它们成为"争夺地球统治权的竞争中新的有力对手"。[93]《第四阶段》中的昆虫学家胡布斯博士又是一个英国人，他被这个难题困扰着。他先是发现，所有种类的蚂蚁都能相互沟通、合作，并发展出了反馈性决策过程。他提出警告，并继续研究。在亚利桑那州的一个偏僻的山谷中，人类将蚂蚁当作了自己的敌人，梅特林克曾渴

296

求过这么个敌人，人类可以通过它而成长。[94]

　　然而争夺巴西的战役还未开始。在殖民主义的全盛时期，即第一次世界大战爆发的十几年前，"邦雅曼·贡斯当号"逆亚马孙河而上。威尔斯的小说以其同乡的两篇报告为支撑，亨利·沃尔特·贝茨 1863 年的《亚马孙河上的博物学家：一份关于赤道自然环境下探险、动物习性、巴西与印第安人生活与面貌的记录，历经十一年旅行而写成》，以及查尔斯·沃特顿 1828 年出版的《南美洲漫游》。威尔斯自己提到了这两本书。[95]除了这一自述之外，还有文本间的研究结果。在贝茨细致入微的游记中，有着对于某种蚂蚁帝国中知名的、异常巨大强壮的深黑色蚂蚁种类的描述，身长超过 3.2 厘米，成队列行进，以毒刺为武器。贝茨认为它属于大型恐龙蚁（Dinoponera gigantea）。这种所谓的恐龙蚁是世界上体形最大的蚂蚁之一。沃特顿也碰到了某种"特别大、特别黑的蚂蚁"，它"有毒"，被它蜇了会导致发烧。[96]这种大型毒蚂蚁导致了威尔斯小说中对切叶蚁大军的命令，在炮舰上的葡萄牙语口语里，这种蚂蚁被叫作"索巴"（Saüba）。[97] Saüba 才应当是正确的写法，但是威尔斯的知识来自于贝茨，贝茨也写成"Saüba"；这个种类被定名为 Œcodoma cephalotes。[98]这也就是上文提到过的《布雷姆动物生活》中的"搬迁蚂蚁或访客蚂蚁"。[99]贝茨记录道，这种蚂蚁行军时呈"宽的圆柱状"，在农业区造成"麻烦"和"可怕的瘟疫"。[100]贝茨的书中有一幅插图，图中工蚁在修建一条"隐蔽的道路"，而兵蚁此时分散行动，警备周边地区。[101]在贝茨这里可以看到那些"醒目的、奇怪的土方工程"，霍尔罗伊德将它看作是甘蔗种植园"占领者"的杰作。贝茨的插画可能也装点了威尔斯的小说。[102]

逆亚马孙河而上直到过去，进化论作为时间机器

在热带雨林中逆流而上探险，穿越半开化的印第安人和食人族村落，最终接近"史前人类"或"类人猿"，不仅是在康拉德和柯南·道尔的小说中将现代抛在了身后。[103] 沃特顿于1824 年在英属圭亚那的丛林里就已经遇到了达尔文的同时代人、进化论的先驱查尔斯·赖尔（Charles Lyell）使之名声大噪的"缺失的一环"，[104] 也就是在达尔文乘坐"小猎犬"号开始航行的七年多以前。[105] 沃特顿所发现的"动物"，造成了"极大的惊喜与不小的刺激"，虽然它有着长长的毛发和尾巴，但从它的面部特征和头部形状来看，还不能确定是猴子。它脸上有些东西让分类变得复杂。[106] 显然，沃特顿的读者应该已经为能在热带见到一只杂交的过渡物种做好了准备。这一形象也被经受过进化论训练的威尔斯拿来让他的主角霍尔罗伊德猜测蚂蚁的进化史。[107] 这些种类是在水中形成的。谁又能说，已知的蚂蚁种类——它们绝妙的秩序和劳动组织已经让博物学家们惊叹不已了[108]——不是某种通向更高阶段的"过渡物种"呢？　299

1900 年前后的几次航行就像是时间机器。它们不仅跨越了空间距离，还同时穿越了以地质时间来计算的进化阶段。受到达尔文理论启发的小说得以"操纵空间与时间"。[109] 在柯　300
南·道尔的《失落的世界》（*Lost World*）中，亚马孙河上的航行——又是亚马孙——还穿过了石器时代直达侏罗纪。《失落的世界》，它也是爱德华·O. 威尔逊"最爱的小说"，暗示了一个可能性，即"还有可能找到活生生的恐龙，并且就在南美洲无人攀登的特普伊山（桌形山）上"。[110] 威尔逊在同一章中描述了他自己的探险，他受到柯南·道尔《失落的世界》

的启发，来到墨西哥，爬上了 5747 米高的桌形山奥里萨巴，当然他是为了寻找尚未被发现的史前蚂蚁。昆虫学家也在找寻"缺失的一环蚂蚁"。[111]威尔逊的出发点与柯南·道尔的主人公查林杰教授一样，认为在与世隔绝的地方，如岛屿或高山上，最有机会碰到活生生的、在其他地方都已经灭绝的物种。这种考虑完全符合达尔文在《物种起源》中所设想的古老的、大洪水之前的物种的存续。从根本上来讲，"一旦灭绝的物种就不会再出现。"[112]因为从它们之中进化而来的物种总是会在生存斗争中完全取代前辈。后辈更有效地占据着前辈生存所必需的生态位："因此，某个物种改变了的和进化了的后代，通常会导致其祖先物种的灭绝……"[113]但这种基于时间维度的规则在空间上却有着例外，渊博的柯南·道尔便利用了这一点。因为某个物种的灭亡并不是一次性发生的，而是一个渐进的过程，其速度与范围也取决于环境的差异。作为新物种传播与随之而来的旧物种灭绝的阻碍，"各种地理障碍"有着"强大的、显著的影响力"。[114]达尔文认为，当说到某个"与世隔绝"的生态位时，地理障碍就有了最大的影响，因为在这种隔离区域里，新物种的形成受到阻碍，此处已有的物种"几乎不变地"继续发展。[115]没有外来物种的融入，它们的生态位形成了一个活档案。当气候变迁与新的动植物物种的诞生改变了全世界的时候，古老的物种在孤立的岛屿、无人踏足的"高地"或"高山"上幸存下来。[116]加拉帕戈斯群岛幸免于哺乳动物的扩张，在这些岛屿上，"爬行动物"占据了统治地位，并继续独特地发展着。[117]达尔文在日记中记录道，加拉帕戈斯群岛是各种爬行动物的"天堂"（1835 年 9 月 17 日）。达尔文最爱的诗人弥尔顿曾描写过环绕天堂的"坚固的"墙，[118]这道墙保护岛

301

上物种免于生存的"永恒战争"。[119]一条地缘政治中常用的规则是，交流意味着战争或压迫；而民族志学家知道，这也适用于社会。[120]隔离结束时，选择就开始了。"不同种类的失败的物种，"达尔文就与世隔绝的群落生境写道，"可以拿来跟野人相比较，作为周边平原上曾经的居民的有趣的残留，他们几乎所有人都还很落后地栖身于山林间。"[121]

对于达尔文之后的文学作品来说，这种洞见具有某种内叙事的后果，故事中的世界现在几乎主要由偏远的高地平原和无人踏足的岛屿构成。在柯南·道尔的《失落的世界》中，研究者们翻越陡峭的悬崖和幽深的峡谷，遇见了名副其实的恐龙——不是沃特顿在巴西发现的恐龙蚁——也遇到了某种古老的类人猿的"残留"。这也属于达尔文式叙事空间的一部分。这些石器时代以前的"猿人"组成部落，并与其他所有偶然入侵的人科动物展开"血腥的战争"[122]。[123] 按照亨利·沃尔特·贝茨探险的模式，这些冒险家认识到从猿人到亚马孙部落原始人类的不同人类发展类型，以及本地与外来的不同混血人种（比如克里奥尔人和梅斯蒂索人）。查林杰教授被问到这些猿人究竟是从哪里来的，他奉上了达尔文的由气候的变化、加剧的竞争和物种的迁徙组成的混合理论。在这座与世隔绝的山谷中，猿人唯一的竞争对手是恐龙，他们被迫采取一种穴居生活，这阻碍了他们继续发展成为一个文化民族。达尔文写道，自然就存在于一场所有生物对抗所有生物的"战争"之中，但首先是一场古老物种对抗它们后代的绝望的防御战。[124]柯南·道尔证明了这一点。在《失落的世界》中，欧洲人仅用四杆连发步枪就决定了战争的胜利。自然中每一个位置都只能由一个物种来占据，在欧洲人占据了生态位的地方，猿人就必

302

须灭绝，要么是缓慢地由于入侵的疾病和环境变化，要么是迅速地由于"冲突"与"围猎"，正如达尔文在澳大利亚所记录的。[125]沃特顿笔下罕见的人形灵长类生物虽然有着一张温厚的脸，但显然与其他野人一样也被射杀了。[126]这种人形生物间交流的残酷性完全符合达尔文的预期，具有普遍意义，即"同一种属下物种之间的斗争，如果它们处于竞争之中，通常……要比不同种属下物种间的斗争要更为激烈"。[127]在智人占领全世界之后，没有其他人类能够存活。但是接替智人的生物自然存在于进化的历程之中，正如威尔斯的《蚂蚁帝国》所揭示的那样。蚂蚁做好了准备。而战争的残酷性证实了这两种构建帝国的动物之间紧密的（社会学上的，而非生物学上的）亲缘关系。

303

欧洲的发现

还有一个重要的差异证明了达尔文主义叙事的规则。"邦雅曼·贡斯当"号虽然跟贝茨和查林杰采取了同一条航线，但它并没有**回到**原猴与恐龙的石器时代或白垩纪，而是**向前**，驶进了未来。在上面提到的所有故事中，空间都被折算成了进化的时间，它本身就跨接了巨大的进化步骤。这艘炮舰的探险只需要离巴西的沿岸城市足够远，就能碰到一个异常先进的蚂蚁文明，它正打算与人类竞争世界的统治地位。舰长向一艘被蚂蚁占据的船派出押解船员，却又被这些蚂蚁击退。炮舰在一次登陆时遭到了攻击。霍尔罗伊德在甲板上用一架望远镜观察到了结果：

他注意到一些巨大的蚂蚁——它们看起来有 10 厘米

长——它们扛着一个奇形怪状的东西，他想不出这个东西的用途。它们有目的地从一个地方移动到另一个地方。不像在不设防地区成行成列地移动，而是呈一条线，就像炮火下的现代步兵。一些蚂蚁隐蔽在一具尸体的衣服下面，还有一大群聚集在库尼亚的必经之路上。[128]

这些蚂蚁已经识破了库尼亚的计策，早已等着他了。这位少尉被迫与大部队脱离，他遭到攻击并被杀害。用大炮复仇的尝试，除了噪音之外似乎没有其他显著效果。[129]"邦雅曼·贡斯当"号顺流返航。它的任务彻底失败，那块地区丢掉了。让巴西人完蛋的确实是蚂蚁。欧洲的武器和顾问毫无用处。霍尔罗伊德认为大英帝国遭到了威胁，向伦敦发出警告。威尔斯的叙事者最终告诉我们，在这次探险之后的短短三年时间内，蚂蚁就显著地扩大了它的版图。这些消息读起来就像是一则战报：

> 它们实现了难以置信的征服。巴特莫南岸大约 100 千米的区域都被它们所占据。它们将人类驱逐一空，占领了种植园和定居点，还劫掠了至少一艘船。甚至有人说，它们——以不可思议的方式——能够跨越卡普阿拉纳河非常宽阔的支流，朝亚马孙河的方向行进了许多路程。[130]

怎样设想这一征服过程及其组织性和开拓性的成就，可以从上文提到过的一部德语小说中读到。[131]快速行军蚁狩猎群体的行进速度达到每分钟 30 厘米。也就是说，每小时 18 米，或者每天 432 米。即使没有休息或其他障碍，巴西的蚂蚁大军走

304

完 157.68 千米也要一整年，而亚马孙河的支流就有 2000 千米甚至更宽。巴西蚂蚁的入侵走到海边大概需要几十年时间。威尔斯消息灵通的叙事者不无道理地猜测说，大约到 1920 年，蚂蚁大概能到达大西洋岸边。但这并不意味着空间征服的结束。像每一个帝国一样，蚂蚁也谋求着世界霸权。

"那么它们为什么停在了热带的南美洲呢？……我猜它们最晚 1959 年或 1960 年能发现欧洲。"[132] 发现欧洲！蚂蚁发现旧大陆，逼迫我们进行角色互换。这样也可以让我们学着用别人的眼睛看世界。威尔斯并没有说出这种讨厌的事情可能的认识论后果，即欧洲被一支南美洲探险队所发现。看一下对这部小说的续写，即从卡尔·斯蒂芬森到《第四阶段》，就会发现威尔斯对"入侵生物学"的前瞻性观点。[133] 入侵生物学最喜欢举的例子就是已经多次提到的红火蚁，它的学名叫 Solenopsis invicta（意为"不可战胜的"）是有道理的。[134] 因为所有物种，包括人类在内，都很难对付它们。该物种目前的分布只是一个"入侵率"与"驱逐率"之间的关系。[135] 它的征服之路迄今为止只可能暂时中断，而不能被完全阻止。

笔者曾强调过威尔斯的《蚂蚁帝国》与同时代的康拉德、柯南·道尔与吉卜林的小说的一系列相似之处。还应看到它们之间的区别，蚂蚁成长为不列颠殖民帝国真正的竞争对手。或者换一种说法，在《基姆》或《黑暗的心》中不可想象的，构成了威尔斯小说中的核心信息。以蚂蚁文明为媒介，他的小说让人注意到在大不列颠世界帝国众多的殖民地中蔓延的危险，即无数部落、部族、氏族与民族正在摆脱他们"野蛮"或"原始"的状态，获得对自身处境的认识，团结起来，组织起来，进行现代化，以共同向迄今为止的主宰者宣战。[136]

306

蚂蚁所做的正是这些，它们不再分散为许多互相隔离的社会，而是组织起来形成一个完整的、更加优越的国家。"毫无疑问，它们比已知的任何蚂蚁种类都更有理性、拥有更好的社会组织；它们不再生活于分散的社会中，而是实际上组织成为一个单一的国家。"[137] 还是**一个**不仅把原先互相竞争的蚁群统一成一个强大的社群，还把不同种类的蚂蚁整合为一个同进退的联盟的国家。所有的蚂蚁子民都联合起来行动，这对于不列颠殖民地的诸民族意味着什么，是不言而喻的。如果分散意味着被统治，那么反过来，许多分裂的族群联合起来，就只会对帝国的主宰造成灾难。

307

事实如此，所有反抗欧洲殖民大国，尤其是大英帝国的起义，比如印度的大起义或中国的义和团运动，都曾被比喻为大群昆虫的攻击。我再举一个威尔斯最喜爱的作家柯南·道尔的例子。"整个国家从上到下就像一群虫子"，艾伯·怀特先生对夏洛克·福尔摩斯谈起他作为士兵所经历的印度土兵起义时说，这场起义"突然地""毫无预兆地"就在东印度公司管理下的和平印度爆发了。对于占领军来说，"叛军"的数量优势并非唯一要面对的挑战。叛军都是由英国人自己征募和训练的，这让这个老兵尤为愤怒。"这是一场上百万人对几百人的战斗，这件事情最卑鄙的地方在于，这些跟我们对着干的人，无论是步兵、骑兵还是炮兵，都是由我们自己征募、编队、训练的军队，而他们用我们的号角吹响攻击我们的信号。"[138] 这些军队不是用几发炮弹就能打发的，我们可以假定，他们在敌军的炮火下呈散兵线在掩体间移动，就像威尔斯笔下的蚂蚁，也就是说，就像是"现代步兵"。一方面，本地的起义者被比喻成昆虫。他们人数众多，呈散兵队形。另一方面，殖民军受到虫群的骚扰，如果不是被攻击或被蚕食殆尽的话，"我们活生生地被绿色的小虫子吃得头发都不剩，它们成千上万地爬上我们裸露的双腿。"[139]第93萨瑟兰高地团的一名中士所回忆起的对英式裤腿的攻击，又预示了对欧洲的攻击。这些虫群在比喻意义上是指起义的印度人。夏洛特·斯莱就"殖民地的蚁群"写道：

> 将蚂蚁视为威胁的原因在于它们所处的位置——殖民地。在这里，它们和其他昆虫一起爬来爬去，咬伤并惹恼殖民者，破坏种子，削弱劳动力，还带来疾病。有趣的是，它们危险的特质存在于与"野蛮的"人类同胞可能的亲缘关系之中。[140]

它们的"野蛮性"却不复存在了，正如柯南·道尔和威尔斯写明的，殖民地一盘散沙的野蛮人只要简单地模仿欧洲人，就能将过去几千年的发展历程迎头赶上，迅速组成一个现代国家。而模仿——便是社会性昆虫核心的两个组织原则之一。[141]贝茨所描述的没有历史、没有欲望、没有文化、心满意足地游荡于丛林中的印第安人，有可能像霍尔罗伊德向移民局发出的警告中所说的那样，在很短的时间内成为一个真正的危险，越过欧洲的边界，像曾经的成吉思汗的或匈奴人的部落一样扫荡欧洲。这种危险的形象也是由昆虫学家提出的。惠勒还有威尔逊和霍尔多布勒（又是他们）用几乎是威廉二世时代风格的辞令声称："矛蚁和行军蚁就像是昆虫世界里的匈奴人和鞑靼人。"[142]没有生物能够逃脱它们呈扇形的、层层推进的攻击阵形。

对地球上"蚂蚁的压倒性优势"的洞见对生物学家来说不啻是一个打击。[143] 它们的数量有数万万亿，在地球上形成了"除人类之外最具攻击性的生物群体"。[144] 对蚂蚁的秩序、组织、适应性和智慧的钦佩随时可以变成危机感。蚂蚁社会作为乌托邦典范与反乌托邦恐怖并存的这种完全矛盾却又相互依存的文学与昆虫学—社会学结构，也可用于我们的"后殖民"时代。索尔·巴斯的伟大电影《第四阶段》借鉴了我们讨论过的入侵小说，将蚂蚁的社会能力变成形象，将它升级为对人类文明的威胁，支撑了他基于最新的昆虫学研究现状、以自然历史纪录片风格拍摄的片段。与威尔斯或斯蒂芬森不同的是，对失去殖民地的担忧在巴斯这里不再重要。1974 年尚未结束、但在春节攻势①之后已注定失败的美国越战，作为地缘政治框架取代了大英帝国对大起义的恐惧。科波拉在《现代启示录》中也是让马洛在湄公河上航行，而不是康拉德在《黑暗的心》中写的刚果河。

在《第四阶段》中，一支装备精良、从安全有保障的基地出发的盎格鲁—撒克逊军队出战一群可能很原始、但却有着数量优势的敌人。这场对抗蚂蚁的战争也是一场代理人战争。"将虫群类比为好战的入侵者的表现手法"——这里是比喻成越南军队，它像从威尔斯到威尔逊的一系列作家笔下的行军蚁一样，从丛林中经过隐蔽的、部分位于地下的小路突袭美军控制的地区，或者突然从西贡的地下冒出来——"拉开了人类与昆虫之间的距离，还清楚地定位了这些动物的国籍，好将它们

310

---

① Tet-Offensive，指 1968 年北越军队向南越各城市发动的越战期间规模最大的地面军事行动，这次行动成为美军撤离的转折点。

展现为一种威胁。"彼得拉·朗格－伯恩特在观看《第四阶段》后建议说，另一种途径或许是在群体中探索出一条"从现有身体结构中解放"的可能性，并发明一种防弹衣[145]——正如德勒兹和加塔利在思考"变成动物"时所建议的。[146]在《千高原》(Tausend Plateaus) 中，"蚂蚁"作为典型的"动物块茎"被引入进来［动物块茎将"节段线"(Segmentierungslinien) 与"逃逸线"(Fluchtlinien) 连在一起］[147]，于是在这种情况下，可以期待视觉与内叙事的措施，以成为解域化 (Deterritorialisierung) 的主宰，并维持可靠的国家机器的秩序。蚂蚁与同样以极小单元组织起来的越南军队的同一性排除了与作为另类社会形式的群体的同一性。

但是电影海报却让人怀疑，《第四阶段》表现了一个动摇"陈旧的同一性设计"，使人类"转型"进入新时代的"成功的例子"，或者说提供了一个进入新阶段的机会，抛弃"男人与女人之间的二分法以及人类与动物的区别"。[148]海报呈现给它的美国观众非常典型的（也因此是非政治性的、不加批判的）B 级恐怖片的感觉，非常像威尔斯的《蚂蚁帝国》电影版的海报，它也是该书 Tempo Books 出版社平装版的封面。

在这两个例子中，值得注意的是比例的变化。《第四阶段》海报右下方非常小的两个人似乎在躲避巨大的蚂蚁，而蚂蚁威胁地张开上颚，从左边突入画面，地平线上火焰在燃烧。

311

海报上的宣传标语声称，在这一天，地球会"被疯狂的、由宇宙中的某种力量控制的侵略者"(ravenous invaders controlled by a terror out in space) 所入侵，变成一个坟场。一方面，这是外星人入侵的遥远回声，是威尔斯曾在《月球上最早的人类》中想象出来的类似蚂蚁的月球人的威胁；另一方面，这里又拾起了道金斯的复制体与生存机器之战的说法，因为入侵的大军是被从宇宙中遥控的（"controlled"，"commanded"）。在威尔斯小说的封面上，一只小马大小的蚂蚁在攻击一名穿着牛仔裤和白衬衫的无助的女人，从她的脸上可以看到恐慌。读者由封面和海报唤醒的预期，在看了巴斯的影片和威尔斯的小说后会落空。[149]完全没有什么巨型蚂蚁。这也没必要，因为危险来自蚂蚁的社会性和它们的超有机体智慧，而不是它们体形的大小。决定是这些蚁群自己做出的，它们不受任何地球上或地球外力量的命令或控制。正是这一点使得它们成为人类"值得尊敬的"对手，[150]人类也同样不是因为身体上的优势才俨然成为地球主宰的，而是由于其自身特质，在威尔斯和巴斯的作品中，这些特质是蚂蚁社会所凸显出来的，并且，如果我们遵循威尔逊的说法，这些特质在两个物种中都表现出了群体选择的效果。[151]也就是说，蚂蚁仍然可以像我们所知道的那样小，但是它们的大军却并不会因此轻易被击败。当然，电影通过近距离拍摄和变焦，让这么小的生物充满整个银幕，但是巴斯的摄影师肯·米德尔汉姆（Ken Middleham）绝对不会让人怀疑人与昆虫的大小比例。《第四阶段》的惊险刺激绝非蚂蚁可怕的体形所引起的，它不像许多这种类型的昆虫恐怖片如《X 放射线》（Them!，华纳兄弟，1954 年出品）或《狼蛛》（Tarantula，环球影业，1955 年出品）等，模糊地由于某种实验、环境污染或核试验搞出超大昆虫，这些电影给流行文化带来了一系列的超级英雄和超级坏蛋，漫威 1962 年创作的《蚁人》也属此列。在威尔斯和巴斯的作品里，"激动人心"[152]的恰恰是那种飞跃式进化，其社会性后果被霍尔罗伊德认为是对不列颠世界帝国的威胁，哈布斯则认为那是对人类的挑战。

312

超级蚁群是自组织的，不是被遥控的，它们并非单纯的机器（在一阶控制论的意义上），而是有学习能力的有机体（在梅西会议所讨论的二阶控制论的意义上）。这让它们如此危险，又如此迷人。

313

威尔斯所想象的某种蚂蚁进化成统治全球的帝国的情景，其实早已发生。"超大蚁群占领世界"——2009 年 7 月 1 日 BBC 地球新闻的标题如是说。这里说的是臭名昭著的阿根廷蚂蚁，它们从位于南美洲热带的家乡出发到达了全世界，并形成庞大的、跨国界的"超大蚁群"。[153] 这篇头条文章所参考的研究报告表述得却不那么耸人听闻：阿根廷蚂蚁的洲际联盟。[154] 这种蚂蚁蔓延到全世界是交通技术全球化的结果，它的

314

工蚁生活在威尔逊的小说《蚁丘》所描述的那种超级蚁群中，显露出不同巢穴内成员相互不争斗的特点（"物种内部的攻击是不存在的"）。阿根廷蚂蚁彼此之间没有竞争，它们共同对付许多对手和敌人，得益于它们低风险、快节奏的扩张，它们得以把敌人排挤掉。在威尔逊还是一个亚拉巴马大学的年轻昆虫学家时，这种蚂蚁便是他最早研究的蚂蚁种类之一。[155] 六十年后，这种蚂蚁在他的小说里成了一个主角。在《蚁丘》中，它们的存在可归因于某种基因缺陷，在不健康的扩张之后，它们突然迎来了灭绝的命运——这个超级蚁群被用毒气消灭了。威尔逊的小说在这里有意无意地指向了《第四阶段》，这部电影同样讲述了一个超级蚁群的崛起，在电影里，这一过程是与某个房地产开发项目的衰落相联系的。这种关系构成了《蚁丘》的主要情节之一。在《第四阶段》中我们可以看到，如果开发计划和蚂蚁社会的发展没有采取另一种可持续的方向，拉夫所挚爱的诺克比湖会变成什么样子。

与《蚁丘》不同，《第四阶段》中绝望的科学家哈布斯博
士（昆虫学家）与莱斯科（数学传播学家）没能够用一场不
受限制的毒气战消灭这个蚁群。恰恰相反，蓝剂与黄剂进入了
蚂蚁的新陈代谢之中，让它们对毒气有了免疫力，就像致病细
菌能够对抗抗生素一样。巴斯没有把这种基因变异当成是缺
陷，而是当作了进化优势，它提高了蚂蚁的适应性。《蚁丘》
中的叙事者关于超级蚁群所想到的，是通过灭虫战将它们消灭
的过程。被高度赞扬的自然平衡，在毒气袭击之后像在一张白
纸上一样重新建立起来，正如威尔逊和麦克阿瑟所进行的岛屿
上"去动物化"实验中那样。[157]在当时的美国，对进行一定范
围内灭绝实验的专家评价很高。但是索尔·巴斯将昆虫学与民
族学、帝国的扩张与进化生物学紧密联系起来，他肯定不会像
威尔逊的《蚁丘》那样如此简单地一灭了之。

蚂蚁创作的民族志

在威尔斯笔下，如同在康拉德和吉卜林的笔下一样，战争
与认识同时发生。格罗夫所虚构的蚂蚁美国探险队也不仅仅是
由语言学家、动物行为学家、医学家、生物学家、人类学家和
社会学家组成，而是一支庞大的军队。这次美国研究之旅迄今
未曾发表的专著有 262 页，标题为"人类：其习性、社会组织
及前景"。[158]在美国被称为"火蚁入侵"并被搬上银幕的事件，
蚂蚁则称其为一场科考之旅。格罗夫原名费利克斯·保罗·格
雷韦（Felix Paul Greve），他作为一名柏林的多产作家和翻译
家，很有可能读到过库尔德·拉斯维茨的《蚂蚁日记》，在这
本书中，一只名叫嘶儿（SSrr）的红蚂蚁进行了一场人类学—
社会学研究，并写出一篇题为"人类生活与行为"的报告。[159]

315

316

因此，《人类》并非这种文章中的第一篇。当然，我们可以从中读出许多以"蚂蚁"为题的专著的讽刺回声。不过它也让我们想起那些概述北美人在自然界的地位、其社会与政治秩序和分化以及其经济与文化的民族志报告。[160]正如当时的昆虫学家在作品中提到与"恼人的"蚂蚁"斗争"，[161]《人类》也探讨了智人这个物种灭绝的可能性。

《人类》的"蚁科作者"[162]的写作方式就像惠勒的《蚂蚁》一样，格罗夫在这里有意参考了这部作品。[163]正如对政治性动物的研究一样，这里没有进行解剖，而是在其自然与社会环境中观察活生生的物种样本。[164]研究结果听起来就像是童子军杂志上对蚂蚁描写的反面，人类的社会制度是复杂的、个体主义的和自私自利的。它从根本上缺乏对他人的同情。[165]缺乏强联系。"人人为己"，"从不为社会整体考虑"。[166]人类致力于获得非物质性的奢侈品，而不是像蚂蚁通常所做的那样，[167]致力于获得有用处的、基本性的东西。[168]格罗夫这种以蚂蚁创作的以民族志为媒介的明显的文化批判，在他的"田园牧歌式的乌托邦"愿景中找到了对应物，它位于小说里的阿塔蚂蚁群落中，对于人类来说是遥不可及的。[169]

明显的反转与类比——蚂蚁的探险队从高度文明的热带走向欠发达的北方，蚁后是赞助人，皇家科学会派出了成员——给小说提供了一眼就能看透的幽默，小说利用这种陌生而又熟悉的对美国的观察，在一种"陌生的陌生体验"的镜像中展现我们的样子。用民族志学家的话来说，在阅读这份报告时就会意识到"我们自己的世界观的不言而喻性"。[170]对一家牙科诊所的"近距离描述"[171]一方面导致了怪诞的误读，因为做观察的蚂蚁把仪式性地张开嘴巴当成了开始反刍，但同时也犀利地发现了医生、助手与病人之间的权力关系，以及他们的种族与性别特征。在与因皮埃尔·于贝尔而著名的红牧蚁（Polyergus rufescens）实验类比之后，[172] 哇哇圭把牙医助手当成是被奴役的种族的一员。这些蚂蚁科学家把患者当成了某个残酷仪式的牺牲品。报告只提供了数据，将得出结论的任务留给了读者，但是报告无奈地注意到，在"蚂蚁之间很普遍的合作这件事情上"，在它们所观察的（乡村）聚居地的五百个人中完全找不到。[173] 因此，他们都是野蛮人。另一种研究意见认为，人类对于更优秀的物种来说"几乎是取之不尽的食物来源"，在这一点上人类还算有用，这个"更优秀的物种"指的当然是蚂蚁，它们有时也不得不豢养像人类这样的物种，要不是自然界本来就创造了给它们所用的人类的话。[174] 这对从科学文献或科普读物中经常看到"蚂蚁的用处"的那些读者来说可能尤为有趣，比如说，蚂蚁可以用来"清理有机物质"或者控制害虫。[175] 蚂蚁对于所谓的"经济昆虫学家"来说是种"益虫"，而不是"害虫"。[176] 人类是否也是种"益虫"？《人类》与《蚂蚁之智》这两本书都表示怀疑，而威尔逊对蚂蚁的社会和人类的社会进行了直接的比较之后，得出了类似的结论。"人类的行为会耗尽地球资源"，蚂蚁则不会，[177] 只要它们不因为某种基因缺陷变成诺克比的那种超级蚁群的话。社会的发展动力不应建立在破坏动植物的物种多样性的基础上，这是威尔逊的相当值得尊敬的目标，但其原因和手段似乎还可商榷。蚂蚁的民族志学，至少在格鲁夫笔下，并没有采取另类的或反面的视角。科考队里的阿塔蚂蚁理所当然地觉得，自己比其他蚂蚁有着更高级的文明。从原始的角度，总是会看到对面的高级文化。高级文化培养出动物学家、行为学家和社会学

318

家，他们不断地采取类比的方法，并且，就像通常在昆虫学—社会学通道中一样，不停地又徒劳地提醒不要类比化。[178]蚂蚁们仔细观察了一个蚂蚁学家，他因为奇怪的行进工具而得到了一个名字——"骑车人"①。[179]

格鲁夫的小说使用了这位著名学者的研究成果，[180]他本人发现并确定了切叶蚁的几个亚种，但他并没有注意到，他在进行野外研究时，也被蚂蚁观察着。[181]他本人从民族志学者那里并没有学到什么。无论如何，或许阿塔蚂蚁探险报告的读者会学到些什么（就像惠勒所讲述的白蚁微微的文化比较那样），如果他们思考自己是如何被观察着的。从民族志学教科书《人类》中我们可以得到一个教训，即使是像切叶蚁一样，在研究中遵循最严格的方法、不带丝毫偏见，也不能挣脱自身文化的"根隐喻"。

这可不是无足轻重的，或许会爆发一场认识论的启蒙，而不是生物学的启蒙。不过这种可能性对于这部小说来讲似乎要求太高了，它即使有一些倾向，也不会在这个方向上继续讲述下去。蚂蚁对威廉·莫顿·惠勒和阿黛尔·菲尔德（Adele Field）的昆虫学著作的仔细研究，对于它们自己的自描述和人类研究中的科学假设来说，也是徒劳无功的。[182]尽管有种种转化与类比，这一通道仍然是人类中心主义或蚂蚁中心主义的，根据情况而定。甚至《蚁丘》也没能成功地从另一个角度尝试让他者发出声音。对于这部小说中对生物多样性、精英、自我牺牲和可持续发展的赞颂来说，这一"声音"也不是必须的。只有一部奇异的电影做到了再进一步，由他者对观

① 与"惠勒"同音。

察进行观察变成人类与蚂蚁关系的核心主题。

变成蚂蚁——用四个阶段

　　索尔·巴斯用《第四阶段》成功地塑造了蚂蚁入侵与超级蚁群题材的里程碑，它揭示了蚂蚁文化构建的全新方向。广大观众也可以感受到，与其担心蚂蚁会飞跃式地进化成巨大的怪兽，不如去期待社会性昆虫以最小的变化产生的进化优势能起到更强大的作用。蚂蚁不是怪兽。上百万只微不足道的蚂蚁组合成一个协调、利他、强大、有效的集体。这个集体由分布式智慧进行自我控制。"它们是整体中微小却有用的部分，"正如电影中的哈布斯博士所说，"作为个体是那么弱小，作为集体却如此强大。"

　　一方面，《第四阶段》中如此运转的整体是人类的敌人，因为它如此坚定地与人类展开对稀缺资源的竞争，正如斯塔普雷顿笔下的火星生物群一样。蚂蚁跟我们一样，是杂食动物。亚利桑那的动植物都被吞噬殆尽。另一方面，影片中的超有机体又像是一个迷人的社群，刺激人想要跟它融为一体。人类既没有像电影海报上画的那样被蚂蚁吃掉，也没有像德国版海报暗示的那样变成蚂蚁。电影讲述了这个故事的两个变种——对蚂蚁的战争与对其超有机体的接纳。几个人类受害者被吃掉了，人类成为了资源。蚂蚁先是吃光了田里的作物，又消灭掉了牲畜，最后轮到那些农民了。

　　而昆虫学家哈布斯和通信学家莱斯科，以及一个农场家庭中的幸存者漂亮的肯德拉经历了一个转型的过程，这使他们以某种特殊的方式变成了蚂蚁。被蚂蚁咬到的昆虫学家哈布斯身上发生了突变，这让人想起大卫·柯能堡（David Cronenberg）

321

322

的电影《变蝇人》(*The Fly*)中的杰夫·高布伦。蚂蚁的遗传适应性是可以传染的,哈布斯却不能有成效地利用它。他扫掉桌上堆着的信息理论算式,冲着同事詹姆斯·莱斯科充满激情地吼道:"我们不会……人类不会放弃。"这时,他的胳膊看上去就像蚂蚁的大颚。人类不会放弃。哈布斯知道这两个物种间的决战就要来了。

在他看来,研究小组的投降就意味着人类的失败。即使在使用了黄剂与蓝剂的毒气战失败后,这位昆虫学家仍然想要消灭超级蚁群。

在他进行最终的绝望报复之前,哈布斯落入了蚁群设置的陷阱,人类也不可能像它们一样想出更简单、更有效、更好的方法了。在一个狭窄、幽深的洞穴里,无数蚂蚁吞噬了昆虫学家,就像黑色的雨滴落在他的身上。通信学家莱斯科却还总想着发送"再多一条信息"。以某种方式来说,他成功了,但这种成功也标志着人类的终结。他与肯德拉想用某种自威尔斯到格鲁夫的小说中一直描写的方式与蚂蚁交流,催眠的或心灵感应式的交流消泯了个体性。

莱斯科犯下了许多通信理论学家所犯的错误,让交流本身总是有助于理解。蚂蚁不想温和友善地与别人交流,而是利用它们在几乎密闭的研究实验室里面的渠道,先是将哈布斯引诱到陷阱或它们的巢穴中去,然后是肯德拉,最终是莱斯科。在梦游的肯德拉之后,莱斯科最终也献身于"蜂群思维"。他们的外表可能仍然是人类,但他们已经不再是自己行动的主体。他们已经被蚁群所接纳,"我们将成为它们世界的一部分,"莱斯科在电影结束前的最后几分钟非常肯定,"但我们不知道它们的目的是什么。"蚂蚁是出于什么目的接纳了他与肯德拉

323

的，他们在将来会以怎样的形式服务于蚁群集体？莱斯科并不清楚。他成了一个简单代理人。

由此，"第三阶段"在叙事的层面上完结了，电影结束，事件的"第四阶段"得以开始。电影中插入的第一到第三阶段以及在影片结束时才出现的题名暗示出，现在是实验的又一个步骤。在药品研究中，"第四阶段"指的是从对少数被试的效用研究转换为对广大患者群体进行一系列测试的步骤。现在，蚂蚁可以将它们长期以来从几名农夫和研究人员身上获得的经验放在更大的田野研究中去验证了。也就是说，进入到研究第四阶段的并非哈布斯和莱斯科，而是蚂蚁的超有机体。从这样一个蚂蚁进行实验的角度，也可以对第一到第三阶段进行重构。第一阶段始于考察地形和建立考察站，同时蚂蚁开始了对科学家的观察。第二阶段始于一次干预。哈布斯摧毁了蚂蚁的所有高层建筑，只除了一个例外。先前获得的测量数据应当与预期的攻击反应作比较。这项工作很成功。莱斯科对蚂蚁语言的破译取得了进展。不过蚂蚁也开始改变人类的周边环境以测试其反应。分析的结果是，他们与蚂蚁一样依赖气候环境。哈布斯对蚂蚁城市的进攻被回报以破坏发电机和建造反射器，蚂蚁将亚利桑那热的阳光集合起来对准了研究模块。这不仅会让人热得难受，还会逐渐地让所有复杂的技术设施失效，这些设备就像大型计算机一样依赖于冷却系统。两种生物对抗敌人的方式都是将环境条件变得不适宜生存。它们检查系统的能力，不让平衡遭到持续的破坏。供电系统遭到摧毁之后，哈布斯的反应是大规模使用黄剂。对毒气的分析被蚂蚁传送进了它们的新陈代谢之中。类似的适应性在人类那边则看不到。在第三阶段，蚂蚁与人类相比，学到了更多东西，而不是反过来。

如今，它们的核心建筑建造于地下。与此同时，研究站变成了一个——与科学家们观察蚂蚁的"蚂蚁工坊"相对应的——"人类工坊"。蚂蚁在受控制的条件下研究人类的行为方式。这一研究所遵循的理论模型也同样是人类的昆虫学研究所喜爱的稳态模型。温度计总是被用来做这种研究的象征。蚂蚁利用各种方法，比如用反射器增强日光照射或破坏内部和外部的电源供应和冷却系统，来干扰人类与机器的平衡。温度上升，人类就会尝试重新恢复平衡，比如用应急发电机，或重新习惯新的温度，通过多喝水、出汗或者脱衣服。测量温度、检查误差（太冷或太热）、调节变量（通过暖气、空调、拉窗帘或调整反射镜），这一系列循环构成了一阶控制论的典型例子。20 世纪 70 年代，这一理论终于被提出，"生物圈恒温器"应当对全球气候负责。地球的大气，其化学成分、气压和温度都可以描述为"维持稳态的生物控制系统"的结果。[183] 对于我们已知的生命来说如此适宜、非常不可思议、几乎是"不正常"的地球环境要归因于"动态平衡"，这是在全球范围内由"生命自己"所建立和保持下来的。[184] 洛夫洛克（James E. Lovelock）和马古利斯（Lym Margulis）在文章中多次提到社会性昆虫对局部温度的调节，他们还引用了威尔逊 1971 年的文章。[185]昆虫社会在文中不断被描述为上文意义上的"控制系统"，[186]作为超有机体或控制系统的蚂蚁社会用一系列的措施确保操纵变量不会偏离测量变量太远。索尔·巴斯的电影正是在 20 世纪 70 年代这种研究状态的基础上运行的。昆虫学和社会学的知识自动地传递到了电影胶片上。《第四阶段》中的蚂蚁所建造的地下建筑，第一眼就给人一种很酷的印象。背阴的通风系统显然是与烘烤着研究模型的太阳相对立的。蚂蚁的住

326

处是凉爽的，经过了彻底的消毒和清理，而人类的研究站则给
人混乱、燥热的印象。

　　格鲁夫和威尔逊从作者的角度所叙述的，在巴斯的电影里
得到了展现，蚂蚁找到了某种更有优势的秩序。蚁群是一个符
合生物学和控制论的内部平衡的系统，而人类则依赖于外部的
能源供应。能源首先来自于一个柴油发电机，然后来自电池。
威尔逊在《蚁丘》中所展开的宏大主题，即可持续性，在
《第四阶段》中已经被唤醒了。洛夫洛克和马古利斯已经注意
到了生物圈的温室气体排放所造成的难题。[187] 他们关于作为内
部平衡系统的大气圈和生物圈的理论使人们能够掌握全球的事
态，这正是《第四阶段》在亚利桑那所做的。

　　无论如何，在亚利桑那的荒漠里，蚂蚁比它的竞争对手表
现得更可持续。科学家以及对他们来说至关重要的技术器械在
持续的 90 华氏度（约 32.22 摄氏度）的温度下就已经坚持不
下去了。机器出了毛病，被试者离开了研究站。面对人类摧毁
它们实验的努力，蚂蚁早已做好了准备。它们还从之前的阶段
得知，哈布斯和莱斯科会采取什么手段。对日光反射器的破坏
行动被陷阱阻止了。哈布斯在其中一个陷阱中身亡。莱斯科所
设置的通信频道为超级蚁群所用，目的是发出信息，让肯德拉
和莱斯科到蚂蚁的地下城去。他们两在那里被"改造"了，
由此开始了"第四阶段"。蚂蚁可以从亚利桑那出发去占领世
界了。电影展现了人类灭亡、新的物种诞生的四个阶段。

蚂蚁的反击——递归民族志与二阶控制论

　　在观察陌生的文化时也观察自身，并且这种自我观察伴随
着对另一种文化的建构的考虑，最迟从布罗尼斯拉夫·马林诺

327

328

夫斯基《西太平洋的航海者》(*Argonauten des westlichen Pazifiks*)的经典研究以来，这一信条就已成为民族志学田野调查的方法论基础。沉浸于陌生文化之中的民族学家必须在体验式观察与评估记录的过程中不断明确，他是带着假设在行动，预设会让他将陌生文化依照自己的文化为模型来建构，而不是从内部按照其自身的建构规则来理解。在陌生人中迷失自己的可能性，表明了沉浸式体验的风险。这一问题的两面也吸引了对社会学感兴趣的昆虫学与对昆虫学感兴趣的社会学。威尔逊可以在远距离发现，被观察的结构具有普遍特征，也就是说适合于对所有社会的描述。民族志学则相反，几乎不能采取系统理论的俯视视角，而必须回到田野中去。马林诺夫斯基提醒他年轻的学科，每一个从事"民族志学田野调查"的人都要记得，"必须要清理掉许多会导致错误、充满偏见的想法，才能正确地掌握事实"。[188]马林诺夫斯基让民族学家的目光转向内部。如同被观察一样，能够消除盲区、让对幻想的期望显现为事实的观察，也就是自我观察。二阶观察就这样建立起一个内部的校正循环。

原科隆博物馆馆长尤利乌斯·利普斯（Julius Lips）的著作《野蛮的反击》(*The Savage Hits Back*)出版于1937年流亡美国途中，这本书给这一反馈回路又增加了另一个循环。[189]利普斯考察了非欧洲民族在雕塑与绘画中对"白人"的表现。他使用的资料非常庞杂。非洲部落在雕塑和绘画中塑造了传教士、士兵、商人、僧侣、政客、医生、探险家、教师、公务员以及女性的形象，此外还有技术产品、武器、日用品和船只。也就是说，这位民族志作者在非洲所研究的文化，已经反过来对欧洲文化进行了深入的观察并热衷于描绘其特殊性。因此，民族志学的观察得到了扩展，增加了他者对观察的观察。"野蛮"的种族如何描述欧洲的殖民者、研究者、探宝者、士兵或水手等，在田野调查与对他们的评价中也流露出来。二阶观察也就因此增加了第二条外部回路。

在《第四阶段》中，这种二阶观察表现出两个变种，昆虫学家哈布斯与通信理论家莱斯科无法想象，他们在观察蚁群的同时，也在被这个蚁群中的蚂蚁所观察着。他们根本料想不到，如果要有所收获，只能在蚂蚁理解了它们观察到的人类研究者对蚂蚁的观察之后。电影则让我们毫不怀疑，蚂蚁在它们的二阶观察中成功地建立起了反馈回路，考虑到了被它们观察着的研究者在观察蚂蚁时得到的所有假设。哈布斯和莱斯科并不奇怪它们建立起一个新的包围圈，但他们没有料到的是，蚂蚁期待他们再次尝试破坏这个包围圈，还用陷阱做了保护。哈布斯在向包围圈跑去时，掉到了其中一个陷阱里。蚂蚁证明了自己是更好的民族志作者和行为学者，至少它们的预测完全符合其研究对象的行为方式。

如果我的描述是正确的，那么到现在为止谜一样的影片结尾就可以有一个合理的解释。彼得拉·朗格－伯恩特认为，无法确认"肯德拉是否还是她自己，抑或是蚁后或全体蚂蚁的体现。突然之间，先是肯德拉，然后是男女两个人的形象被昆虫眼睛一样的频闪光效所照亮，直到内外部空间融合为一体"。[190]虽然如此，这种用蚂蚁的复眼观察外部世界的摄像角度在电影中经常出现，因此**不能**作为肯德拉变身成为蚁后或整个蚁群之化身的证据。

但是有两个很好的理由能证明肯德拉为什么既没有成为蚁后（反正已经有数百只蚁后了），也没有成为"所有蚂蚁"的

332

333

化身。首先，这种在一个封闭体内展现多样性的做法完全违背电影所构建的关于群体的认识论与昆虫学。超级蚁群不是利维坦。其次，肯德拉和莱斯科有一个明确的任务，据他们自己所说，在他们还不知道是为了什么目的时，就接受了这个任务。他们俩为什么没有经历哈布斯和其他农民的命运，很可能就是因为，研究从第三阶段到第四阶段过渡的关键就在于，不再在一个封闭的"人类工坊"内去观察人类，而是在人类所处的自然环境之中。肯德拉和莱斯科在影片结尾处远眺地平线，那么很有可能他们是被派去了远方。他们是蚂蚁的人类学探险队
334 的核心。蚂蚁从实验室研究进入了田野研究。

物种的灭亡、种类与社会

我们对此却不能不闻不问。2012 年 6 月，这部电影的一个不为人知的片段被发现了，它让《第四阶段》的结局变得更为明晰。初看这个片段，我们会猜测，《第四阶段》讲的并不是蚂蚁霸权的扩张，如同哈布斯所担心的那样，也不是蚂蚁的人类学研究从实验室来到了田野，如同我上文所猜测的那样，而是讲的这两个物种的融合。谁若是观看了《第四阶段》被发现的最终结局，就会意识到：

> 蚂蚁想参与到人类中来，或者说与人类相联系，目的是促进两个物种的新的发展，从中可以诞生出一个全新的物种。结尾处的两个人完成了转型，他们望向日落处的风景，意识到人类的进化到达了一个新的阶段："第四阶段"。[191]

用这种观点看待《第四阶段》的结尾，也给本章带来了一个合乎逻辑的结论，因为人类与蚂蚁融合成为一个杂交的物种，就消除了所有的差异，而从赫伯特·G. 威尔斯到费雷德里克·格罗夫或贝纳尔·韦尔贝关于帝国的或民族志式的叙事作品，都是建立在这些差异的基础上的。人类中心主义或蚂蚁中心主义的说法丧失了意义。昆虫学家和社会学家所提出的那许多总是遭到无视的对蚂蚁社会与人类社会之间进行错误类比的警告也会变得多余，关于蚂蚁和人类的社会学反而很有理由合并成为一个学科。人类不会像迈克尔·艾斯纳认为的像蚂蚁一样，也不会像比尔·盖茨纠正他时所说的，人类就是蚂蚁，催生出这集机智的动画的所有差异都消失了。诞生出的是某些其他的东西。

335

本章所述的入侵与探险的历史中有一种敌友关系的逻辑结构，在巴斯的电影中，这种敌友逻辑也贯穿着始终，悬疑不决。在进化出新的杂交物种之后，敌意停止了。此前占主导地位的殖民侵占与学术探险的二元逻辑（我们或它们，熟悉或陌生，文明或原始）——它影响了政治界（朋友或敌人），也影响了达尔文的生存斗争（选择或淘汰）——创造出一种新的杂交物种。这里出现的是排除在二元逻辑之外的第三方。它是对偶码（dual code）的"寄生物"。[192] 这个生物学概念是由米歇尔·塞尔于1980年普及并介绍到人文学科中来的。自那以后，关于普遍意义上的第三者形象以及特殊的寄生物有许多人激动地作了阐述，[193] 因此《第四阶段》在结尾处很有可能抛弃二元逻辑、转向杂交形象的做法，在今天就不会让人太奇怪了。电影结尾的讨论（关于第四阶段和不同的物种）在科学史上的有趣及有益之处在于，它可能给了塞尔一个参考，让他把进化论与寄生物联系起来：

> 突然我有了一个想法，从某个特定的视角来看，进化
> 是不是寄生物的杰作。进化与寄生之间是否存在着因果循
> 环，开放性的、回馈性的循环。进化产生了寄生物，反过
> 来，寄生物又影响了进化。[194]

336　　塞尔"突然"产生的这个想法，本身似乎就寄生在进化
论话语的边缘。因为正当塞尔研究寄生物、索尔·巴斯构想和
拍摄《第四阶段》的同时，生物学家与古生物学家林恩·马
古利斯不仅在继续研究上文提到的关于地球作为稳态系统的课
题，还在研究一个进化论的替代理论。如果一切合适，生物的
变化会被选择，并在新的物种中稳定下来，但这些变化不仅能
通过突变而来，而且在通常情况下是通过吞噬来获得的。每一
个生命、每一个物种体内都有各种共生体和寄生物，它们相互
之间以及与寄主之间活跃地进行 RNA 的交换，丝毫不顾会有
什么后果。以细菌为例，细菌存在于每一种有机体中，又很喜
欢旅行，所以我们不能简单地说是哪种细菌，因为细菌不是这
样来描述的。"细菌不分种类。"[195] 在物种起源之前，就已经存
在了遗传信息的无限传递模式了。[196] "共生互动是生命的原材
料"，[197] 共生就是生命，将进化看作是各种吞噬与同化的杂交后
果，至少在马古利斯所使用的语境下是没错的。[198]
　　只有当不同的物种间建立起持久的共生关系之后，它们相
互之间才能区分开来。对于新的物种的出现来说，通过突变改
变 DNA 根本是不必要的，这种突变的概念在诸如《哥斯拉》
《狼蛛》《X 放射线》等电影表现怪兽变身的场面时，得到了

最壮观的表现。但马古利斯认为，交换遗传粒子就足以引起改变了，而且她还认为，只要一个生物体呼吸、进食、触摸或以其他某种方式与环境进行接触，对于这种"部件交换"[199]来说就足够了。在马古利斯看来，每一粒病毒、每一个寄生物、每一颗细菌都是"进化变异的来源"。[200]无论这种想法是否"在研究界仍然受到质疑"[201]。

337

吞噬是变异的来源，在《第四阶段》中，蚂蚁证实了这一点。在影片中，物种之间的界限（皮肤、气闸、防护服等等）总是被摧毁，接触区域得以建立。随着遗传粒子的吞噬，变异产生了。

也就是说，进化变异是共生体、寄生物甚至细菌层面上吞噬、互动与合并的结果。在这个意义上，新的物种总是杂交体，因为它是从生命形式的互动中产生的，而不是从母系物种的 DNA 之中。

如果塞尔证明马古利斯的共生进化理论和对经典进化论的阐释作为寄生辩证法可以用来解释这部电影，那么还有问题没有得到解答，这对于蚂蚁社会的引人注目的历史来说又意味着什么呢？本书的主题就在于，在蚂蚁社会这个形象中，社会是自描述的。当莱斯科与肯德拉成为了超有机体的一分子，社会性昆虫的语义就进入了"超越人类和动物"的空间。[202]当然，超有机体不只是一个由蚂蚁组成其部分的整体，就像社会不只是一个由人类组成的整体一样。这一点自一百年前将涌现的模型引入生物学和社会学以来，就已经达成了广泛共识。作为社会的环境，作为超有机体的媒介，作为群体的行动者，蚂蚁或人类仍是不可或缺的。环境中发生的急剧变化，媒介中出现的新的耦合可能，行动者不同的能力大小，在系统的涌现层面上

并非是没有影响的，即使这一影响并非是因果关系的，而是被
描述为系统对刺激产生的自我控制、自发处理的结果。但尽管
如此，有机体的任何变化，都会产生社会性的后果。恩斯特·
云格尔与奥尔德斯·赫胥黎就已确信，只有一场有机的革命才
能改变社会。奥拉夫·斯塔普雷顿曾创造出一种火星生物与人
类的混合体，并将其想象成一个社会，由于心灵感应式的绝对
的沟通，在这个社会中没有异化、没有孤独、没有冲突、没有
寂寞。威尔逊的《蚁丘》却没有走得这么远，他仍然让物种
之间保持分隔的状态，这样就可以让人类学习蚂蚁社会的模
式，在与世界、资源与生物多样性的动态平衡中建立文明。

　　索尔·巴斯在其电影结尾处所暗示的一步，似乎在迪特马
尔·达特的小说《物种消失》中达到了最严重的后果。这部
小说出版于《物种起源》（1859 年）诞生一百五十周年之际，
它想象了人类与动物之间的区别消失，随后，并且只有在此
时，才能涌现出不同的社会秩序。在进化理论方面，达特会站
在林恩·马古利斯这边，至少从他对生物变异的描写中可以读
出这种意味，似乎他在写作中利用了她的理论。"这些单细胞
生物靠在一起颤动。互相推挤……黏合在一起。"这样是否就
成了一个"新的、独立的生物"，是"很难说的"，但是生物
就是从这样的拥挤和喧闹中产生的。[203]在这里讨论物种起源的，
并不是人类，而是"根特"（Gente），一种超越一切物种的智
慧生物。根特确信，"人类的进化论"是"从错误的方向看待
事情的"，即"从上往下看"，假设一切都朝向作为最高秩序
的人类发展。这也被称为"追溯性地阐释"。[204]他们画出"树
形图"，将进化解释成围绕一条"复杂性不断增加的中轴线"
展开的物种的分化过程。统统是错的。只有"根特才正确地

接近了事情的本原：生物来自化学系统本身，来自它们总体多样性之中的分子构成"。[205]不要像一个"养狗的人"那样思考进化，而是要像一个"化学家"一样。[206]"不管物种层面发生了什么样的随机变异"，[207]进化总是发生在其他地方的，发生在"细菌"的层面上。马古利斯也这样认为，《第四阶段》也应当用她的吞噬和物种变异的理论来重构。"生命之书……是用碳化学的语言写成的。"[208]迪特马尔·达特的小说将马古利斯的杂交混合理论呈现为"油腻根特"酒吧舞台上的狂欢。[209]

根特是第一个正确地理解了进化，并在技术上掌控进化的生物。物种间的界限消失了，新的生物利用生命的流动性，采取了几乎是任意的杂交形式。人类只是"被放弃了的阿尔法动物"[210]；根特将自己从束缚所有动物的基因桎梏中解放了出来，"没有谁会再害怕尖牙和利爪"[211]，根据阿尔弗雷德·丁尼生（Alfred Lord Tennyson）的说法，红色的是生存斗争中所流的鲜血。[212]由于根特如自己所愿地自由组合基因，所有物种间的界限就消失了。"生存斗争"走到了尽头。"适应性"失去了其选择的意义。《物种消失》通向一个天堂，"瘦狼亲吻着天鹅，用湿漉漉的黑色鼻子梳理它们的羽毛，睡在它们身边，月亮在屋脊上放肆地发出粉红色的光。"[213]狼？天鹅？这只是些不再具有实际意义的词语："例如'马'这个名词指的不再是基因解放之前的那种生物，而是说，新的马头就像拥有语言的其他生物的其他各种头颅一样，显示出人科动物的特征。在所有根特的头脑中，盛开的是同一朵火花中诞生出的意识。"[214]人类和动物结合而成根特，即使有人还喜欢拥有狼的牙齿和嘴巴，但仅仅作为"装饰"或"癖好"。[215]天鹅颈或狮鬃也一样。

341

　　既然每个生物如今都可以按照自己的风格塑造自己，并且几乎可以和任何一个其他生物生育后代，那么真正的物种之间的区别，也就变得像人类种族之间的区别那样无足轻重了，智人也第一次让自然如此臣服，他们的社会也可以根据理性的计划来建立了。[216]

　　这一比较凸显了小说的社会批判意图。人类社会秩序的失败之处在于，没有让人类种族之间的区别变得微不足道，也没能让"每个人都与所有其他人"幸福地生活在一起，而基因革命将这些提上了日程。不是对自己物种的生物学启蒙，而是物种的消失给智慧生命承诺了一个地上的天堂。按照这一设想，根特的社会将会是一个没有罪恶[217]、没有敌意的社会。不会再有什么"战争"，"历史之后的历史格局才不会这么小"，小说的最后一页如此写道。[218]

　　除了将生命从基因遗传或表观遗传的（预先）限定的约束或可能性中解放出来之外，达特的后历史还有另一条支柱，那就是沟通方式。根特通过"费洛蒙信息"来相互交流，[219]也就是说通过气味。公开性总是需要的。"根特可不懂什么秘密交易。"[220]它们让它们的"分子耳语、搔痒、调情"，在这一"信息交换"的过程中"不断拉近距离"。[221]弗洛里安·卡佩勒（Florian Kappeler）和索菲娅·科内曼（Sophie Könemann）认为，这种费洛蒙信息系统"遵循某些动物的嗅觉交流逻辑，但同时又超越了其生物学限制，比如物种特性的限制。它由网络、数据存储和论坛构成，每个成员都可以不受时间地点限制且以极端民主的形式来访问"。[222]斯塔普雷顿赋予他笔下的火星群体的，正是这种交流体系。达特的费洛蒙信息系统用所有成员间心灵感应式交流的火星群体模式，不仅表现了媒介社会学的基本特征——分布式、网络状、即时性、向所有成员开放——还表达出同样的对没有误解、没有排斥、毫无保留的沟通的渴望。费洛蒙沟通符合起源于 20 世纪第一个十年的斯塔普雷顿、塔尔德或弗洛伊德的心灵感应说，但也符合贝纳尔·韦尔贝在他延续了 20 世纪 90 年代昆虫学知识的小说三部曲中赋予蚂蚁的那种毫无保留、真实可信、完全彻底的"思想交换"："在两个头脑之间总会存在误解和谎言。……避免它们的唯一可能就是绝对的沟通。"[223] 从蚂蚁社会的精神中形成的乌托邦，几十年来一直表达了对于另一种沟通形式的渴望。一个社会是如何构成的，不仅"取决于生产力水平"，还取决于"交流方式"。[224] 对于达特笔下的根特社会[225] 乌托邦来说，它们也被证明是至关重要的。因为费洛蒙信息，根特们能够彼此理解。[226] 仅仅迈出超越"自然历史"[227] 的一步是不够的，因为正是它们的"独—特—性"（Einzig-Art-igkeit）[228] 增加了施米特和埃舍里希、云格尔和赫胥黎赋予个体主义的冲突的可能性。幸运的是，根特奇异的个体性在费洛蒙式的绝对沟通中消解了。达特的乌托邦也为社会的媒介赋予了核心的功能。物种间界限的消失，在媒介的层面上也符合自布莱希特时代以来对发送者与接收者、中心与边缘、符号与意义或意识与沟通之间不对称问题的克服。只要根特以费洛蒙为基础的平等、分散、包容、去等级化、即时、完全的沟通网络仍在运行，它们的城邦[229] 就会像蚂蚁的社会一样。"去找蚂蚁"，我们在达特的书中也能读到这句话。[230] 他对于物种消失之后的社会的设想也屈从于蚂蚁社会不可抗拒的魅力。

343

344

结　语

　　蚂蚁是不可战胜的。说到它们的适应能力和个体数量，几乎找不到可以与之匹敌的动物。蚂蚁的进化优势几乎超越所有竞争对手，无论是昆虫还是哺乳动物。没有任何其他物种能够像它们一样成功地征服地球，在最寒冷的苔原和最热的沙漠中，在热带雨林中和高高的阿尔卑斯山上，我们到处都可以找到蚁群。虽然世界上只有大约五百名蚂蚁学家，[1] 但这种关于"蚂蚁的优越性"的看法已广为传播。[2] 蚂蚁惊人的成功故事（"蚂蚁是如此惊人地成功"）[3] 并不只有昆虫学家在传唱，也就并不奇怪了。数百年来，每当需要解读人类社会的时候，到处都可以听到蚂蚁的故事。每当设计一个社会的形象时，每当研究怎样从一个物种的大量个体中生成一个社群、一个集体、一个组织、一个国家或一个群体的问题时，每当在乌合大众之中指明社会秩序的模型时——就很有可能会参考蚂蚁社会。几乎没有另一种形象、另一种政治性动物、另一种集体象征，如此持续也因此如此简洁地代表着人类社会。

　　笔者在前文的章节中已经探究了蚂蚁社会这段无与伦比、引人入胜的历史。是什么导致了蚂蚁在语义上的成功？瞧瞧蚂蚁在社会性昆虫之中的竞争对手，尤其是蜜蜂与白蚁，你会看到，蚂蚁在形态上的分化，让其拥有劳动分工社会的复杂性，这点尤为显著。在一个蚁穴中，不仅有一只蚁后、许多工蚁和少量雄蚁，还有许多不同的形态，它们要完成不同的任务，从门卫到食物采集，从士兵到保姆。不同于狼、狐狸、狮子、绵羊或鲸鱼等其他的政治象征形象，作为政治动物的蚂蚁不仅总是许多只一起出现，还具备许多特征，这些特征到了 19 世纪被理解为功能的专业化和劳动分工，并促进了现代社会学的诞生。与鱼群和鸟群不同，我们可以看到蚂蚁的社会秩序在建造与养殖技术上的成就：蚂蚁建造城市与街道、谷仓和厩棚；它们种植农作物，饲养宠物，跨河搭桥，遇水造船；它们会维持一支常备军，还会进行征服和掠夺，等等。似乎没有其他动物、没有其他昆虫的文明能够达到这种复杂程度。到了 19 世纪末，无数的这类类比推动社会学和昆虫学产生了紧密联系，使它们交换自己的假说和方法，直到今天这种交换的繁衍能力依然不断得到证实。然而，一切都有其代价，有时低一点，有时高一点。简单代理人的社会学是用行动者的个体性和差异性换来的，如今人类从根本上应该完全按照蚂蚁或机器的方式来运作。在昆虫学—社会学通道的历史中，人类和蚂蚁越来越接近，直到合为一体，就像在《第四阶段》之中一样，再也不能分开，就像梅西会议或动画片里的盖茨和艾斯纳一样。

346

　　要是对特定历史时期与文化状况下主导话语的人类形象和社会秩序问题感兴趣，你总能从对蚂蚁社会形象的分析中找到答案。为此值得好好读一读云格尔或赫胥黎、威尔斯或威尔逊。这些文本讲的不仅仅是昆虫学知识，它们探索的是，我们是谁，或我们可能是谁，我们身处于或者将要处于什么样的社会秩序之中。恰恰是在文学文本之中我们可以看到，是什么凸显了社会自描述习语的明证性。如同民族志学的田野调查一样，在探索他者的过程中，我们自己的文化也有了多种可能性。在 1900 年是这样，在 1930 年甚至 2010 年也是如此。蚂蚁学的新研究成果不能改变什么，知识将通道推向了别的领域。

昆虫学研究的范式转变并没有制止蚂蚁社会的这段引人入胜的历史，而是相反，蚂蚁学以其新的发现再次引发并促进了对蚂蚁的普遍兴趣。如果说19世纪的人们惊讶于唯一一只蚁后如何生出了这么一大群专业分工又同时毫不利己的工蚁，那么我们今天敬佩的则是这个社会的效率和群体智慧，它将秩序转变为算法，我们在日常生活中早已投入了使用，从亚马逊网站的算法到物流公司的路径优化，从路由控制到人员调度。

347 以自组织的蚂蚁社会为样板的自主代理系统也已经得到了开发。

蚂蚁学、社会生物学、社会学、控制论乃至群体智慧的研究，不断刷新着对蚂蚁的认识。然而媒介和技术的发展已经改变了蚂蚁的形象，两次世界大战也带来了历史的剧变。因此，笔者无法给出蚂蚁社会形象的线性发展历史。事实证明，即使是在同一个时代也流传着多个形象。埃舍里希和斯基内拉、赫胥黎和斯塔普雷顿是同时代的人。这些形象的表现取决于认知因素，也同样取决于媒介、文化、政治与美学因素。这或许也是蚂蚁社会形象的吸引力从未消减的又一个原因，它将美学与修辞的明证性与极大的灵活性和矛盾相结合。它保持不变，又蕴含了所有的可能性——全能国家、极权主义、无政府主义、自由主义或社群主义的社会秩序。它经受了所有的社会变革，事实上，它预演了所有的社会变革。因为无论是在文学还是在电影中，甚至也在生物学家惠勒或威尔逊的文学作品中，蚂蚁社会的形象都具有乌托邦或反乌托邦的特征。有关蚂蚁社会的文学史、形象史、摄影史与电影史并不简单地反映研究史的认识断裂。文学文本和电影用它们同时代的认识做实验，将之与其他知识相关联，使这个形象产生出新的意想不到的形式。斯塔普雷顿将昆虫学、媒介技术和大众心理学连接到一起，产生了一个特别有效的例子。第一个勾勒出群体智慧网络社会的，并不是昆虫学家或社会学家、控制论学者或哲学家，而是一个小说作家。受到威尔斯的《蚂蚁帝国》的启发，索尔·巴斯拍摄了大师级作品《第四阶段》，在相关的昆虫学研究结果发表数年之前，就描绘了蚂蚁社会的飞跃进化产生的环境学与社会学后果。

348

　　根据时代、背景、认识、话语与媒介而不同的蚂蚁社会的文化建构，不能简化到有关它们的科学知识上来。形象总是会产生冗余。劳动分工、奴隶豢养、交哺、巢址选择、觅食、储存、任务交换、群体——所有这些所关涉的并不仅仅是昆虫学理论，而是超越了昆虫学。在科学的特殊话语中，蚂蚁本身也唤起了关于我们社会的构想，像它们一样的社会，或者是可能像它们一样的社会。被蚂蚁社会的形象所唤起的关于人类及其社会秩序的前景可能是美妙的，也可能是恐怖的，正如最近迈克尔·克莱顿或丹尼尔·苏亚雷斯所展现的，[4] 但它们都证明，蚂蚁对人类的吸引从未中断。雄蚁群的算法影响了敌友识别，决定了它们是否会被人杀死，这表现了这段历史最新的阶段，但绝不是最后的一步。《每日邮报》2012 年 8 月 12 日的一则报道标题为：波音公司展示了难以监测到的无人机，行动像"虫群"。[5] 一个像蚂蚁一样的虫群组成的新的、独立的帝国，在苏亚雷斯的小说中已初具雏形。在文学中，它们已经有能力在未来开展非对称的战争。人类在未来是否还能够单方面决定生或死，现在还不好说。无论如何，《云端杀机》表现了昆虫学、技术、媒介与社会学联系的新篇章。笔者所描述的通道尚未中断。

349　　无论是国家还是群体，是等级制还是分散制，是被控制还是自组织，社会学家或昆虫学家、经济学家或哲学家针对由他们建模、描述、研究或设计的昆虫社会所提出的问题，永远都是**根本性问题**。人类是什么样，人类的文化是什么样，都能通过蚂蚁、蜜蜂或白蚁族群的例子得到探讨。关于这些社会性昆虫所走过的弯路，有许多不同的话语探索着一个共同的主题——社会秩序的文化基础。这发生在学术专著和专业期刊之上，但绝不仅仅于此。这种探讨的一个核心场所就是文学，形象媒介所设置的另一块舞台。蚂蚁的概念与形象不仅整理、装饰了文本和影片，更组织起了科学在形象和文字中对社会秩序所能做的表达。因此，蚂蚁社会的形象和概念的主导思想不能仅仅描述为文学或流行文化中的动机的历史。从蚂蚁社会摇摆于国家与群体之间的造型中我们可以看到，我们的社会是如何进行自我观察、自我设计的。

　　"从很多方面来看，社会秩序是一个依赖于许多先决条件的、难以想象的现象。它必须持续不断地自我组织，同时又依赖于文化资源，依赖引发连贯性同时又可能造成变化的仪式、象征、叙事、创世神话以及自我形象，它把自己想象成统一的整体。"康斯坦茨大学精英研究集群"融合的文化基础"研究计划如是说。该研究团体为笔者以"社会性昆虫的空间控制和边界制度"为主题的研究提供了绝佳的条件，研究成果后来汇集成为本书，为此笔者要感谢研究集群所有的同事，尤其是弗雷德·吉罗德和安娜·穆扬。所有帮助笔者为了进行此项研究而申请到锡根大学假期的同仁，笔者致以特别的感谢。

与蚂蚁相对照，我们的社会总是能够发现新东西，我们所能看到的形象，相应地取决于我们关于社会性昆虫所掌握的知识。我们要全身心地投入这些知识之中，来看看它们是如何参与叙事和塑造自我形象的。非常幸运的是，笔者在康斯坦茨大学未来研究所（Zukunftkolleg）能够遇见那些昆虫学家，他们对自己研究领域内的文化史和认识史很感兴趣，对笔者这个外行也很有耐心。感谢乔瓦尼·加利齐亚和克里斯托弗·克莱奈丹向笔者提供的诸多建议，以及对于文学研究者来说非同寻常的参观蚂蚁实验室的机会。

如果一个文化学者说，他在研究蚂蚁，每个人第一反应都是摇头。锡根大学"文化批评的美学与语用学"研究网络的同事们却并没有这样做，而是给了我这个有些特别的研究倾向一个框架，让这个主题得以在其中继续展开。在蚂蚁的形象中，文化批评的语义日渐增多，格奥尔格·博伦贝克确信这一点。笔者感谢莫妮卡·绍斯滕、约尔克·多灵、格奥尔格·施塔尼泽克、克莱门斯·克诺布洛赫与艾哈德·许特佩尔茨。很幸运能够参与到锡根大学研究生计划"定位媒介"关于科学与技术研究以及行动者网络理论的工作中来，笔者从中进一步认识了 ANT 这个可爱的缩写。笔者书中每一个不成熟的思想、每个站不住脚的假设、每一种表述方式能够得到讨论和及时的修正，要感谢马伦·利克哈特和拉尔斯·科赫的专业和缜密。埃娃·勃兰特和德米安·格普夫让所需的每一个文献以惊人的速度神奇地出现在科隆和锡根的办公桌面和电脑桌面上。亚历山大·罗斯勒在看了笔者的几篇文章和研究笔记后，就邀请笔者来写这本书，他承担了相当的风险。笔者衷心感谢他在这个项目进行过程中的陪伴。笔者还要向其他人道歉，向我的朋友、亲人、同事和学生，在笔者对这本书进行全力冲刺之时，分给你们的时间是那么少。最后感谢卡罗尔的"蚁人"，他一直挂在我的显示器的下方。

351

352

注 释

第一章 从类比到认同

1. 文中提到的盖茨与艾斯纳以及微软和迪士尼，仅限于动画片《恶搞之家》虚构世界中的卡通形象以及他们的公司。

2. Immanuel Kant, *Kritik der praktischen Vernunft* [1788], in: *Werke in 12 Bänden*. Bd. VII, hrsg. von Wilhelm Weischedel, Frankfurt am Main 1974, S. 300 f.

3. 维尔纳·松巴特大概是用"蚁化"这个词来称呼现代富裕社会中群体化的完全的文化悲观主义场景。参见 Werner Sombart, *Händler und Helden. Patriotische Besinnungen*, München, Leipzig 1915, S. 108. 笔者感谢 Peter Schnyder 的提示。

4. 参见 Urs Stäheli, »Fatal Attraction? Popular Modes of Inclusion in the Economic System«, in: *Soziale Systeme. Zeitschrift für soziologische Theorie*, 1. Jg. (2002): S. 110 – 123. 向 Bert Hölldobler, Edward O. Wilson, *The Ants*, Berlin, Heidelberg et al. 1990 一书颁发普利策奖，标志着对这一主题公共讨论阶段的开始，这一讨论一直持续到现在。

5. 这是第 3 季总第 41 集，德语标题是 *Scharfe Köter*。

6. Gustave Le Bon, *Psychologie der Massen* [Psychologie des Foules, 1895], Stuttgart 1973, S. 17.

7. 参见，同上，S. 83. 参考批判性的，但也因此成为这种大众观点的流行性之证明的 Ellis Freeman, *Conquering the Man in the Street. A Psychological Analysis of Propaganda in War, Fascism and Politics. A Study of the Group Mind*, New York 1940, S. 139 ff.

8. Aristoteles, *Politik*, hrsg. von Olof Gigon, München 1973, S. 49.

9. Martin A. Nowak, Roger Highfield, *Supercooperators. Altruism, Evolution, and Why we need each other to succeed*, New York, London 2011.

10. Ellis Freeman, *Conquering the Man in the Street*, S. 141.

11. Joseph Vogl, Anne von der Heiden, »Vorwort«, in: *Politische Zoologie*, hrsg. von Joseph Vogl, Anne von der Heiden, Berlin 2007, S. 7 – 12, S. 9.

12. Thomas Hobbes, *Leviathan* [1651], Stuttgart 2000, S. 115 f.

13. 同上，S. 116.

14. 对于霍布斯来说，蚂蚁与人类自然有着重要的不同：人类能够达成契约，蚂蚁却不能，因为它们没有语言。参见 Thomas Hobbes, *Leviathan* [1651], Hamburg 2005, S. 143 f. 20 世纪的昆虫学家却认为蚂蚁拥有这项能力。

15. 原名 *A Bug's Life*。

16. 原名 *The Ant Bully*。

17. 例如从维克多·冯·魏茨泽克（Viktor von Weizsäcker）那里。（魏茨泽克，1886—1957，德国医学家，心身医学和医学人类学的创始人。——译注）参见 Carl Schmitt, *Völkerrechtliche Großraumordnung mit Interventionsverbot für raumfremde Mächte* [1941], Berlin 1991, S. 80 f. 参见 Carl Schmitt, *Der Begriff des Politischen* [1932], Berlin ³1991, 以及 Carl Schmitt, *Politische Theologie* [2. Auflage 1934], Berlin 1996.

18. 参见 Carl Schmitt, »Nehmen/Teilen/Weiden. Ein Versuch, die Grundfragen jeder Sozial – und Wirtschaftsordnung vom Nomos her richtig zu stellen« [1953], in: *Verfassungsrechtliche Aufsätze aus den Jahren* 1924 –1954. *Materialien zu einer Verfassungslehre*, Berlin 1973, S. 489 –504.

19. 参见 Jakob von Uexküll, *Staatsbiologie* [1920], Hamburg 1933. 对 Uexküll 来说，整个国家就是一个有机体，由各器官构成。由于他将国家视为"蜂巢"（第 34 页），就肯定会有"君主政体"，或者称之为"最高执政者"（第 29 页）。自我组织与自我管理对他来说是无法想象的。"国家的作用"从一个"点"开始就是"控制"（第 29 页）。施米特或许会将这一点称为"决定点"（locus decisionis）并将君主（Souverän）归入其中。

20. 蚂蚁"非常成功"。"**压倒性的力量**来自与其聚居成员的合作"，蚂蚁研究的老前辈们用这么一种军事理论的风格来描述：Bert Hölldobler, Edward O. Wilson, *Journey to the Ants. A Story of Scientific Exploration*, Cambridge, Mass., London 1994, S. i. 强调为笔者所加。

21. Aristoteles, *Naturgeschichte der Thiere*, Stuttgart 1866, S. 13. 蚂蚁、蜜蜂、黄蜂直到今天仍属于社会性昆虫。但这份清单中缺少了白蚁。相反，鹤在今天不再扮演政治动物的角色。

22. Carl Schmitt, *Der Nomos der Erde* [1950], Berlin 1997, Schmitt, »Nehmen/Teilen /Weiden«, a. a. O.

23. Claudius Aelian, *On the characteristics of animals. De natura animalium.*

Bd. 3 (3 Bde.), übers. von Alwyn Faber Scholfiled, Cambridge, Mass. 1972; Claudius Aelian, *On the characteristics of animals. De natura animalium* (3 Bde.), übers. von Alwyn Faber Scholfiled, Cambridge, Mass. 1971 / 72, II, 15; II, 25; II, 43.

24. 同上, II, 25.

25. 同上, IV, 43.

26. 同上, IV, 43.

27. 同上, XVI, 15.

28. Gaius Plinius Secundus, *Naturalis historiae libri XXXVII*, hrsg. von Carolus Mayhof, Lipsiae 1892 – 1909, Liber XI, vs. 108.

29. Paul Erich Wasmann, *Die zusammengesetzten Nester und gemischten Kolonien der Ameisen*, Münster 1891, S. 2.

30. 根据 Rüdiger Campe, 属于 "呈现在眼前" 的修辞技术的有 "正面展现与侧面描写、生动的形象与直观的比喻、庄重的具象化"。参见 Rüdiger Campe, » Vor Augen Stellen. Über den Rahmen rhetorischer Bildgebung «, in: *Poststrukturalismus. Herausforderung an die Literaturwissenschaft. DFG – Symposion 1995*, hrsg. von Gerhard Neumann, Stuttgart, Weimar 1997, S. 208 – 225, S. 208 f.

31. Hans Blumenberg, *Paradigmen zu einer Metaphorologie* [1960], Frankfurt am Main 1998.

32. Steven Johnson, *Emergence. The connected lives of ants, brains, cities and software*, London 2001, S. 77.

33. 同上, S. 31. 也参见 Kurt Vonnegut, »Die versteinerten Ameisen«, in: *Ein dreifach Hoch auf die Milchstraße*, 2010, S. 207 – 228.

34. Michael Hardt, Antonio Negri, *Multitude. Krieg und Demokratie im Empire* [*Multitude*, New York 2004], Frankfurt /New York 2004, S. 110 f.

35. Gustave Flaubert, *Bouvard und Pécuchet* [1881], übers. von Caroline Vollmann, Frankfurt am Main 2009, S. 196.

36. 同上, S. 356.

37. Matteus Tympius, *Predigbuch oder Deutliche Anweisung wie die Seelsorger aus der heiligen Schrift austeilen sollen samt sehr notwendigen Regeln des Lebens*, Münster 1618, S. 21.

38. 只要比较 » Apes « 条目, Johann Jacob Grasser, *Epithetorum opus perfectissimum*, Basel 1617, S. 67 f.

39. Kevin Kelly, *Das Ende der Kontrolle. Die biologische Wende in Wirtschaft, Technik und Gesellschaft* [1994], Regensburg 1997, S. 16.

40. 参见 Thomas D. Seeley, *Honeybee Democracy*, Princeton, Oxford 2010, S. 1.

41. 同上, S. 1.

42. 同上, S. 220, S. 221, S. 224, S. 226, S. 230.

43. 同上, S. 189.

44. 同上, S. 189.

45. 同上, S. 218.

46. 同上, S. 234.

47. 同上, S. 236.

48. 同上, S. 236.

49. Kelly, *Das Ende der Kontrolle*, S. 16.

50. 相反, 可以在社会的虚拟现实中找到: 在文学中。现实/虚拟现实的区别参见 Niklas Luhmann, » Literatur als fiktionale Realität «, in: *Schriften zu Kunst und Literatur*, hrsg. von Niels Werber, Frankfurt am Main 2008, S. 276 – 291 以及 Elena Esposito, *Die Fiktion der wahrscheinlichen Realität*, Frankfurt am Main 2007.

51. 尼采注意到, "语文学家" 注定要承受 "蚂蚁工作"; 他们的勤奋能使 "哲学家" 受益。Friedrich Nietzsche, *Nachgelassene Fragmente 1875 – 1879*, in: *Kritische Studienausgabe*. Bd. 8 (15 Bde.), hrsg. von Giorgio Colli, Mazzino Montinari, Berlin 1988, S. 32. 我不再追求在那些古老的文集中作为程序的比较, 因为这将远远偏离蚂蚁作为描述社会之媒介的核心问题。

52. Vergil (Publius Virgilius Maro), *Landbau / Georgica*, übers. von Johann Heinrich Voss, Hamburg 1789, S. 262, S. 273.

53. Bernard de Mandeville, *The Fable of the Bees, or Private Vices, Publick Benefits* [1714], London [3]1724. 保留了曼德维尔的写法。

54. Bernhard Mandeville, *Die Bienenfabel* [1714], hrsg. von Friedrich Bassenge, übers. von Otto Bobertag et al. , Berlin 1957, S. 27 – 39.

55. 参见对此寓言的绝妙解读, Danielle Allen, » Burning *The Fable of the Bees*. The Incendiary Authority of Nature «, in: *The Moral Authority of Nature*, hrsg. von Lorraine Daston, Fernando Vidal, Chicago, London 2004, S. 74 – 99.

56. Mandeville, *Fable of the Bees*, S. 9. Mandeville, *Die Bienenfabel*, S. 31.
57. Thorstein Veblen, *Theory of the Leisure Class* ［1899］, Bremen 2011, S. 50. 德文版见 *Theorie der feinen Leute. Eine ökonomische Untersuchung der Institutionen*.
58. 曼德维尔曾经翻译过古代寓言，但与那些故事不同的是，《蜜蜂的寓言》不满足于对个体行为者的刻画，而是创造了集体。
59. 参见 Allen,»Burning *The Fable of the Bees*«, S. 79, S. 99.
60. Mandeville, *Fable of the Bees*, S. 2. Mandeville, *Die Bienenfabel*, S. 27.
61. Mandeville, *Fable of the Bees*, S. 2 – 4. Mandeville, *Die Bienenfabel*, S. 28 f.
62. Mandeville, *Fable of the Bees*, S. 1. Mandeville, *Die Bienenfabel*, S. 27.
63. Mandeville, *Fable of the Bees*, S. 152. (Remark N). Mandeville, *Die Bienenfabel*, S. 130. 这里提到了"教育的力量"和"习得的思维习惯"，与"自然的目的"很容易混淆。
64. 参见 Allen,»Burning *The Fable of the Bees*«, S. 94.
65. Mandeville, *Fable of the Bees*, S. 51 (Remark B), S. 61 (C), S. 94 (Remark H), S. 150 (remark N), S. 168 (R. 0), S. 194 (P), S. 221 (8R), S. 226 (R) und mehr.
66. 同上, S. 95. (Remark H)
67. 同上, S. 476 靠近页底。原文为斜体。参见 Allen,»Burning *The Fable of the Bees*«, S. 77.
68. 参见对此非常明确的概括：Mandeville, *Die Bienenfabel*, S. 332.
69. Friedrich August von Hayek, *Grundsätze einer liberalen Gesellschaftsordnung：Aufsätze zur Politischen Philosophie und Theorie*, in：*Gesammelte Schriften in deutscher Sprache*. Bd. 5, hrsg. von Alfred Bosch, Tübingen 2002, S. 10 f.
70. John Maynard Keynes, *How to Pay for the War. A Radical Plan For the Chancellor of the Exchequer*, London 1940, S. 7.
71. Friedrich August von Hayek, *Rechtsordnung und Handelsordnung：Aufsätze zur Ordnungsökonomik*, in：*Gesammelte Schriften in deutscher Sprache*. Bd. 1 (4 Bde.), hrsg. von Alfred Bosch, Tübingen 2003, S. 78.
72. 参见 Mandeville, *Fable of the Bees*, Seite 4 des unpaginierten *Preface*.
73. 1900 年，昆虫学开始了对人工蚁群的研究。在实验室中观察到的蚂蚁的行为准则，与其他在实验室中构造出的事物如细菌、辐射或疾病一样"自然"。参见 Bruno Latour, *Die Hoffnung der Pandora*. *Untersuchungen zur Wirklichkeit der Wissenschaft*, übers. von Gustav Roßler, Frankfurt am Main 2000, 以及 Hans – Jörg Rheinberger, *Experimentalsysteme und epistemische Dinge* [2001], Frankfurt am Main 2006.

74. Flaubert, *Bouvard und Pécuchet*, S. 196.

75. Jules Michelet, *L'Insectes* [1857], Paris ⁵1863.

76. Steven Blythe,»Von den Ameisen lernen«, in: *Brand Eins*, 6. Jg. (2002): S. 122 – 125. 或者,用切叶蚁做封面讨论"群体智慧"的: Was wir von Tieren lernen können, *National Geographic*, August 2007.

77. Seeley, *Honeybee Democracy*, a. a. O.

78. Flaubert, *Bouvard und Pécuchet*, S. 196.

79. Susanne Donner 的报道,»Blutiger Machtwechsel. Von wegen sozial: In vielen Ameisen – , Termiten – und Bienenvölkern regieren Mord und Totschlag«, *Die Zeit*, 15. 3. 2012.

80. Johann Swammerdam, *Bibel der Natur: worinnen die Insekten in gewisse Classen vertheilt, sorgfältig beschrieben, zergliedert ⋯ und zum Beweis der Allmacht und Weisheit des Schöpfers angewendet werden* [1675], Leipzig 1752, S. 149.

81. Ralph Dutli, *Das Lied vom Honig. Eine Kulturgeschichte der Biene*, Göttingen 2012, S. 65, S. 129, S. 141.

82. Ebd. , S. 129.

83. 参见 Ernst Jünger, *Die gläsernen Bienen*, Stuttgart 1957. 以及 Niels Werber,»Jüngers Bienen«, in: *Deutsche Zeitschrift für Philologie*, Nr. 2 (2011): S. 245 – 260.

84. Eva Johach,»Der Bienenstaat. Geschichte eines politisch – moralischen Exempels«, in: *Politische Zoologie*, hrsg. von Anne von der Heiden, Joseph Vogl, Berlin 2007, S. 219 – 233.

85. Friedrich Heinrich Wilhelm Martini, *Allgemeine Geschichte der Natur in Alphabetischer Ordnung mit vielen Kupfern*. Bd. 2, Berlin, Stettin 1775, S. 122.

86. 在列那狐的故事里也是如此。参见 Friedrich Wilhelm Genthe, *Reineke Vos, Reinaert, Reinhart Fuchs im verhältniss zu einander: Beitrag zur Fuchsdichtung*, Eisleben 1866, S. 21.

87. 也有例外，大概是蜜蜂和胡蜂的战争，见 Waldemar Bonsels, *Die Biene Maja und ihre Abenteuer*, Stuttgart, Berlin 1912.

88. 参见 Ayelet Shavit, Millstein, Roberta L.,»Group Selection Is Dead! Long Live Group Selection«, in：*BioScience*, 58. Jg., Nr. 7（2008）：S. 574 – 575. Martin A. Nowak, Corina E. Tarnita, Edward O. Wilson,»The evolution of eusociality«, in：*Nature*, Nr. 466（2010）：S. 1057 – 1062.

89. 参见 Joseph Lehrer,»Kin and Kind. A fight about the genetics of altruism«, in：*The New Yorker*, March 5. Jg.（2012）：S. 36 – 42.

90. Alexandre Pope, *Essay sur l'Homme – en cinque langues* [1734], Strasbourg 1772, S. 323.

91. François Marie Arouet Voltaire, *Dictionnaire Philosophique portative* [Genf 1764]. Bd. 2（G – V）, London 21767, S. 342.

92. Gotthold Ephraim Lessing,»Ernst und Falk« [entstanden 1776 – 1778], in：*Werke in 8 Bänden*. Bd. 8, hrsg. von Herbert G. Göpfert, München 1970, S. 451 – 488, S. 459.

93. 参见 Michel Foucault, *Die Ordnung des Diskurses* [1970], Frankfurt am Main, Berlin, Wien 1977.

94. Lessing,»Ernst und Falk«, S. 431.

95. Lea Ritter – Santini 如此猜测，见» Translatio Domestica oder Vom übersetzten Europa«, in：*Die europäische République des lettres in der Zeit der Weimarer Klassik*, hrsg. von Michael Knoche, Lea Ritter – Santini, Göttingen 2007, S. 211 – 253, S. 229. 笔者在 18 世纪的共济会符号中找不到蚂蚁。相反，蜜蜂和蜂箱倒是很常见。

96. Lessing,»Ernst und Falk«, S. 457.

97. 同上，S. 458.

98. 同上，S. 460.

99. 同上，S. 460.

100. 参见 Ritter – Santini,»Translatio Domestica oder Vom übersetzten Europa«, S. 29, 注释 19. 它援引了 Hölldobler 和 Wilson，他们将蚂蚁与克劳塞维茨作比较。莱辛的蚂蚁 "神话" 在叙事上被替换为蚂蚁的 "外交政策"。显然，不仅对于 18 世纪的昆虫学，而且对于现在的昆虫研究来说，这也是很难的。

101. Pierre Huber, *Recherches sur les Moeurs des Fourmis indigène*, Paris, Genève 1810；Pierre Huber, *The Natural History of Ants* [1810], übers.

von James Rawlins Johnson, London 1820.

102. Huber, *The Natural History of Ants*, S. 333 – 336. 在用瑞士法语所写的原文中称之为灰色蚂蚁，英译本中称之为"黑蚂蚁"。Huber, *Recherches sur les Moeurs des Fourmis indigène*, S. 278.

103. Huber, *The Natural History of Ants*, S. 337.

104. 例如：Bernd Isemann, *Die Ameisenstadt. Ein Tier – Roman*, Straßburg 1943; Arpad Ferenczy, *Timotheus Thümmel und seine Ameisen*, Berlin 1923.

105. William Morton Wheeler, »The ant – colony as an organism«, in: *Journal of Morphology*, 22. Jg., Nr. 2 (1911): S. 307 – 325.

106. Kelly, *Das Ende der Kontrolle*, S. 426. 强调为原文所加。

107. Wasmann, *Kolonien der Ameisen*, S. 53. 论红牧蚁。

108. Hölldobler, *Journey to the Ants*, S. 9.

109. 社会在这里指的是基本差别的维度，它可以是环节的、分层的或功能性的。不同情况可能有待商榷。如今，功能性差别的现代类型绝对遇到了问题，它被网络所取代。参见 Dirk Baecker, *Studien zur nächsten Gesellschaft*, Frankfurt am Main 2007. 然后，如果从社会结构的角度考虑一致性，那么相应语义所承载的**文化**也有可能发生改变。关于这一社会与文化的区分，参见 Niklas Luhmann (Hrsg.), *Gesellschaftsstruktur und Semantik. Studien zur Wissenssoziologie der Gesellschaft* (4 Bde.), Frankfurt am Main: 1980 ff.

110. 参见 Gilles Deleuze, Félix Guattari, *Tausend Plateaus* [1980], übers. von Gabriele Ricke und Ronald Voullié, Berlin 1997.

111. Aristoteles, *Politik*, S. 50.

112. 参见 Michel Serres, *Hermes V. Die Nordwest – Passage* [1980], Berlin 1994, S. 19.

113. Ebd., S. 27.

114. Kelly, *Das Ende der Kontrolle*, S. 426.

115. 参见 Jacques Derrida, » The Animal That Therefore I Am (More to Follow) «, in: *Critical Inquiry*, 28. Jg., Nr. 2 (Winter, 2002): S. 369 – 418. 以及 Niels Werber, » Schwärme, soziale Insekten, Selbstbeschreibungen der Gesellschaft. Eine Ameisenfabel «, in: *Schwärme. Kollektive ohne Zentrum. Eine Wissensgeschichte zwischen Leben und Information*, hrsg. von Eva Horn, Lucas Marco Gisi, Bielefeld 2009,

S. 183 – 202.

116. Jules Michelet, *Das Insekt. Naturwissenschaftliche Betrachtungen und Reflexionen über das Wesen und Treiben der Insektenwelt* [1857], Braunschweig 1858, S. 120, 253.

117. Peter Kropotkin, *Gegenseitige Hilfe in der Entwicklung*, übers. von Gustav Landauer, Leipzig 1904.

118. Karl Escherich, *Termitenwahn. Eine Münchener Rektoratsrede über die Erziehung zum politischen Menschen*, München 1934, S. 15 f.

119. William Morton Wheeler,»The Termitodoxa, or Biology and Society«, in: *The Scientific Monthly*, 10. Jg., Nr. 2 (1920): S. 113 – 124.

120. 至少在让·德·拉封丹和托尼·莫里森讲述、斯隆·莫里森绘图的版本里是这样。Toni Morrison, Sloan Morrison, *Who's Got Game? The Ant or the Grasshopper*, New York 2003.

121. 蚂蚁是"社会性昆虫的典范": William Morton Wheeler, *Social Insects*, New York 1928, S. 162.

122. Henry Christopher McCook, *Ant Communities and how they are governed. A study in natural civics*, New York, London 1909, S. xvi.

123. Norbert Wiener, *Mensch und Menschmaschine*, Frankfurt am Main, Berlin 1958, S. 48.

124. 同上, S. 48 f.

125. 同上, S. 21.

126. Walter McCulloch zit. n. Charlotte Sleigh, *Six Legs Better. A Cultural History of Myrmecology*, Baltimore 2007, S. 164.

127. Norbert Wiener, *Kybernetik. Regelung und Nachrichtenübertragung in Lebewesen und Maschine* [1948, 1961], Reinbek ²1968, S. 40.

128. Sleigh, *Six Legs Better*, S. 165.

129. 参见 Rheinberger, *Experimentalsysteme und epistemische Dinge*.

130. Wiener, *Mensch und Menschmaschine*, S. 49.

第二章 从利维坦到白蚁之国

1. Carl Schmitt, *Der Leviathan in der Staatslehre des Thomas Hobbes. Sinn und Fehlschlag eines politischen Symbols* [Hamburg 1938], Stuttgart 1982, S. 77. 参见 Jacques Derrida, *Schurken*, übers. aus dem Französischen von Horst Brühmann, Frankfurt am Main 2003; Friedrich Balke, *Figuren der*

Souveränität, München 2009, oder Joseph Vogl, Anne von der Heiden (Hrsg.), *Politische Zoologie*, Berlin: diaphanes 2007.

2. 参见 Albrecht Koschorke, Susanne Lüdemann, Thomas Frank, *Ethel Matala de Mazza*, Der fiktive Staat. *Konstruktionen des politischen Körpers in der Geschichte Europas*, Frankfurt am Main 2007.

3. 参见 Morrison, *Who's Got Game? The Ant or the Grasshopper.* 在当代对寓言的改写中，蟋蟀被越来越多地塑造为一个自私的资本主义社会的牺牲者，这个社会排斥放浪不羁的音乐家，让他们忍饥挨饿。然而在 20 世纪 30 年代，蟋蟀却象征着游戏人生的浪荡子，因为它不事生产、没有规划。

4. Schmitt, *Der Leviathan*, S. 77.

5. 关于这一形象的艺术史，参见 Horst Bredekamp, Thomas Hobbes, *Der Leviathan. Das Urbild des modernen Staates und seine Gegenbilder. 1651 – 2001* [Thomas Hobbes Visuelle Strategien], Berlin 2003.

6. Carl Schmitt, *Land und Meer* [1942], Stuttgart 1993.

7. Schmitt, *Der Leviathan*, S. 39, S. 17.

8. Herman Melville, *Moby-Dick* [1851], übers. von Matthias Jendis, München 2001, S. 597.

9. 我在这里引用了卡夫卡，是因为施米特接受了他。

10. Melville, *Moby – Dick*, S. 864.

11. 参见 Herman Melville, »*Benito Cereno*« [1855], in: Billy Budd, *Sailor and other Stories*, London 1985, S. 217 –317.

12. 参见 Schmitt, *Der Leviathan*, S. 9 f.

13. 施米特——通常——不是建构主义者。陆地和海洋对他来说不扮演任何角色，而是制造出地缘政治的事实。分散的空间建构的例外，参见 Schmitt, *Völkerrechtliche Großraumordnung mit Interventionsverbot für raumfremde Mächte*, S. 80 f.

14. 参见 Niels Werber, »Archive und Geschichten des ›Deutschen Ostens‹. Zur narrativen Organisation von Archiven durch die Literatur«, in: *Gewalt der Archive. Studien zur Kulturgeschichte der Wissensspeicherung*, hrsg. von Thomas Weitin, Burkhardt Wolf, Paderborn 2012, S. 89 – 111.

15. 参见 Niels Werber, *Die Geopolitik der Literatur. Eine Vermessung der medialen Weltraumordnung*, München 2007.

16. 我又想起它，是因为 Eva Horn 在 2007 年秋天启发我应当去思考群体。为此我衷心感谢她。参见 Eva Horn, Lucas Marco Gisi, *Schwärme. Kollektive ohne Zentrum. Eine Wissensgeschichte zwischen Leben und Information*, Bielefeld 2009.

17. 当然应该写作 Termitenwahn。施米特加上了一个字母 H，并在第 57 页将 Karl 写成了 Carl。他自己的名字最后也改成了 Carl。施米特是否从 Thermiten 联想到了爆炸物铝热剂（Thermit），就不得而知了。

18. Koschorke, *Der fiktive Staat. Konstruktionen des politischen Körpers in der Geschichte Europas*, S. 9.

19. Schmitt, *Der Leviathan*, S. 57.

20. 在寓言中却并非总是这样。

21. Schmitt, *Der Leviathan*, S. 57.

22. 参见 Carl Schmitt, *Der Wert des Staates und die Bedeutung des Einzelnen* [1914], Berlin 2004, S. 10 f.

23. 同上, S. 13f, S. 65.

24. Schmitt, *Der Leviathan*, S. 57.

25. Jean de La Fontaine, *Fabeln. Französisch /Deutsch*, hrsg. von Jürgen Grimm, Stuttgart 2003, S. 34：“强者的逻辑永远是最好的逻辑。”这则寓言源自罗马帝国时代，引自 Babrios. Johannes Irmscher (Hrsg.), *Sämtliche Fabeln der Antike*, Köln: Anaconda 2006, S. 286. 变成了格言的这句真理是拉封丹加上去的。

26. Gotthold Ephraim Lessing, »Abhandlungen (über die Fabel) « [1759], in: *Werke in 8 Bänden*. Bd. 5, hrsg. von Herbert G. Göpfert, München 1970, S. 355–419, S. 390.

27. Schmitt, *Der Leviathan*, S. 57.

28. 这里蕴含的人类学是彻底悲观的，无论如霍布斯所言“人对人是狼”（*homo homini lupus*），或者控制动物与人进行生存斗争的源自“自私的基因”。参见 Richard Dawkins, *The selfish gene* [1976], Oxford 2006.

29. Schmitt, *Der Wert des Staates und die Bedeutung des Einzelnen*, S. 95.

30. 同上, S. 54.

31. Schmitt, *Der Leviathan*, S. 58.

32. 同上, S. 58.

33. Schmitt, *Der Wert des Staates und die Bedeutung des Einzelnen*, S. 87.

34. 听起来像一篇文章的标题：Niklas Luhmann, “如何实现社会秩序?”

（Wie ist soziale Ordnung möglich?），载于：*Gesellschaftsstruktur und Semantik. Studien zur Wissenssoziologie der Gesellschaft*. Bd. 2，Frankfurt am Main 1981，S. 195 – 285.

35. Escherich, *Termitenwahn*, S. 13.

36. 在赫胥黎所创作的《美丽新世界》中，调节中心名为"巴甫洛夫"。

37. 施米特也不认为它理所应当："作为个体的个人消失了，以便……被国家（所掌握）。"（Schmitt, *Der Wert des Staates und die Bedeutung des Einzelnen*, S. 10）消失的东西肯定首先是存在过的。

38. Escherich, *Termitenwahn*, S. 14. 强调为原文所加。

39. Carl Schmitt, »Der Reichsbegriff im Völkerrecht«［1939］, in：*Positionen und Begriffe im Kampf mit Weimar – Genf – Versailles. 1923 – 1939*, Berlin 1994, S. 344 – 354, S. 354.

40. Escherich, *Termitenwahn*, S. 19.

41. Schmitt, *Der Leviathan*, S. 36 f.（此处原文标注错误，应为施米特书第 56 页。——译注）

42. Schmitt, *Der Wert des Staates und die Bedeutung des Einzelnen*, S. 10.

43. Schmitt, *Der Leviathan*, S. 84 f.

44. 同上，S. 118. 强调为笔者所加。

45. 参见 Carl Schmitt, »Der Führer schützt das Recht«［1934］, in：*Positionen und Begriffe im Kampf mit Weimar – Genf – Versailles. 1923 – 1939*, Berlin 1994, S. 227 – 232.

46. Schmitt, *Der Leviathan*, S. 57. 强调为笔者所加。

47. 恩斯特·云格尔在描述康布雷战役中一个列兵的伤时提供了一个极端的例子："虽然他的脑汁流了满脸直到下巴，但他的理智还清醒着。" Ernst Jünger, *In Stahlgewittern*［1920 / 1978］, Stuttgart ³¹1988, S. 239.

48. 参见 William Morton Wheeler, *Ants*, New York 1910, S. 52 ff.

49. Hanns Heinz Ewers, *Ameisen*, München 1925, S. 500 f. 关于理解力的概念当然有争议。参见 Paul Erich Wasmann, *Vergleichende Studien über das Seelenleben der Ameisen und der höheren Thiere*, Freiburg im Breisgau 1897, S. 14 – 16；Karl Escherich, *Die Ameise. Schilderung ihrer Lebensweise*, Braunschweig 1917, S. 306 – 311.

50. 可参见 Wasmann, *Kolonien der Ameisen*, S. 202.

51. 同上，S. 229 ff, 268 ff. 持这种观点的当然不是他一个人。法贝尔也将本能视为一种复杂现象的名称，而不是对这种现象的解释。参见

Jean Henri Fabre, *Aus der Wunderwelt der Instinkte* [Souvenirs entomologiques, 1879 – 1907], Meisenheim / Glan 1950, S. 127.

52. Wheeler, *Ants*, S. 540 ff.

53. Ebd., S. 2.

54. 参见 Niels Werber,»Kleiner Grenzverkehr. Das Bild der sozialen Insekten in der Selbstbeschreibung der Gesellschaft«, in: *Bildwelten des Wissens*. *Kunsthistorisches Jahrbuch für Bildkritik*, 6. Jg., Nr. 2 (2008): S. 9 – 20.

55. Schmitt, *Der Leviathan*, S. 59.

56. 概况可参见 Tony White, *Expert Assessment of Stigmergy. A Report for the Department of National Defence*, Ottawa, Ontario 2005, S. 3 ff. 经典著作有 Eric Bonabeau, Marco Dorigo, Guy Theraulaz, Swarm Intelligence: *From Natural to Artificial Systems*, Oxford 1999.

57. White, *Expert Assessment of Stigmergy. A Report for the Department of National Defence*, S. 3.

58. Karl Escherich, *Biologisches Gleichgewicht. Zweite Münchener Rektoratsrede über die Erziehung zum politischen Menschen*, München 1935, S. 12. 间距 . 如原文。

59. 同上, S. 12 f.

60. Escherich, *Termitenwahn*, S. 15.

61. Schmitt, *Der Wert des Staates und die Bedeutung des Einzelnen*, S. 86.

62. 参见 Bert Hölldobler, Edward O. Wilson, *The Superorganism . The Beauty, Elegance, and Strangeness of Insect Societies*, New York 2009.

63. Schmitt, *Der Leviathan*, S. 60.

64. Schmitt, *Der Wert des Staates und die Bedeutung des Einzelnen*, S. 87.

65. Escherich, *Termitenwahn*, S. 15.

66. 同上, S. 15.

67. 同上, S. 14 f.

68. Schmitt, *Der Leviathan*, S. 59 f. 我们沿着这条线索来阅读施米特，是因为在他的思想的语境中直接接受了昆虫学超有机体的概念。

69. Alice Berend, *Der Glückspilz*, München 1919, S. 143 f.

70. Carl Schmitt, *Die Militärzeit* 1915 *bis* 1919. *Tagebuch Februar bis Dezember* 1915. *Aufsätze und Materialien*, hrsg. von Ernst Hüsmert, Gerd Giesler, Berlin 2005, S. 522.

71. Berend, *Der Glückspilz*, S. 21.

72. 同上, S. 160.

73. 同上, S. 102 f.

74. 同上, S. 131.

75. Escherich, *Die Ameise*, S. 311.

76. 同上, S. 311.

77. Schmitt, *Die Militärzeit 1915 bis 1919. Tagebuch Februar bis Dezember 1915. Aufsätze und Materialien*, S. 521.

78. Escherich, *Die Ameise*, S. 310.

79. 同上, S. 3.

80. 同上, S. 3.

81. 同上, S. 310.

82. 相反:"他相信迟早能够证明,未来新的政府形式能够从这种昆虫的智慧中学到最重要的东西。"(Berend, *Der Glückspilz*, S. 6)

83. Escherich, *Die Ameise*, S. 17.

84. Schmitt, *Der Leviathan*, S. 59 f.

85. 惠勒和埃舍里希一样,也是在维尔茨堡进行的研究。

86. Wheeler, »The ant – colony as an organism«, S. 310.

87. Carl Schmitt, »Die Wendung zum totalen Staat« [1931], in: *Positionen und Begriffe im Kampf mit Weimar – Genf – Versailles*, Berlin 1988, S. 166 – 178, S. 167.

88. Wheeler, »The ant – colony as an organism«, S. 310.

89. 同上, S. 310.

90. 参见 Carl Schmitt, »Nehmen / Teilen / Weiden. Ein Versuch, die Grundfragen jeder Sozial – und Wirtschaftsordnung vom Nomos her richtig zu stellen« [1953], in: *Verfassungsrechtliche Aufsätze aus den Jahren 1924 – 1954. Materialien zu einer Verfassungslehre*, Berlin 1973, S. 489 –504.

91. Berend, *Der Glückspilz*, S. 158:"在这个国家中,无价值的个体被有计划地消灭掉。"

92. 参见 Frank Stevens, *Ausflüge ins Ameisenreich*, Linz 1910, Isemann, *Die Ameisenstadt. Ein Tier – Roman*, Dazu Rembert Hüser, »Ameisen sind müßig«, in: *Die Schrift an der Wand. Alexander Kluge: Rohstoffe und Materialien*, hrsg. von Christian Schulte, Osnabrück 2000, S. 293 –315.

93. Escherich, *Termitenwahn*, S. 18.

94. Berend, *Der Glückspilz*, S. 190.

95. Escherich, *Termitenwahn*, S. 14.

96. 同上, S. 18.

97. 关于后历史作为现代的最后阶段, 参见 Arnold Gehlen, *Zeit – Bilder. Zur Soziologie und Ästhetik der Modernen Malerei* [1960], Frankfurt am Main ³1986.

98. Escherich, *Termitenwahn*, S. 19.

99. 同上, S. 19.

100. 同上, S. 13.

101. 同上, S. 20.

102. 一种完全不同的解释见 Eva Johach, »Termitodoxa. William M. Wheeler und die Aporien eugenischer Sexualpolitik «, in: *Nach Feierabend. Züricher Jahrbuch für Wissenschaftsgeschichte*, Nr. 4 (2008): S. 69 – 86. 她强调了埃舍里希"对白蚁模式的排斥"(S. 81)。

103. Wheeler, »The ant – colony as an organism«, S. 325.

104. Escherich, *Termitenwahn*, S. 19.

105. Wheeler, »The ant – colony as an organism«, S. 320.

106. 同上, S. 321.

107. 同上, S. 321.

108. Maurice Maeterlinck, *Das Leben der Termiten. Das Leben der Ameisen* [1926 / 1930], hrsg. von dem Kreis der Nobelpreisfreunde, Zürich o. J., S. 217.

109. Schmitt, *Der Leviathan*, S. 174. 该引言来自 1982 年版收录的 1965 年附录。

110. Carl Schmitt, *Der Hüter der Verfassung* [1931], Berlin 1985. 作为总统、君主、总理、中央委员会主席、国父(Pater patriae)等等的统治者。做决断的首脑停留在哪里, 就可以在哪里看到围绕主权者周围所形成的权力的回廊。参见 Carl Schmitt, *Gespräch über die Macht und den Zugang zum Machthaber. Gespräch über den neuen Raum* [1954], Berlin 1994. 但在蚂蚁国家中, 若是这样来解释蚁后的孵化室就错了。蚁后不决断任何事。

111. Wheeler, »The ant – colony as an organism«, S. 321.

112. AT, Sprüche, Kap. 6, 6 – 8. 关于这种来自古代中东地区的观点(希伯来、阿拉伯、《旧约》) 参见 Peter Riede, *Im Spiegel der Tiere.*

Studien zum Verhältnis von Mensch und Tier im alten Israel, in: *Orbis Biblicus et Orientalis*. Bd. 187, Freiburg (CH), Göttingen 2002, S. 7.

113. Jacques Derrida, »›Fourmis‹. Lectures de la différence sexuelle«, in: *Rottprints. Memory and Life Writing*, hrsg. von Helene Cixous, Mireille Calle – Gruber, London, New York 1997, S. 119 – 127, S. 119.

114. 同上, S. 121.

115. 同上, S. 120 f. 强调为笔者所加。

116. Hardt, *Multitude*, S. 111. 指的大概是《巴黎战歌》(*Chant de guerre Parisien*), 若想读懂哈特和内格里, 必须仔细研读这首诗。

117. 同上, S. 370 ff.

118. Derrida, »›Fourmis‹. Lectures de la différence sexuelle«, S. 119.

119. 参见 *Lexikon der christlichen Ikonographie*, Bd. 1, Rom 1968, Spalte 111 中 "蚂蚁" 条目。

120. 参见 Michel Foucault, *Geschichte der Gouvernementalität I. Sicherheit, Territorium, Bevölkerung. Vorlesungen am Collège de France 1977 – 1978*, übers. von Jürgen Schröder, Claudia Brede – Konersmann, Frankfurt am Main 2004.

121. Deleuze, *Tausend Plateaus*, S. 19.

122. Heinrich Steinhövel, *Ulmer Äsop*, 1476 / 77, Illustration von Sebastian Brant, Basel 1501.

123. 参见 Hölldobler, *The Ants*, S. 358. 这种观点在20世纪下半叶不再流行, 但迅速又得到回升。参见 David Sloan Wilson, Elliot Sober, »Reviving the Superorganism«, in: *Journal of theoretical Biology*, 136. Jg. (1989): S. 337 – 356, S. 346.

124. Wheeler, *Social Insects*, S. 230 f. 沟通 (communication) 在这里绝不是语言这个概念的代名词。惠勒大概像哈罗德·亚当斯·伊尼斯 (Harold Adams Innis) 在《帝国与传播》(*Empire & Communications*) 里一样使用这个概念。

125. Schmitt, *Der Leviathan*, S. 77.

126. Johannes Sambucus, *Emblemata*, Antwerpen 1564, S. 24.

127. Thomas Hobbes, *Grundzüge der Philosophie. Zweiter und dritter Teil: Lehre vom Menschen und Bürger* [1642 – 58], Leipzig 1918, S. 131.

128. Huber, *Recherches sur les Moeurs des Fourmis indigène*. 参见 Michelet, *Das Insekt*.

129. Johannes Geiler von Kaysersberg, *Die Emeis oder Quadragesimale*, Straßburg 1516, S. VIII, S. VI.

130. Gaius Plinius Secundus, *Naturalis historiae libri XXXVII. post L. Iani obitum recognovit et scripturae discrepantia adiecta edidit Carolus Mayhoff*, Lipsiae 1892 – 1909, Liber XI, vs. 108. 引自 Bibliotheca Augustana 版，URL：www. hs – augsburg. de ／ harsch ／ Chronologia ／ Lspost01／ Plinius Maior ／ plm_ hi11. html.

131. Wheeler,»The ant – colony as an organism«, S. 323.

132. 同上，S. 325. 关于惠勒所说的涌现（Emergenz）参见 Jussi Parikka, *Insectmedia. An Archeology of Animals and Technology*, Minneapolis 2010, S. 52 ff. 惠勒是 *Emergent evolution and the development of societies*（New York：Norton 1927）的作者，这本书在波士顿的社会学家之中广为传阅。

133. Escherich, *Biologisches Gleichgewicht*, S. 12.

134. Schmitt,»Die Wendung zum totalen Staat«, S. 171 ff.

135. 同上，S. 171.

136. 同上，S. 176.

137. Schmitt, *Der Leviathan*, S. 174.

138. Schmitt, *Politische Theologie*.

139. Escherich, *Termitenwahn*, S. 5.

第三章　一个新昆虫物种的舞台

1. Maeterlinck, *Das Leben der Termiten. Das Leben der Ameisen*, S. 158.

2. Ernst Jünger, *Der Arbeiter. Herrschaft und Gestalt* [1932], Stuttgart 1982, S. 44 f. 强调为原文所加。**超动物**的概念参见 Benjamin Bühler, Stefan Rieger, *Vom Übertier. Ein Bestiarium des Wissens*, Frankfurt am Main 2006.

3. 关于群体选择（group selection）参见 Hölldobler, *The Ants*, S. 212. 亲缘选择（kin selection）与遗传选择（genetic selection）理论之间的区别暂时没有意义。这里只论及人类与蚂蚁通过进化形成的对合作关系的偏爱化。关于不同选择层面，也参见 Edward Osborne Wilson, *The Social Conquest of Earth*, New York, London 2012, S. 17 – 20.

4. Jünger, *Der Arbeiter*, S. 45.

5. 同上，S. 23.

6. Ferdinand de Saussure, *Grundfragen der allgemeinen Sprachwissenschaft*

［1916］，Berlin 1967，S. 141.

7. Jünger, *Der Arbeiter*, S. 112 f. 强调为笔者所加。

8. 同上，S. 45.

9. 同上，S. 113.

10. 同上，S. 102.

11. 详情可参见 Niels Werber，»Formen des Schwärmens. Zur Poetik der Selbstbeschreibungen von Gesellschaft«, in: *Berichte zur Wissenschaftsgeschichte*, Nr. 3 (2011): S. 242 – 263.

12. 参见 Christoph Lotz，*Ernst Jüngers Lektüre bis zum Ende des Ersten Weltkriegs*, Marburg 2002, S. 82 f.

13. 参见 Heimo Schwilk, *Ernst Jünger. Ein Jahrhundertleben. Die Biografie*, München, Zürich 2007, S. 119.

14. Hans Driesch, *Der Vitalismus als Geschichte und als Lehre*, Leipzig 1905, S. 83.

15. Wheeler, »The ant – colony as an organism«, S. 319 f.

16. Bert Hölldobler, Edward O. Wilson, *The Superorganism: The Beauty, Elegance, and Strangeness of Insect Societies*, New York 2009, S. 10.

17. Maeterlinck, *Das Leben der Termiten. Das Leben der Ameisen*, S. 119. 贡布雷希特在他的 1926 年纲要 "个体性对抗集体性" 一章中引用了梅特林克和云格尔，但却并未在两人之间建立直接联系。Hans Ulrich Gumbrecht, 1926. *Ein Jahr am Rand der Zeit*, Frankfurt am Main 2001, S. 321 – 323.

18. Maeterlinck, *Das Leben der Termiten. Das Leben der Ameisen*, S. 118 – 122.

19. 同上，S. 122.

20. 同上，S. 253.

21. 同上，S. 253 – 257.

22. 同上，S. 254.

23. Jünger, *In Stahlgewittern*, S. 41.

24. Ebd. , S. 41 ff. 参见 Kropotkin, *Gegenseitige Hilfe in der Entwicklung*, S. 17，特别是关于蚂蚁与白蚁的 "军事" 行动，S. 15 f.

25. Ernst Jünger, *Sturm* ［1923］, Stuttgart 1979, S. 10. 同样观点的还有 Schmitt, *Der Wert des Staates und die Bedeutung des Einzelnen* und 以及以昆虫学为媒介的戏仿: Berend, *Der Glückspilz*.

26. Jünger, *Sturm*, S. 11.

27. 同上, S. 17.

28. 同上, S. 49.

29. 同上, S. 45.

30. 参见 Ernst Jünger, *Kriegstagebuch* 1914 – 1918, hrsg. von Helmuth Kiesel, Stuttgart 2010, S. 46 ff.

31. 同上, S. 150.

32. Jünger, *In Stahlgewittern*, S. 46.

33. 同上, S. 265. 云格尔也对作为摄影主题的沉船感兴趣。参见 Ferdinand Bucholtz, Ernst Jünger (Hrsg.), *Der gefährliche Augenblick. Eine Sammlung von Bildern und Berichten*, Berlin: Junker & Dünnhaupt 1931, S. 49 – 56.

34. Jünger, *Sturm*, S. 28.

35. Jünger, *In Stahlgewittern*, S. 69.

36. 同上, S. 266.

37. 同上, S. 19.

38. 同上, S. 106.

39. Wheeler, »The ant – colony as an organism«, S. 320, S. 321.

40. Jünger, *Der Arbeiter*, S. 113. 相反, 在博尔舍笔下, 白蚁士兵却组成了"保镖"或"警戒线"(Wilhelm Bölsche, *Der Termitenstaat*, Stuttgart 1931, S. 23)。白蚁巢是一个"小房间组成的网络", 连接起它们的"地下战壕"(S. 19)。博尔舍认为兵蚁是一种"真正的工蚁中彻底被领导的下等阶层"(S. 25)。云格尔也如此认为, 他熟悉博尔舍的作品 (Ernst Jünger, »Subtile Jagden « [1967], in: *Sämtliche Werke. Essay IV. Bd. 10*, Stuttgart 1980, S. 60)。

41. Jünger, »Subtile Jagden«, S. 330.

42. 莱比锡大学和海德堡大学对生物学和动物学的学生授予自然科学博士 (doctor rerum naturalium) 头衔。

43. Auguste Forel, *The Social World of the Ants* [1921 – 23] (2 Bde.), New York 1929. 云格尔自称, 他在"第二次世界大战"之前还认识了这位"心理学家和蚂蚁行家"的遗孀 (Jünger, »Subtile Jagden«, S. 35)。我们可以猜测, 他也熟悉她丈夫的作品。

44. Forel, *The Social World of the Ants*, Bd. 1, S. 446.

45. 同上, Bd. 1, S. 468 f. 最主要的是在防卫方面的增强。

46. Jünger, *Der Arbeiter*, S. 104.

47. Maeterlinck, *Das Leben der Termiten. Das Leben der Ameisen*, S. 339.

48. Jünger, *Der Arbeiter*, S. 104.

49. 同上，S. 104.

50. 参见 Niklas Luhmann, »Lob der Routine«, in: *Verwaltungsarchiv. Zeitschrift für Verwaltungslehre, Verwaltungsrecht und Verwaltungspolitik*, 55. Jg., Nr. 1 (1964): S. 1–53, S. 2.

51. Friedrich Nietzsche, *Also sprach Zarathustra*, in: *Werke in drei Bänden*. Bd. 2 (3 Bde.), hrsg. von Karl Schlechta, München 1954, S. 281.

52. Jünger, *Der Arbeiter*, S. 101 f.

53. 同上，S. 125.

54. Ernst Jünger, *Der Waldgang* [1950]. Bd. 3, Frankfurt am Main 1952, S. 116.

55. Mircea Eliade, Ernst Jünger, *Antaios. Zeitschrift für eine freie Welt*. Bd. 1, Stuttgart 1960, S. 42.

56. Jünger, *Der Arbeiter*, S. 207.

57. 同上，S. 288.

58. Maeterlinck, *Das Leben der Termiten. Das Leben der Ameisen*, S. 217. 关于"以太"和"精神"的链接，笔者将在下文以"心灵感应"和"无线"为关键词继续讨论。

59. 请注意，是社会（Gesellschaft），而不是社群（Gemeinschaft）。"没有技术的社会……是不可能存在的……。人类之间每一种需要工具、需要人工手段的沟通，都从社群的领域突出来，产生社会性的影响。"Helmuth Plessner, *Grenzen der Gemeinschaft. Eine Kritik des sozialen Radikalismus* [1924], Frankfurt am Main 2002, S. 40. 请不要误解：Plessner 肯定了现代社会，将对社群直接性的追求看作一个弱点（S. 31）。云格尔则将带有高度技术手段的工人带回到社群。

60. Jünger, *Der Arbeiter*, S. 45.

61. 选择这部小说是完全随机的。我们也可以引用罗伯特·穆齐尔的《没有个性的人》或者赫尔曼·黑塞的《悉达多》或《德米安》。许多人都证明，云格尔所指明的通道在其他作者那里也是可行的，德布林是其中一个例子。

62. 参见 Gabriel de Tarde, *Die Gesetze der Nachahmung* [1890], Frankfurt am Main 2003.

63. 参见 Eva Johach, »Andere Kanäle. Insektengesellschaften und die Suche

nach den Medien des Sozialen«, in: *Zeitschrift für Medien374 wissenschaft*, 4. Jg., Nr. 1 (2011): S. 71 –82. 笔者在下文还将对塔尔德做进一步探讨。

64. Alfred Döblin, *Berge*, *Meere und Giganten*, Berlin 1924, S. 19.

65. 同上, S. 70.

66. Aldous Huxley, *Brave New World* [1932], London 1994. 参见 Aldous Huxley, *Schöne Neue Welt* [1932], übers. von Herberth H. Herlitschka, Fischer 2012.

67. Döblin, *Berge*, *Meere und Giganten*, S. 70.

68. 同上, S. 71.

69. 同上, S. 71.

70. Hölldobler, *The Ants*, S. 1.

71. Döblin, *Berge*, *Meere und Giganten*, S. 71.

72. "一些作者描述了蚂蚁搭建……桥梁。" Wheeler, *Ants*, S. 540. 也参见 Hölldobler, *The Superorganism*, S. 161.

73. Jünger, *Der Arbeiter*, S. 45.

74. 同上, S. 302 f.

75. Maurice Maeterlinck, »The Life of The Ant«, in: *Fortnightly review*, 128. Jg. (Okt. 1930): S. 445 –461, S. 461.

76. Wiener, *Mensch und Menschmaschine*, S. 48 f.

77. 我想到了卡尔·埃舍里希在序言中引用过的语句。

78. Ewers, *Ameisen*, S. 56. 强调为原文所加。

79. Maeterlinck, *Das Leben der Termiten. Das Leben der Ameisen*, S. 183. 强调为笔者所加。

80. Jünger, *Der Arbeiter*, S. 241.

81. Huxley, *Brave New World*, S. 1. *Gemeinschaftlichkeit*, *Einheitlichkeit*, *Beständigkeit*.

82. 同上, S. 37.

83. "我们能赢过他们!"孵化中心的一名工作人员说。"这就对了。"主任赞扬道。他们是要用一颗卵子培养出一万七千多个克隆体。Huxley, *Schöne Neue Welt*, S. 26.

84. 参见 Lars Koch, *Der Erste Weltkrieg als Medium der Gegenmoderne. Zu den Werken von Walter Flex und Ernst Jünger*, Würzburg 2006, S. 287 –330. 云格尔否定性地描述了这章中出现的"工人的全球情境"。他安排了

一次断裂。Klaus Vondung 在这里甚至提到了"末日"。不过，这里仍旧只是清楚地说了什么即将毁灭，却没有说什么即将到来。蚂蚁国家的形象填补了这一空白。

85. 参见 Stephen J. Cross, William R. Albury, »Walter B. Cannon, L. J. Henderson, and the Organic Analogy«, in: *Osiris*, 3. Jg.（1987）: S. 165 – 192.

86. Wheeler, *Social Insects*, S. 230.

87. 同上, S. 113, S. 183 f, S. 215.

88. 同上, S. 228.

89. 同上, S. 226 f.

90. Vilfredo Pareto（Hrsg.）, *Traité de sociologie générale* [1916], in: Œuvres complètes. Bd. 12, hrsg. von Raymond Aron, Genf, Paris: Librairie Droz 1968. 惠勒曾仔细研究过这部作品。我们在下文还将回到这一点。这里最重要的是，惠勒从帕累托的理论出发，认为所有系统都致力于其与周围环境的平衡状态。

91. Alfred E. Emerson, »Populations of Social Insects«, in: *Ecological Monographs*, 9. Jg., Nr. 3（1939）: S. 287 – 300, S. 289. 它明确地进行了与"人类社会组织"的人口控制的比较（S. 288）。

92. Wheeler, *Social Insects*, S. 226.

93. 在《美丽新世界》中，凭借霍尔瑞思机器的帮助，一种现代控制技术针对需求与资源调整日常的生产。参见 Huxley, *Brave New World*, S. 7, 以及 Huxley, *Schöne Neue Welt*, 26 f. 就霍尔瑞思机器和劳动国家的联系，Gerhard Nebel 于 1948 年 3 月 21 日致信恩斯特·云格尔称，他对"斯达汉诺夫蚂蚁和霍尔瑞思机器保持果断的中立"，亦即在布尔什维主义的蚂蚁国家与美国式的福特主义和泰勒主义之间保持中立。一个并不比另一个更好或更坏。斯达汉诺夫是苏联的劳动英雄，一个完美的工人。参见 Ernst Jünger, Gerhard Nebel, *Briefe*. 1938 – 1974, hrsg. von Ulrich Fröschle, Michael Neumann, Stuttgart 2003, S. 182.

94. Berend, *Der Glückspilz*, S. 160.

95. 同上, S. 160.

96. Plessner, *Grenzen der Gemeinschaft*, S. 44.

97. Helmut Lethen, *Verhaltenslehren der Kälte. Lebensversuche zwischen den Kriegen*, Frankfurt am Main 1994. 参见 Jünger, *Der Arbeiter*, S. 101 f.

375

98. 另一方面，云格尔意识到，这种自上而下的控制无助于战争的胜利，因此他提倡能够自主行动的战斗小组。

99. Huxley, *Brave New World*, S. 7, 以及 Huxley, *Schöne Neue Welt*, S. 21.

100. Huxley, *Brave New World*, S. 36.

101. 如同我所引用的这一时期的德国作家，我在这里使用的是原文标题。参见 Carl Schmitt, *Glossarium. Aufzeichnungen der Jahre* 1947 – 1951, Stuttgart 1991, S. 200, 或 Ernst Jünger, *Strahlungen*, Tübingen 1949, 17. 7. 1943, S. 359.

102. Huxley, *Schöne Neue Welt*, S. 56, 以及 Huxley, *Brave New World*, S. 37.

103. Jünger, *Der Arbeiter*, S. 112.

104. Huxley, *Schöne Neue Welt*, S. 23, 以及 Huxley, *Brave New World*, S. 3.

105. Huxley, *Brave New World*, S. 1. 奥尔德斯·赫胥黎用了和他兄长一样的术语，中央"孵化与调试中心"。这增强了由于组织的相似之处所使人产生的印象，即这里是一个蚂蚁社会。"孵化"可参见 Julian Huxley, *Ants*, Ernest Benn 1930, S. 17, "后代生产控制"参见 S. 21。

106. 这句名言来自一个与我们相关的范畴："在共产主义社会高级阶段上，在迫使人们奴隶般地服从分工的情形已经消失，从而脑力劳动和体力劳动的对立也随之消失之后；在劳动已不仅仅是谋生的手段，而且本身成了生活的第一需要之后；在随着个人的全面发展生产力也增长起来，而集体财富的一切源泉都充分涌流之后——只有在那个时候，才能完全超出资产阶级法权的狭隘眼界，社会才能在自己的旗帜上写上：各尽所能，按需分配！" Karl Marx, *Brief an Wilhelm Bracke*, London, den 5. Mai 1875: MEW, Bd. 19, S. 19.（中译文引自《马克思恩格斯全集》第十九卷，第22—23页。——译注）马克思所宣称的资产阶级秩序的所有问题，对于我们的昆虫学家来说，都在蚂蚁社会中得到了永久的解决。"我们认为，导致蚂蚁成为主宰世界的群体的竞争优势在于它们高度发达、自我牺牲的蚁群的存在。如此看来，社会主义在某些情况下确实有效。**卡尔·马克思只是选错了物种**。" Hölldobler, *Journey to the Ants*, S. 9. 强调为笔者所加。

107. 并且是一条"运转很缓慢的生产线"，Huxley, *Brave New World*,

S. 7.

108. 同上, Huxley, *Schöne Neue Welt*, S. 24, 以及 Huxley, *Brave New World*, S. 5.

109. Huxley, *Ants*, S. 79.

110. Charlotte Sleigh, »Brave new worlds: Trophallaxis and the origin of society in the early twentieth century«, in: *Journal of the History of the Behavioral Sciences*, 38. Jg., Nr. 2 (2002): S. 133–156, S. 152.

111. Aldous Huxley, *Brave New World Revisited* [1958], New York 2000, S. 23.

112. Gabriel de Tarde, *Monadologie und Soziologie* [1893], Frankfurt am Main 2009, S. 42. 他引述埃斯皮纳斯后如此说。下文我们还会再讨论这两位作者。

113. Huxley, *Ants*. 赫胥黎兄弟的朋友、生物学家和遗传学家约翰·伯顿·桑德森·霍尔丹1924年的文章 *Deadalus* 应当被认为是另一个重要的灵感来源。霍尔丹创造了"体外发育"的概念,即用人工方式对克隆人进行体外受精和繁殖。霍尔丹与朱利安·赫胥黎共同创作了一本动物学教科书(*Animal Biology*, 1927),他与奥尔德斯也非常熟悉。参见 Mark B. Adams, »Last Judgment: The Visionary Biology of J. B. S. Haldane«, in: *Journal of the History of Biology*, 33. Jg., Nr. 3 (2000): S. 457–491. 霍尔丹在生物学的亲缘选择理论的形成中发挥了决定性的作用,这一理论又在威尔逊的昆虫学之中非常重要。参见 Nowak, *Supercooperators*, S. 96 ff. 简言之:斯莱忽略了霍尔丹,而亚当斯忽略了惠勒和威尔逊,尽管关键词("超有机体")留了下来。此外,霍尔丹也被朱利安·赫胥黎所引用: Huxley, *Ants*, S. 26.

114. 关于"社会媒介",参见 Johach, »Andere Kanäle. Insektengesellschaften und die Suche nach den Medien des Sozialen«, 前引书。

115. Sleigh, »Brave new worlds«, S. 152 ff.

116. Huxley, *Ants*, S. 25.

117. 参见 Bölsche, *Der Termitenstaat*, S. 51. Forel, *The Social World of the Ants*, S. 67, S. 79 f. 使用了"社会胃"或"社会储备"的概念。

118. Huxley, *Ants*, S. 27.

119. 参见 John Lubbock, *Ameisen, Bienen und Wespen. Beobachtungen über die Lebensweise der geselligen Hymenopteren*, Leipzig 1883, S. 188 f. 卢

伯克仔细观察了蚂蚁是怎样进食和运输蜂蜜的，但并未观察到相互喂食。

120. Wheeler, *Social Insects*, S. 233.

121. 同上, S. 234.

122. 同上, S. 235.

123. 同上, S. 244.

124. Maeterlinck, *Das Leben der Termiten. Das Leben der Ameisen*, S. 235 f. Maeterlinck, »The Life of The Ant«, S. 447 f. 强调为笔者所加。

125. Huxley, *Ants*, S. 25.

126. 参见 Koch, *Der Erste Weltkrieg als Medium der Gegenmoderne*, S. 278 ff.

127. Ernst Jünger, »Die totale Mobilmachung« [1930], in: *Sämtliche Werke. Essay I. Betrachtungen zur Zeit*. Bd. 7, Stuttgart 1980, S. 119 – 142, S. 126 f., S. 131.

128. 同上, S. 126.

129. 同上, S. 129.

130. Ewers, *Ameisen*, S. 42. 强调为原文所加。

131. Huxley, *Brave New World*, 见 1946 年版未标页码的序言。

132. 同上, S. 1.

133. Wheeler, *Social Insects*, S. 226.

134. 同上, S. 228.

135. 同上, S. 228.

136. Huxley, *Ants*, S. 79.

137. Huxley, *Brave New World*, S. 204, 以及 Huxley, *Schöne Neue Welt*, S. 221.

138. 参见 Werber, »Kleiner Grenzverkehr. Das Bild der sozialen Insekten in der Selbstbeschreibung der Gesellschaft«.

139. 参见 Koschorke, *Der fiktive Staat. Konstruktionen des politischen Körpers in der Geschichte Europas*.

140. Caryl P. Haskins, *Of Ants and Men*, New York 1939, S. 111. 它是"社会的纽带"。

141. Wheeler, *Social Insects*, S. 244: »circulating blood current«, »internal medium«.

142. 同上, S. 232. »mutual commercial relations«.

143. 同上, S. 231.

144. 人类学家成功地迈出了这一步。参见 Bronislaw Malinowski, *Argonauten des westlichen Pazifik. Ein Bericht über Unternehmungen und Abenteuer der Eingeborenen in den Inselwelten von Melanesisch – Neuguinea* [1922], hrsg. von Fritz Kramer, übers. von Heinrich Ludwig Herdt, Frankfurt am Main 1979.

145. Scipio Sighele, *Psychologie des Auflaufs und der Massenverbrechen*, Dresden, Leipzig 1897, S. 4 f. Schmitt, *Der Wert des Staates und die Bedeutung des Einzelnen*, S. 35.

146. Bredekamp, *Hobbes Leviathan*. 早在 17 世纪，蚂蚁国家就已经作为"对立形象"发挥着某种"权力平等主义"的作用，Bredekamp 却并没有挖掘这一点。

147. Jünger, *Der Arbeiter*, S. 207.

148. Sleigh, »Brave new worlds«, S. 153.

149. R. Pearl, Gold, S. A. , »World Population Growth«, in: Human Biology, Nr. 8 (1936): S. 399 – 419, S. 418. 参见 Emerson, »Populations of Social Insects«, S. 288.

150. 参见 20 世纪 50 年代和 60 年代对大鼠和小鼠的行为生物学研究中惊人的相似之处。Edmund Ramsden, Adams, Jon, » Escaping the laboratory: the rodent experiments of John B. Calhoun and their cultural influence«, in: *Journal of Social History*, 42. Jg. , Nr. 3 (2009): S. 761 – 792. 感谢 Andrew Pickering 给我的提示。

第四章　群组成群

1. Jean – Paul Lachaud, Dominique Freeneau, »Social Regulation in Ponerine Ants«, in: *From individual to collective behavior in social Insects. Les Treilles Workshop*, hrsg. von Jacques M. Pasteels, Jean – Louis Deneubourg, Basel, Boston 1987, S. 197 –217, S. 213.

2. 卡尔·埃舍里希谈到了"指挥"，他也强调说，这是一个"猜测"，这些样本可能在"监控……一次行军"（Karl Escherich, *Die Ameise*, Braunschweig 1906, S. 135）。在第二版中，我找不到这一段了（Escherich, *Die Ameise*）。埃舍里希在 1917 年把跟等级制组织模型的类比从书中删去了吗？此外，范式转换不适用于大众科普，正如 Bölsche 为 Kosmos – Verlag 所做的。参见 Bölsche, *Der Termitenstaat*, S. 57.

3. Lachaud, »Social Regulation in Ponerine Ants«, S. 214.

4. Escherich, *Die Ameise*, S. 61. 蚂蚁的多型现象被认为是劳动分工的作用。

5. Nigel R. Franks, Philippa J. Norris,»Constraints on the division of labour in ants: D'Arcy Thompson's Cartesian transformations applied to worker polymorphism«, in: *From individual to collective behavior in social Insects. Les Treilles Workshop*, hrsg. von Jacques M. Pasteels, Jean – Louis Deneubourg, Basel, Boston 1987, S. 253 – 275, S. 254. 本书的一些作者是群体智慧研究的先锋。

6. 同上, S. 254.

7. 同上, S. 254.

8. 同上, S. 254.

9. 同上, S. 266.

10. 同上, S. 267.

11. Jean – Louis Deneubourg, Simon Goss, Jacques M. Pasteels, Dominique Fresneau, Jean – Paul Lachaud,»Self – Organisation in Ant Societies: Learning in Foraging and Division of Labor«, in: *From individual to collective behavior in social Insects. Les Treilles Workshop*, hrsg. von Jacques M. Pasteels, Jean – Louis Deneubourg, Basel, Boston 1987, S. 177 – 196, S. 194.

12. Jacques M. Pasteels, Jean – Louis Deneubourg (Hrsg.), *From individual to collective behavior in social Insects. Les Treilles Workshop*, Basel, Boston: Birkhäuser 1987, S. 13.

13. Mike Campos, Eric Bonabeau, Guy Théraulaz, Jean – Louis Deneubourg, »Dynamic Scheduling and Division of Labor in Social Insects«, in: *Adaptive Behavior*, 8. Jg., Nr. 2 (2000): S. 83 – 95, S. 92.

14. Deneubourg,»Self – Organisation in Ant Societies: Learning in Foraging and Division of Labor«, S. 180 ff. 参见第 180 页与第 182 页上的图表。

15. 亚历山大·克鲁格可能不会承认这一点,然而比起最新的昆虫学,他更了解恩斯特·云格尔。参见 *10 000 Billionen Ameisen* (10 *vor* 11 bei RTL am 2. 12. 1996). 我们将回到这一点上来。

16. Wheeler, *Social Insects*, S. 163:"行为与生理劳动分工的不同形态表现。"

17. 参见将昆虫学假设应用于军事思维的作品: John Arquilla, David Ronfeldt, *Swarming & the Future of Conflict*, hrsg. von RAND Corporation,

Santa Monica, Cal. 2000.

18. Bonabeau, *Swarm Intelligence*: *From Natural to Artificial Systems*. James Kennedy, Russell C. Eberhart, *Swarm Intelligence*, San Francisco 2001. 研究自然早就进行了，参见 Janet T. Landa, »The political economy of swarming in honeybees: Voting – with – the – wings, decision – making costs, and the unanimity rule«, in: *Public Choice*, 51. Jg. (1986): S. 25 – 38. 但群体研究直到 2000 年左右才获得话语权。

19. Campos, »Dynamic Scheduling and Division of Labor in Social Insects«, S. 83 f. 原文关键词为均衡理论（"equilibrium theory"）（S. 83）。这一理论的出发点是，在每个社会中，特定的任务都需要被完成。系统理论会在此处谈论职能。稀缺品的分配对于现代社会来说至关重要。在履行职能时则允许灵活性的存在，卢曼在这里谈到"职能等同"（funktionalen Äquivalenten）。坎波斯等人发现，灵活性的前提是个体的弹性："蚁群层面上任务分工的灵活性与每只工蚁的弹性相关联。"（S. 84）

20. 同上，S. 83, S. 92.

21. 同上，S. 83. 强调为原文所加。"A social insect colony is a complex system."

22. 同上，S. 85.

23. 行动者网络理论（Akteur – Netzwerk – Theorie）的缩写 ANT 由此就有了一个新的含义，因为拉图尔建议说，"ANT"研究者应当"像蚂蚁一样费尽心力……来建立起哪怕是最微小的关联"。Bruno Latour, *Eine neue Soziologie für eine neue Gesellschaft. Einführung in die Akteur – Netzwerk – Theorie* [2005], Frankfurt am Main 2007, S. 48.

24. Campos, »Dynamic Scheduling and Division of Labor in Social Insects«, S. 92. 强调为笔者所加。原文为："Another perspective on this work is also possible. Task allocation can be seen as a scheduling problem, which is continually solved by ants in a variable environment. One major difference between a market and an insect colony is the role that evolution has played in shaping social insect colony organization. Evolutionary theory suggests that solutions found by ants may be close to global optimality if the scheduling formulation is relevant to the behavior of ants. Auction protocols, on the other hand, have been designed by man to generate optimal resource allocation: why not use evolutionary algorithms to produce

optimal auction protocols?"

25. 例如，ANT算法在自控巴士线路、垃圾收集、邮政和运输线路，在机器调度问题、喷漆设备的送料问题、生产控制系统、电话网络和互联网的路由编程，在劳动力规划管理和运输工具与道路的负载计算等方面都投入了使用。用来监测燃气泄漏和火灾的微型飞行器也通过了实验。这样的例子不胜枚举。

26. Nowak, *Supercooperators*, S. 168.

27. 同上, S. 213.

28. 同上, S. 269 ff.

29. 同上, S. 207 ff.

30. 同上, S. xvii.

31. Peter Kropotkin, *Mutual Aid: A Factor of Evolution*, London 1904.

32. Kropotkin, *Gegenseitige Hilfe in der Entwicklung*, S. 74. 强调为原文所加。

33. 同上, S. 75.

34. 同上, S. 75.

35. 同上, S. 76.

36. 同上, S. 78.

37. 同上, S. 81.

38. 同上, S. 306.

39. Nowak, *Supercooperators*, S. 153.

40. 同上, S. xvii, S. 200 ff.

41. 参见 Escherich, *Termitenwahn*.

42. Martin A. Nowak, Corina E. Tarnita, Edward O. Wilson, »The Evolution of Eusociality«, in: *Nature*, 466. Jg., Nr. 8（2010）: S. 1057 – 1062, S. 1057. 我将在下一章回到这篇影响深远的文章中来。

43. Vgl. dazu Lorraine Daston, Fernando Vidal（Hrsg.）, *The Moral Authority of Nature*, Chicago, London: 2004. 其中最重要的是 A. J. Lustig, »Ants and the Nature of Nature in Auguste Forel, Erich Wasmann, and William Morton Wheeler«, in: *The Moral Authority of Nature*, hrsg. von Lorraine Daston, Fernando Vidal, Chicago, London 2004, S. 282 – 307.

44. Nowak, *Supercooperators*, S. 200 ff. 这一"悲剧"是囚徒困境的一种变体。在一个乡村中有一块公有土地，每个人都可以在上面放牛。出于利己的原因，每个农夫都将超过土地所能承受数量的牛放牧在

其上，以便保护自己的资源。结果是：公有土地荒芜了。长期来看，
农夫应当将较少的牲畜在公地上放牧，以求能够与他人一起可持续
地获利。这一悲剧如今在地球上的每一片海洋中都在上演。这里是
过度捕鱼的问题。气候博弈也可以这样用博弈论来建模。

45. 同上，S. 168.

46. Sleigh,》Brave new worlds«, S. 153. 惠勒的构想影响广泛。福勒尔或
梅特林克也假设，蚁巢应当被认为是超有机体。

47. Olaf Stapledon, *Last and First Men* [1930], London 2004, S. xiii. 下文
中笔者引用的是德文版：Olaf Stapledon, *Die letzten und die ersten
Menschen. Eine Geschichte der nahen und fernen Zukunft*, übers. von Kurt
Spangenberg, München 1983, S. 11.

48. Aristoteles, *Poetik*, hrsg. von Manfred Fuhrmann, Stuttgart 2002.

49. Stapledon, *Die letzten und die ersten Menschen*, S. 11.

50. 同上，S. 12.

51. 同上，S. 13.

52. 同上，S. 13.

53. 同上，S. 14.

54. 同上，S. 14.

55. 参见 Adams,》Last Judgment: The Visionary Biology of J. B. S. Haldane«,
S. 468, S. 473. 关于威尔斯与斯塔普雷顿也参见 Robert Shelton,
》The Moral Philosophy of Olaf Stapledon «, in: *The Legacy of Olaf
Stapledon*, hrsg. von Patrick A. McCarthy, Charles Elkins, Martin Harry
Greenblatt, New York, Westport, London 1989, S. 5–22, S. 7. 关于威
尔斯和霍尔丹，我将在下面的章节中详述。

56. 关于霍尔丹以及亲缘选择理论相关的真社会性，参见 Hölldobler, *The
Ants*, S. 180–196. 其研究对象是蚂蚁的社会构成。

57. 参见 Nowak, *Supercooperators*, S. 96f., 以及 Curtis C. Smith,
》Diabolical Intelligence and (approximately) Divine Innocence «, in: *The
Legacy of Olaf Stapledon*, hrsg. von Patrick A. McCarthy, Charles Elkins,
Martin Harry Greenblatt, New York, Westport, London 1989, S. 87–98.

58. Stapledon, *Die letzten und die ersten Menschen*, S. 188.

59. Stapledon, *Last and First Men*, S. 132.

60. Ebd., S. 132; Stapledon, *Die letzten und die ersten Menschen*, S. 189.

61. 因此也可以把斯塔普雷顿归入"思想实验"的类别，特别是 Annette

Wunschel 与 Thomas Macho 从"显示与想象的互相侵入"的角度思考了这一类的故事与意义。Annette Wunschel, Thomas Macho, »Mentale Versuchsanordnungen «, in: *Science & Fiction. Über Gedankenexperimente in Wissenschaft, Philosophie und Literatur*, hrsg. von Thomas Macho, Annette Wunschel, Frankfurt am Main 2004, S. 9 - 14, S. 12. 从斯塔普雷顿的实验中可以得出的一点是：如果一个社会的成员都不是个体，而是复合的群体，会是什么样子？另一点是：一个像蚁群一样组织起来的社会，是不是比我们的社会更好？但是，这样也许太过了，仿佛存在一个实验者，他进行一个实验序列，只是为了验证命题。对于斯塔普雷顿的小说，笔者认为 Michel Serres 的通道构想更为适合。参见 Serres, *Nordwest - Passage*, S. 15 ff.

62. Stapledon, *Last and First Men*, S. 132.

63. Stapledon, *Die letzten und die ersten Menschen*, S. 191.

64. 同上，S. 191.

65. "群体看上去是无定型的，但它具有任意构建和协调的策略，可以从各个方向攻击。"Arquilla und Ronfoldt 如此写道，见 *Swarming & the Future of Conflict*, S. vii.

66. 云很少被作为社会组织的形象加以研究，虽然传奇般的阿拉伯的劳伦斯把他桀骜不驯的阿拉伯游牧民游击队描述为气态的小团体（Thomas Edward Lawrence, *Seven Pillars of Wisdom* [Revolt in the Desert, 1926 / 27], London 1997, S. 182："我们可能是一片云雾……没有形状，刀枪不入，没有正面，没有后背，像气体一样飘着。"）。斯塔普雷顿可能沿用了劳伦斯的说法。至少他将自己的一本书命名为《和平七柱》(*The Seven Pillars of Peace*, 1944)。在《媒介史档案》(*Archivs für Mediengeschichte*, Weimar 2005) 关于"云"的文化史、媒介史、认识史、话语史的一卷中，并没有对云的社会维度的探讨。Serres 成功地从"云"经过"蜂群"过渡到"工人"，他的自然科学与人文科学之间的通道发现的不仅是认识公式，还有其同构性，见 *Nordwest - Passage*, S. 81 f. 。

67. 根据查尔斯·达尔文《物种起源》第三章的标题，*On the origin of species by means of natural selection, or the preservation of favoured races in the struggle for life*, London 1859, S. 60. Charles Darwin, *Die Entstehung der Arten* [1859, 6. Aufl. 1872], übers. von J. Viktor Carus, Hamburg 2008, S. 94. 本章的基本论点是生物间的竞争："老德堪多和赖尔进

一步以哲学方式证明了，所有的有机生物之间都有着一种激烈的竞争关系。"（Darwin, *Die Entstehung der Arten*, S. 96）

68. Stapledon, *Last and First Men*, S. 125, S. 128, S. 130. Stapledon, *Die letzten und die ersten Menschen*, S. 183.

69. 没有这种入侵，他们就会献身于他们的"英雄任务"，"塑造一种……理想的人"（重塑人的本性），一项培育超人的生物基因工程。Stapledon, *Last and First Men*, S. 130; Stapledon, *Die letzten und die ersten Menschen*, S. 186. 这项工程处于云格尔和赫胥黎的脉络中，只是它突然中断了。

70. 参见关于全球社会与来自宇宙的敌人的猜测：Schmitt, *Der Begriff des Politischen*, S. 54 f., 强调为原文所加。

71. Maeterlinck, *Das Leben der Termiten. Das Leben der Ameisen*, S. 172 f. 斯塔普雷顿描写了从邻近星球来的敌人，而法兰克·薛庆（Frank Schätzing）描写了大海：从意想不到的方向来的敌人——在这两个例子中，这种物种以外的敌人都是以群体的形态出现的。

72. 从前，所有参与竞争的物种都灭绝了。根据"适者生存"模型的进化参见 Stapledon, *Last and First Men*, S. 145, 以及 Stapledon, *Die letzten und die ersten Menschen*, S. 206. 它导致在火星上单一物种的完全胜利。

73. 至少他的警句显示了这一点："尽管有**互助合作**的机会，这两个种族仍旧致力于消灭对方。"（"In spite of the possibility of *mutual aid*, the two races strove to exterminate each other."）Olaf Stapledon, *Star Maker* [1937], London 1999, S. 95, 以及 Olaf Stapledon, *Sternenmacher*, übers. von Thomas Schlueck, München 1969, S. 101. 强调为笔者所加。参见 Kropotkin, *Mutual Aid: A Factor of Evolution*. 克鲁泡特金只将群体的概念用于传播的意义上，而不是一种组织方式。是斯塔普雷顿迈出了这一步。

74. Stapledon, *Last and First Men*, S. 162, 以及 Stapledon, *Die letzten und die ersten Menschen*, S. 228. 合作的趋向在情节层面上并非贯穿始终，但在叙事者的语言中它是很明显的；来自未来的叙事者宣告了斗争的结局。

75. Stapledon, *Last and First Men*, S. 167, 以及 Stapledon, *Die letzten und die ersten Menschen*, S. 235.

76. Stapledon, *Last and First Men*, S. 138 f., 以及 Stapledon, *Die letzten und*

die ersten Menschen, S. 197.

77. Stapledon, *Last and First Men*, S. 136, 以及 Stapledon, *Die letzten und die ersten Menschen*, S. 194.

78. Bertolt Brecht, » Der Rundfunk als Kommunikationsapparat « ［1932］, in: *Schriften zur Literatur und Kunst*. Bd. 1, Frankfurt am Main 1967, S. 132 – 140.

79. Stapledon, *Last and First Men*, S. 136, 以及 Stapledon, *Die letzten und die ersten Menschen*, S. 194.

80. Frei nach Latour, *Neue Soziologie*, a. a. O.

81. 根据 Fritz Heider, » Ding und Medium «, in: *Symposion. Philosophische Zeitschrift für Forschung und Aussprache*, 2. Jg. , Nr. 1 (1926): S. 109 – 157.

82. 这一媒介与形式的系统论区分参见 Niklas Luhmann, »Das Medium der Kunst«, in: *Schriften zur Kunst und Literatur*, hrsg. von Niels Werber, Frankfurt am Main 2008, S. 123 – 138, 以及 Niels Werber, »Medien/ Form. Zur Herkunft und Zukunft einer Unterscheidung «, in: *Kritische Berichte. Zeitschrift für Kunst – und Kulturwissenschaften*, 36. Jg. , Nr. 4 (2008): S. 67 – 73.

83. Stapledon, *Last and First Men*, S. 137, 以及 Stapledon, *Die letzten und die ersten Menschen*, S. 195.

84. Stapledon, *Last and First Men*, S. 137, 以及 Stapledon, *Die letzten und die ersten Menschen*, S. 196.

85. 关于作为聚合物和分散体的超级有机体，参见 Maeterlinck, »The Life of The Ant«, S. 466.

86. Stapledon, *Last and First Men*, S. 137.

87. Ferenczy, *Timotheus Thümmel und seine Ameisen.* 这部小说的核心在于将这一假设反过来。叙事显示出形态学差异是从社会分工的过程中产生的。社会的不平等导致不同的社会团体。这种思想实验存在于文学文本中，而不是在昆虫学中。

88. Arquilla, *Swarming & the Future of Conflict*, S. 25.

89. Mit und gegen Blumenberg, *Metaphorologie*, S. 8.

90. Stapledon, *Last and First Men*, S. 138, 以及 Stapledon, *Die letzten und die ersten Menschen*, S. 197.

91. Stapledon, *Last and First Men*, S. 154, 以及 Stapledon, *Die letzten und die ersten Menschen*, S. 218.

92. 参见 Koschorke, *Der fiktive Staat. Konstruktionen des politischen Körpers in der Geschichte Europas*, S. 15 f. , 以及 Joseph Vogl, » Asyl des Politischen. Zur Struktur politischer Antinomien «, in: *Raum. Wissen. Macht*, hrsg. von Rudolf Maresch, Niels Werber, Frankfurt am Main 2002, S. 156 – 172.

93. Stapledon, *Last and First Men*, S. 139, 以及 Stapledon, *Die letzten und die ersten Menschen*, S. 198.

94. Stapledon, *Last and First Men*, S. 139, 以及 Stapledon, *Die letzten und die ersten Menschen*, S. 198.

95. Stapledon, *Last and First Men*, S. 137, 以及 Stapledon, *Die letzten und die ersten Menschen*, S. 205.

96. Stapledon, *Last and First Men*, S. 136, 以及 Stapledon, *Die letzten und die ersten Menschen*, S. 194, S. 200.

97. Stapledon, *Last and First Men*, S. 140.

98. 同上, S. 144.

99. Stapledon, *Die letzten und die ersten Menschen*, S. 193. 参见 Stapledon, *Last and First Men*, S. 140, S. 144.

100. Stapledon, *Last and First Men*, S. 139, 以及 Stapledon, *Die letzten und die ersten Menschen*, S. 198. 强调为笔者所加。

101. Stapledon, *Last and First Men*, S. 136, 以及 Stapledon, *Die letzten und die ersten Menschen*, S. 194.

102. Stapledon, *Last and First Men*, S. 139.

103. 同上, S. 141. 参见 Hardt, *Multitude*, S. 373. 哈特与内格里写道, 群体并非政治决策的 "模式", 而是 "其本身就成了政治决策"。因此它与代表制无关。

104. Stapledon, *Last and First Men*, S. 151, 以及 Stapledon, *Die letzten und die ersten Menschen*, S. 214.

105. Haskins, *Of Ants and Men*, S. 34 – 36. "烈蚁的组织……显示出简单代理人的高度合作, 它们相互之间紧密联系……" (低等级个体组成的高度合作组织, S. 36)。链接能力在这里却被归结为 "严格的本能", 即一种主导性原则, 而不是归结为群体。

106. Jünger, *Die gläsernen Bienen*, S. 116 f. 强调为笔者所加。

107. 社会组织的每种形式都展现了一个崭新的发展阶段, 而不是个体的数量总和, 这在今天已经成为老生常谈, 见 T. C. Schneirla, »Social

organization in insects, as related to individual function «, in: *Psychological Review*, 48. Jg., Nr. 6 (1941): S. 465 –486, S. 465.

108. 同上, S. 465. 参见 William Morton Wheeler,»Emergent Evolution and the Social«, in: *Psyche Miniature*, hrsg. von Charles Kay Odgen, London 1927. 像惠勒一样，斯基内拉也引用了梅特林克。"蜂巢思维"比喻的科学孕育力是不可小觑的。

109. Schneirla,»Social organization in insects, as related to individual function«, S. 465.

110. 同上, S. 465.

111. Stapledon, *Last and First Men*, S. 144, 以及 Stapledon, *Die letzten und die ersten Menschen*, S. 205, 说到"火星生物的超个体"和一种"群体意识"的形成（S. 200）。

112. Schneirla,»Social organization in insects, as related to individual function«, S. 474.

113. "在国家中谁在统治，谁在治理?"梅特林克问道，参见»The Life of The Ant«, S. 446. 统治与治理之间的区别非常有趣，福柯在此基础上建立了内涵广泛的生命政治学。参见 Foucault, *Geschichte der Gouvernementalität I*. Michel Foucault, *Geschichte der Gouvernementalität II. Die Geburt der Biopolitik. Vorlesungen am Collège de France 1977 – 1978*, Frankfurt am Main 2004.

114. Schneirla,»Social organization in insects, as related to individual function«, S. 478.

115. 同上, S. 480. 单单是斯基内拉这个兼容了 ANT 的措辞可能都已经使昆虫学建模达到了某种性感的程度。

116. 同上, S. 478, S. 480, S. 482.

117. 同上, S. 483.

118. 同上, S. 478.

119. Stapledon, *Last and First Men*, S. 152 f.

120. 同上, S. 156 f.

121. 同上, S. 193.

122. 同上, S. 205, 以及 Stapledon, *Die letzten und die ersten Menschen*, S. 283.

123. Stapledon, *Last and First Men*, S. 207, 以及 Stapledon, *Die letzten und die ersten Menschen*, S. 286.

124. Stapledon, *Last and First Men*, S. 280, 以及 Stapledon, *Die letzten und die ersten Menschen*, S. 383.

125. Stapledon, *Last and First Men*, S. 208, 以及 Stapledon, *Die letzten und die ersten Menschen*, S. 287 f.

126. Stapledon, *Last and First Men*, S. 207, S. 268, 以及 Stapledon, *Die letzten und die ersten Menschen*, S. 286, S. 367. 关于通灵式的通过神经连接来实现的直接互动的梦想，参见 Norbert Bolz, A*m Ende der Gutenberggalaxis. Die neuen Kommunikationsverhältnisse*, München 1993, S. 223, S. 226, S. 180, S. 118, S. 119. 参见 Niels Werber, »Neue Medien, alte Hoffnungen«, in: *Merkur*, 534 / 535. Jg. (1993): S. 887 – 893.

127. 这里所使用的沟通的概念参见 Niklas Luhmann, *Soziale Systeme. Grundriß einer allgemeinen Theorie* [1984], Frankfurt am Main 1987.

128. Stapledon, *Last and First Men*, S. 272, 以及 Stapledon, *Die letzten und die ersten Menschen*, S. 372.

129. Stapledon, *Last and First Men*, S. 276.

130. 参见 Smith, » Diabolical Intelligence and （approximately） Divine Innocence«, S. 97.

131. Stapledon, *Star Maker*, S. 102 f., 以及 Stapledon, *Sternenmacher*, S. 109.

132. Stapledon, *Star Maker*, S. 137, 以及 Stapledon, *Sternenmacher*, S. 142.

133. Stapledon, *Star Maker*, S. 105, 以及 Stapledon, *Sternenmacher*, S. 111.

134. Stapledon, *Star Maker*, S. 124, 以及 Stapledon, *Sternenmacher*, S. 130.

135. Stapledon, *Star Maker*, S. 108 f., 以及 Stapledon, *Sternenmacher*, S. 114 f. 强调为笔者所加。

136. 参见 Shelton, »The Moral Philosophy of Olaf Stapledon«, S. 15.

137. Stapledon, *Last and First Men*, S. 144, 以及 Stapledon, *Die letzten und die ersten Menschen*, S. 209.

138. Stapledon, *Star Maker*, S . 108 f., 以及 Stapledon, *Sternenmacher*, S. 116 f.

139. 梅特林克作为诺贝尔文学奖得主可以提出他的猜想。

140. 这是对**知识的诗化**感兴趣的德语文学的一个富有成果的问题。参见 Joseph Vogl, »Einleitung«, in: *Poetologien des Wissens um* 1800, hrsg. von Joseph Vogl, München 1999, S. 7 – 16.

141. Schneirla, »Social organization in insects, as related to individual function«, S. 465.

142. Maeterlinck, *Das Leben der Termiten. Das Leben der Ameisen*, S. 201.

143. Maeterlinck, »The Life of The Ant«, S. 460.

144. Maeterlinck, *Das Leben der Termiten. Das Leben der Ameisen*, S. 76.

145. Campe, » Vor Augen Stellen. Über den Rahmen rhetorischer Bildgebung«.

146. Maeterlinck, *Das Leben der Termiten. Das Leben der Ameisen*, S. 161.

147. 同上, S. 203. 我想到了诺伯特·维纳, 他不仅不认为这是不可能的, 还明确表示这是可以想象的。埃舍里希在第二次世界大战之前所发表的那些文章也是如此。

148. John Burroughs, »A Sheaf of Nature Notes«, in: *North American Review*, 212. Jg. (1920): S. 328 – 342, S. 328. 强调为笔者所加。

149. 同上, S. 329 f.

150. Heider, »Ding und Medium«, a. a. O.

151. Maurice Maeterlinck, *The Live of the Bee* [1901], übers. von Alfred Sutro, New York 2004, S. 39 f.

152. 参见 Kevin Kelly, *Out of Control. The Rise of Neo – Biological Civilization*, Reading, Mass. 1994, 其中第二章: The Hive Mind. Advantages and disadvantages of the swarms (S. 5 – 28).

153. Burroughs, »A Sheaf of Nature Notes«, S. 331. 强调为笔者所加。

154. Wheeler, »The ant – colony as an organism«, S. 321.

155. Maeterlinck, *Das Leben der Termiten. Das Leben der Ameisen*, S. 161.

156. Vgl. Hölldobler, *The Ants*. Bonabeau, *Swarm Intelligence: From Natural to Artificial Systems*. Kennedy, *Swarm Intelligence*.

157. "再一次", 因为这种联系并不新鲜。早在罗伯特·穆齐尔的《没有个性的人》之中, 云和社会性昆虫就与社会形式及表现有了联系。参见 Maren Lickhardt, » Postsouveränes Erzählen und eigenmächtiges Geschehen in Musils › Mann ohne Eigenschaften‹ «, in: *LILI. Zeitschrift für Literaturwissenschaft und Linguistik*, 41. Jg., Nr. 1 (2012): S. 10 – 34.

158. 参见主编前言, Horn, *Schwärme. Kollektive ohne Zentrum. Eine*

Wissensgeschichte zwischen Leben und Information, S. 11, Fußnote 5.

159. Deleuze, *Tausend Plateaus*, S. 19.

160. 引自 Kennedy, *Swarm Intelligence*. 参见 Hardt, *Multitude*, S. 110.

161. 参考了卡尔·冯·弗里什，蜜蜂 8 字舞和圆舞的发现者。Hardt, *Multitude*, S. 401.

162. Hardt und Negri（S. 109）引用了 Arquilla, *Swarming & the Future of Conflict*，后者又引用了 Wilson und Hölldobler（1994）（S. 25）.

163. Hardt, *Multitude*, S. 111.

164. Kelly, *Out of Control. The Rise of Neo – Biological Civilization*, Kapitel 2：»The Hive Mind. Advantages and disadvantages of the swarms«.

165. Stapledon, *Last and First Men*, S. 148, 以及 Stapledon, *Die letzten und die ersten Menschen*, S. 209.

166. Stapledon, *Last and First Men*, S. 139, 以及 Stapledon, *Die letzten und die ersten Menschen*, S. 198.

167. Friedrich Schiller, »Sprache«［1795］, in：*Sämtliche Werke*. Bd. I, hrsg. von Gerhard und HerbertG. Göpfert Fricke, München 1987, S. 313.

168. Friedrich Schiller, »Über die ästhetische Erziehung des Menschen in einer Reihe von Briefen«［1795］, in：*Sämtliche Werke*. Bd. V, hrsg. von Gerhard und Herbert G. Göpfert Fricke, München 1993, S. 570 – 669, S. 584.

169. 尽管是"二手的"。参见 Wheeler, *Emergent Evolution and the Social*, S. 39. 席勒的论点，个体因劳动分工的要求而作出调整（专业化）有利于物种整体，也在惠勒的文章中出现了（S. 35 f.）。关于社会与角色的关系，见 S. 28 f.

170. Wheeler, *Social Insects*, S. 24.

171. Kurd Laßwitz, »Aus dem Tagebuch einer Ameise«［1890］, in：*Bis zum Nullpunkt des Seins*, hrsg. von Adolf Sckerl, Berlin, DDR 1979, S. 188 – 214, S. 211.

172. Albert B. Olston, *Mind Power and Privileges*［1902］, Whitefish, MT 2003, S. 99.

173. 是一名大学教授提出来的。不过他的观点是，蚂蚁用意识使用"X 射线"频率，并因此能够看到石头的另外一面。奥尔斯顿却认为是心灵感应。参见同上，S. 98. 不过"1895 年发现的 X 射线首先是精神之间图像的传递手段，它与感觉器官已知的传输通道无关"。
Peter Geimer,»Telepathie«, in: *Science & Fiction. Über Gedankenexperimente in Wissenschaft, Philosophie und Literatur*, hrsg. von Thomas Macho, Annette Wunschel, Frankfurt am Main 2004, S. 287 – 309, S. 289.

174. Olston, *Mind Power and Privileges*, S. 99.

175. Stapledon, *Last and First Men*, S. 276, 以及 Stapledon, *Die letzten und die ersten Menschen*, S. 377.

176. 例如，参见 Arnolt Bronnen,［A. H. von Schelle – Noetzel］, *Kampf im Aether oder Die Unsichtbaren*, Berlin 1935, 或 Rudolf Arnheim, »Rundfunk als Hörfunk «［Radio, London 1936］, in: *Rundfunk als Hörfunk und weitere Aufsätze zum Hörfunk*, Frankfurt am Main 2001, S. 13 – 178. 参见 Habbo Knoch, »Die Aura des Empfangs. Modernität und Medialität im Rundfunkdiskurs der Weimarer Republik «, in: *Kommunikation als Beobachtung. Medienwandel und Gesellschaftsbilder 1880 – 1960*, hrsg. von Habbo Knoch, Daniel Morat, München 2003, S. 133 – 158.

177. Stapledon, *Star Maker*, S. 107. 这里说的是"广播刺激铺天盖地的激流"，以及"他们的个性瓦解了"，对大众媒介的同样的诊断，我们在德布林和云格尔那里已经见到了。

178. 同上, S. 103.

179. 同上, S. 166.

180. 同上, S. 65.

181. 同上, S. 157.

182. 同上, S. 157.

183. William McDougall, *The Group Mind: A Sketch of the Principles of Collective Psychology With Some Attempt to Apply Them to the Interpretation of National Life And Character*, New York, London 1920, S. 48 f.

184. Wheeler, *Social Insects*, S. 313. 20 世纪 20 年代所说的大众心理学是指：对社会群体行为规律性的研究，也可以适当地被称为社会学。所观察的是沟通，而不是意识或无意识。

185. McDougall, *Group Mind*, S. 12 ff.

186. 同上, S. 48.

187. 同上, S. 93.

188. 同上, S. 92 f.

189. 同上, S. 41.

190. 同上, S. 41.

191. 同上, S. 43.

192. 同上, S. 49.

193. 同上, S. 55.

194. Tarde, *Die Gesetze der Nachahmung*, a. a. O.

195. 关于在场者之间的互动与跨越空间和时间的沟通之间的区别, 参见 McDougall, *Group Mind*, S. 185.

196. 同上, S. 257.

197. 同上, S. 183.

198. 同上, S. 184.

199. 同上, S. 41.

200. 同上, S. 41.

201. 同上, S. 45.

202. Johach, »Andere Kanäle. Insektengesellschaften und die Suche nach den Medien des Sozialen«, S. 71.

203. Sigmund Freud, » Psychoanalyse und Telepathie « [1921], in: *Gesammelte Werke*, hrsg. von Anna Freud et al. , Frankfurt am Main[4]1966, S. 27 – 44, Sigmund Freud, » Zum Problem der Telepathie «, in: *Almanach der Psychoanalyse*, Wien 1934, S. 9 – 34.

204. Freud, »Psychoanalyse und Telepathie«, S. 33 ff.; 以及 Freud, »Zum Problem der Telepathie«, S. 27.

205. Freud, »Psychoanalyse und Telepathie«, S. 34.

206. Freud, »Zum Problem der Telepathie«, S. 25.

207. Freud, »Psychoanalyse und Telepathie«, S. 35.

208. Freud, »Zum Problem der Telepathie«, S. 24.

209. 同上, S. 31.

210. Geimer, »Telepathie«, S. 288, S. 292.

211. 在 Hugo Münsterberg, *Grundzüge der Psychotechnik*, Leipzig 1914 的意义上。 Münsterberg 在心灵感应辩论中的作用, 参见 Geimer, » Telepathie «, S. 292 f.

212. Freud, »Zum Problem der Telepathie«, S. 17. 强调为笔者所加。

213. 同上, S. 32.

214. 同上, S. 32.

215. 同上, S. 32 f. 强调为笔者所加。

216. 同上, S. 32 f.

217. Olston, *Mind Power and Privileges*, S. 100. 强调为笔者所加。

218. Kurt Baschwitz, *Der Massenwahn, seine Wirkung und seine Beherrschung*, München 1923. Kurt Baschwitz, *Du und die Masse: Studien zu einer exakten Massenpsychologie* [1938], Leiden, NL 1951, S. 45.

219. Edward A. Ross, »The mob mind«, in: *Popular Science*, 51. Jg. , Nr. 22 (1898): S. 390 – 398, S. 390.

220. McDougall, *Group Mind*, S. 40 f.

221. Ross, »The mob mind«, S. 395.

222. 参见 Matei Candea (Hrsg.), *The Social After Gabriel Tarde: Debates and Assessments*, London: Routledge 2009.

223. Tarde, *Die Gesetze der Nachahmung*, S. 26 f.

224. Ross, »The mob mind«, S. 395.

225. 同上, S. 394.

226. 同上, S. 394.

227. Gabriel de Tarde, *La logique sociale* [1893], Paris 1904. Sighele, *Psychologie des Auflaufs und der Massenverbrechen*.

228. Tarde, *La logique sociale*, S. ix.

229. Alfred Espinas, *Die thierischen Gesellschaften. Eine vergleichendpsychologische Untersuchung*, übers. von W. Schlösser, Braunschweig ²1879, S. 343 f. , S. 368, S. 371. 埃斯皮纳斯提到了于贝尔和福勒尔的观察。关于暴民群体的模仿参见 S. 175.

230. 不存在全知的计划者, 不存在上司。蜂巢是由工蜂自己集体管理的。("There is no all - knowing central planner, hive is instead governed collectively by the workers themselves.") 见 Seeley, *Honeybee Democracy*, S. 5.

231. Tarde, *La logique sociale*, S. ix. 初始行为模仿的一个例子就是著名的摆尾舞, 但在 1895 年, 卡尔·冯·弗里施还没有发现它。当今天的昆虫学家谈到"决策"(decision making) 时, 说到的是模仿: 越来越多的蜜蜂一起跳舞, 直到群体达成一个"基层民主的决策"。Seeley, *Honeybee Democracy*, S. 1, 8 ff. , 73. 昆虫学家西利认为, 就像在为了公共利益达成有效决策的民主程序中一样, 蜜蜂进行学习。因此他的专著不仅明确地面向生物学家, 还面向社会学家

（S. 1）。

232. Tarde, *La logique sociale*, S. ix.

233. Sighele, *Psychologie des Auflaufs und der Massenverbrechen*, S. 36.

234. 同上, S. 73.

235. Eugène Marais, *Die Seele der weissen Ameise* ［Die Siel van die Mier, 1925］, Berlin 1939, S. 28 f.

236. Sighele, *Psychologie des Auflaufs und der Massenverbrechen*, S. 55.

237. Malinowski, *Argonauten des westlichen Pazifik*, S. 364.

238. Tarde, *Die Gesetze der Nachahmung*, S. 228. 强调为笔者所加。

239. Espinas, *Thierische Gesellschaften*, S. 223.

240. 参见 Tarde, *Monadologie und Soziologie*, S. 41.

241. Tarde, *La logique sociale*, S. 11.

242. 参见 Sighele, *Psychologie des Auflaufs und der Massenverbrechen*, S. 74.

243. 同上, S. 105 f. 几乎要写成“行为学说”了。从（描述性的）规则到（规范性的）学说中间的一步，恰恰还有待云格尔这样的作者去完成。

244. 同上, S. 106.

245. 同上, S. 137.

246. Tarde, *Die Gesetze der Nachahmung*, S. 35.

247. 同上, S. 228.

248. Sighele, *Psychologie des Auflaufs und der Massenverbrechen*, S. 71, 参见 S. 41.

249. Michelet, *Das Insekt*, S. 139, S. 167, S. 244.

250. 同上, S. 244.

251. Tarde, *Die Gesetze der Nachahmung*, S. 46.

252. 同上, S. 251.

253. 同上, S. 251.

254. Sighele, *Psychologie des Auflaufs und der Massenverbrechen*, S. VII.

255. 我再一次想起 Johach, »Andere Kanäle. Insektengesellschaften und die Suche nach den Medien des Sozialen«, 前揭书。

256. Freud, »Zum Problem der Telepathie«, S. 32 f.

257. Freud, »Psychoanalyse und Telepathie«, S. 35.

第五章　社会即蚁丘

1. Edward Osborne Wilson, *Die Einheit des Wissens*, übers. von Yvonne
   Badal, Berlin 1998, S. 58. 这种"根隐喻"的一个例子是"作为机器
   的人"(S. 59)。作为蚂蚁的人并没有被威尔逊考虑进去，虽然他很
   宽泛地使用这一一"根隐喻"概念。
2. Edward Osborne Wilson, *Ameisenroman. Raff Codys Abenteuer*, übers. von
   Elsbeth Ranke, München 2012, S. 312. 参见 Edward Osborne Wilson,
   Anthill. A Novel, New York 2010, S. 275.
3. R. Keith Sawyer,»Emergenz, Komplexität und die Zukunft der Soziologie«,
   in：*Emergenz. Zur Analyse und Erklärung komplexer Strukturen*, hrsg. von
   Jens Greve, Annette Schnabel, Berlin 2011, S. 187 – 213, S. 188,
   S. 191. 关于20世纪20年代昆虫学对涌现命题的贡献，参见 Wheeler,
   Emergent Evolution and the Social.
4. 这一说法来自 Renate Mayntz,»Emergenz in Philosophie und Soziologie«,
   in：*Emergenz. Zur Analyse und Erklärung komplexer Strukturen*, hrsg. von
   Jens Greve, Annette Schnabel, Berlin 2011, S. 156 – 186, S. 161.
5. Aristoteles, *Politik*, S. 49.
6. Luhmann, *Soziale Systeme*, S. 20 – 22.
7. Wheeler, *Emergent Evolution and the Social*, S. 10 f. , S. 46.
8. 同上, S. 17 f. , S. 28 f. , S. 19.
9. Edward Osborne Wilson, *The Insect Societies*, Cambridge, Mass. , London
   1971, S. 324 – 333.
10. Shavit,»Group Selection Is Dead! Long Live Group Selection«, S. 574.
11. Hubertus Breuer,»Gemeinwohl schlägt Eigennutz. Der berühmte Biologe
    Edward O. Wilson will es noch einmal wissen – und attackiert die gängige
    Erklärung sozialer Evolution«, in：*SZ*, vom 11. Januar 2012, S. 14. 这
    篇文章使用了一张从电脑游戏《蚂蚁世界》中截图的蚂蚁的拟人化
    形象作为插图。
12. 参见近来对这一发展的回顾，见 Wilson, *The Social Conquest of Earth*,
    S. 166 ff.
13. 接下来笔者将引用上文已引用过的英文原文和德文译本，翻译在必要
    时有改动。
14. Antonia S. Byatt, *Die Verwandlung des Schmetterlings* [Morpha Eugenia,
    1992], Frankfurt am Main 1995, S. 234. Michael Crichton, *Beute /Prey*

[New York, 2002], München 2004, S. 443 ff.

15. 在威尔逊的小说中最重要的只是主角的舅舅。这跟西太平洋上特罗布里恩群岛和安菲（Amphetts）群岛岛民的情形很像。参见 Malinowski, *Argonauten des westlichen Pazifik*, S. 226, S. 315. 威尔逊也到访过新几内亚。对于昆虫学家来说，亲属关系在亲缘选择理论和汉密尔顿法则的范式中尤为重要。

16. 参见 Clemens Knobloch, »Neoevolutionistische Kulturkritik – eine Skizze«, in: *LILI. Zeitschrift für Literaturwissenschaft und Linguistik*, 161. Jg., Nr. 1 (2011): S. 13 –40.

17. 也就是说，不仅是作为研究者，还作为威尔逊所谓的爱好者和自然之友，见 Edward O. Wilson, *Naturalist*, Washington, D. C., 2006. 博物学家是业余之人，而研究者是受过专业教育的人。

18. 更确切地说是"生态学教授"。Wilson, *Anthill*, S. 35. Wilson, *Ameisenroman*, S. 29. 在美国，"生态学"（ecology）教席被生物学家们占领，研究在特定生态位的物种的演化。然而许多人的研究重点在于"保护生物学"（conservation biology），研究物种或栖息地的保护问题。参见佛罗里达州立大学的简介：http://www.bio.fsu.edu /ee/. Abgerufen am 30. 7. 2012.

19. Wilson, *Ameisenroman*, S. 187. Wilson, *Anthill*, S. 170.

20. Wilson, *Anthill*, S. 379. Wilson, *Ameisenroman*, S. 432.

21. Wilson, *Die Einheit des Wissens*, S. 58.

22. 关于类比和隐喻作为"形象言语的基础"，参见 Hans Georg Coenen, *Analogie und Metapher: Grundlegung einer Theorie der bildlichen Rede*, Berlin, New York 2002, S. 1. Coenen 揭示，每个隐喻都以一个类比为前提（S. 97）。

23. Wilson, *Die Einheit des Wissens*, S. 13 f.

24. 这是"知识诗学"的一个基本假设。参见 Vogl, »Einleitung«.

25. Wilson, *Die Einheit des Wissens*, S. 68.

26. 同上, S. 158.

27. Stanislav Lem, *Der Unbesiegbare* [1964], übers. von Roswitha Dietrich, Frankfurt am Main 1995, S. 222.

28. Wilson, *Die Einheit des Wissens*, S. 169 –171, S. 73, S. 78.

29. Winfried Menninghaus, *Wozu Kunst? Ästhetik nach Darwin*, erlin 2011.

30. Wilson, *Die Einheit des Wissens*, S. 246 f.

31. Niklas Luhmann,» Das Problem der Epochenbildung und die Evolutionstheorie«, in: *Epochenschwellen und Epochenstrukturen im Diskurs der Literatur – und Sprachhistorie*, hrsg. von Hans – Ulrich Gumbrecht, Ursula Link – Heer, Frankfurt am Main 1985, S. 11 – 33, S. 14.

32. Niklas Luhmann, *Die Gesellschaft der Gesellschaft* (2 Bde.), Frankfurt am Main 1997, S. 413.

33. Herbert Spencer, *First Principles*, London 1862, S. 174. 关于达尔文，参见 S. 186. 斯宾塞宣称，他本人从可靠渠道得知，达尔文对于他将进化机制转移到社会方面表示非常赞同（S. 405）。

34. Luhmann, *Die Gesellschaft der Gesellschaft*, S. 453.

35. Luhmann,»Das Problem der Epochenbildung und die Evolutionstheorie«, S. 15.

36. Wilson, *Die Einheit des Wissens*, S. 256. 威尔逊在第 250 页谈到了社会科学家的"生物学恐惧症"。

37. 同上，S. 56 – 59.

38. 同上，S. 59 f., S. 63.

39. 同上，S. 58.

40. 参见针对否认对自然规律的文化影响、以牛顿的万有引力定律为例反驳"科学史"（history of sciences）的专著，Betty Jo Teeter Dobbs, *The Janus Faces of Genius: The Role of Alchemy in Newton's Thought* [1991], Cambridge, England 2002, S. 91 ff.

41. Wilson, *Die Einheit des Wissens*, S. 43.

42. Blumenberg, *Metaphorologie*.

43. Wilson, *Naturalist*, S. 285.

44. 同上，S. 285.

45. 同上，S. 321.

46. Hölldobler, *The superorganism: the beauty, elegance, and strangeness of insect societies*, S. 383.

47. Aristoteles, *Poetik*, S. 25 f.

48. Wheeler,»The ant – colony as an organism«, S. 308.

49. 同上，S. 308.

50. Margaret Atwood,»The Homer of the Ants«, in: *The New York Review of Books*, LVII. Jg., Nr. 6 (2010): S. 6 – 8. Mit Dank an Monika Schausten (Universität zu Köln).

51. 其中一个奠基性的文本当然是 Lubbock, *Ameisen, Bienen und Wespen*, 另一个是 Espinas, *Thierische Gesellschaften.*

52. Nowak, »The evolution of eusociality«, S. 1057. Wilson, *Anthill*, S. 276 f. Wilson, *Ameisenroman*, S. 314 f.

53. Nowak, »The evolution of eusociality«, S. 1062.

54. Nowak, *Supercooperators.*

55. Nowak, »The evolution of eusociality«, S. 1059.

56. 同上, S. 1060.

57. 同上, S. 1057. "此外,真社会性并非无足轻重的现象。单单蚂蚁的生物量就超过了所有昆虫的总生物量的一半,并超过了地球上除人类以外的所有脊椎动物的总的生物量。可以被粗略地称为真社会性的人类,在所有的陆生脊椎动物中占主导地位。"

58. 对《蚁丘》的思考首次发表于 Niels Werber, »Ameisen und Aliens. Zur Wissensgeschichte vonSoziologie und Entomologie«, in: *Berichte zur Wissenschaftsgeschichte*, Nr. 3 (2011): S. 1 – 21.

59. Antonia S. Byatt, *Angels & insects*, New York 1994, S. 116.

60. 参见 2012 年 3 月 19 日《法兰克福汇报》第 26 版对《蚁丘》的评论。毫无争议的是,威尔逊出版了许多"名作",一些专著也可包括在内。在科学引文索引方面,他无疑是个冠军。

61. 参见 Rudolf Stichweh, *Die Weltgesellschaft. Soziologische Analysen*, Frankfurt am Main 2000; Rudolf Stichweh, »Evolutionary Theory and the Theory of World Society«, in: *Soziale Systeme*, 13. Jg., Nr. 1 + 2 (2007): S. 528 – 542.

62. Schmitt, *Der Leviathan*, S. 9 f., 124.

63. Foucault, *Geschichte der Gouvernementalität I*, S. 184.

64. Schmitt, *Der Leviathan*, S. 9.

65. Wilson, *Ameisenroman*, S. 9.

66. Wheeler, *Social Insects*, S. 303.

67. 同上, S. 302.

68. Diane M. Rodgers, *Debugging the Link between Social Theory and Social Insects*, Louisiana 2008, S. 63 – 90. 对于社会学家愿意用昆虫学理论,或者昆虫学家愿意用社会学手段解决哪些问题,罗杰斯并没有深入下去。从她的意识形态批评和话语批评的视角可以了解到,社会学家想要使他们的假设自然化(naturalisieren),以便宣称社会是自然

的（实际它并非如此）。这是有可能的，但这肯定不是她所说的"联
系"的唯一理由。

69. Rheinberger, *Experimentalsysteme und epistemische Dinge.*

70. Hölldobler, *Journey to the Ants*, S. 9.

71. 同上, S. 15.

72. Edward O. Wilson, *Sociobiology. The abridged Edition*, Cambridge,
    Mass. , London 1980, S. 189 ff.

73. Hölldobler, *The superorganism: the beauty, elegance, and strangeness of
    insect societies*, S. 502.

74. 相反，拉图尔认为，社会学的优势在于参与。参见 Bruno Latour,
    »Tarde's idea of quantification«, in: *The Social After Gabriel Tarde:
    Debates and Assessments*, hrsg. von Matei Candea, London 2009, S. 145
    -162. 忽略个体及其相互间的联系，取而代之以尝试"从遥远的地
    方，从上方去观察"事物，是某种典型的以自然科学尤其是数量研
    究为导向的社会学（S. 149）。恰恰是生物学家认为以从远距离观察
    事物取代在人类社会中"从内部"进行观察是一种科学化意义上的
    优势（S. 146）。威尔逊所想象的从一个空间站上"客观地"观察和
    记录地球上的社会，恰好典型地证明了拉图尔的描述。尼克拉斯·
    卢曼将会采用这种远距离视角并程序性地加以转换：作为"云层之
    上"的完全依赖仪器的飞行。参见 Luhmann, *Soziale Systeme*, S. 13.

75. Wheeler, *Social Insects*, S. 304.

76. Wilson, *Sociobiology*, S. 271.

77. Hölldobler, *The superorganism: the beauty, elegance, and strangeness of
    insect societies*, S. XVI, XIX.

78. 参见»The Dominance of Ants«, in: Hölldobler, *Journey to the Ants*, S. 1
    -12.

79. Martin Lindauer, »Vergesellschaftung und Verständigung im Tierreich -
    Fragen an die Soziobiologie«, in: *Chemische Ökologie. Territorialität.
    Gegenseitige Verständigung*, hrsg. von Thomas Eisner, Bert Hölldobler,
    Martin Lindauer, Stuttgart, New York 1986, S. 70 -91, S. 90.

80. Seeley, *Honeybee Democracy*, S. 1.

81. Lindauer, »Vergesellschaftung und Verständigung im Tierreich«, S. 90,
    S. 91.

82. 例如像这样的献词："献给马丁·林道尔，我们的同事和朋友。"参

见 Hölldobler, *The Superorganism*, S. vii.

83. 这是他的作品《论契合：知识的统合》（*Die Einheit des Wissens*）的原名。

84. "可追溯的"（retroaktiv）在这里是指，数据分析工具的选择和设计早已经被期待中的结果所影响了。随后产生的结果能够证明知识单元的预期。Urs Stäheli, *Sinnzusammenbrüche. Eine dekonstruktive Lektüre von Niklas Luhmanns Systemtheorie*, Weilerswirst 2000, S. 214, 也称之为"本质上的补偿性"（konstitutive Nachträglichkeit）。

85. 参见 Edward O. Wilson, *Nature Revealed: Selected Writings: 1949 – 2006*, Baltimore 2006, S. 657.

86. Bruno Latour, *Wir sind nie modern gewesen. Versuch einer symmetrischen Anthropologie* [1991], Frankfurt am Main 1998, S. 124.

87. 同上, S. 128.

88. Crichton, *Beute / Prey*, S. 443 ff. Vgl. dazu Niels Werber, » Prey / Beute. Dystopische Insektengesellschaften «, in: *Technik in Dytopien*, hrsg. von Viviana Chilese, Heinz – Peter Preußer, Heidelberg 2013, S. 41 – 56.

89. Michael Crichton, Richard Preston, *Micro* [2011], übers. von Michael Bayer, München 2012, S. 56 f.

90. 参见 Bruno Latour, Steve Woolgar, *Laboratory Life: The Construction of Scientific Facts* [1979], Princeton, NJ, 1986, S. 15 ff.

91. Crichton, *Micro*, S. 109.

92. 同上, S. 246.

93. 同上, S. 450 ff.

94. 同上, S. 225. 这读起来就像是 Wilson, *The Social Conquest of Earth* 的文学翻版。本章将对这部专著进行更详细的分析。

95. Crichton, *Micro*, S. 314 f. , S. 393.

96. Latour, *Laboratory Life*, S. 183.

97. Crichton, *Micro*, S. 109.

98. 相反的论点，即在实验室中找到的事实真理绝不可能在实验室以外被复制，又是出现在 bei Latour, *Laboratory Life*, S. 183.

99. Isabelle Stengers, *Die Erfindung der modernen Wissenschaften* [1993], Frankfurt am Main, New York 1997, S. 148.

100. 人们会好奇，美茵河畔法兰克福新的马克斯·普朗克经验美学研究所将如何定位。由于在地理位置上靠近生物物理研究所和大脑科学研究所，如果经验美学研究所同样采取反对"反叛者"的态度，也就没那么奇怪了。

101. 甚至在对类比提出警告的情况下也是如此，因为社会性昆虫的语义学总是唤起社会形象，而昆虫学与社会学之间的话语错接已被证明是高度暗示性的、融合性的、持续性的。

102. 参见 Latour, *Neue Soziologie*, S. 12 ff.

103. Hölldobler, *The superorganism：the beauty, elegance, and strangeness of insect societies*, S. XVIII. 强调为笔者所加。

104. 例如可参见惠勒 1927 年和 1928 年的作品 *Emergent evolution and the social* 与 *Emergent evolution and the development of societies*。参见 George Howard Parker, »Biographical Memoire of William Morton Wheeler. 1865 – 1937«, in：*Biographical Memoirs*, XIX. Jg., Nr. 6 (1938)：S. 203 – 241, S. 216. Parker 忽略了霍布斯的社会契约模型和惠勒的涌现演化概念的不同。惠勒将进化从个体转移到社会层面，顺道揭开了拉马克的后天习性的遗传之谜。

105. Hobbes, *Leviathan*, S. 144.

106. 例如 Rodgers, *Debugging the Link between Social Theory and Social Insects*, S. 9 就是这样说的。

107. 同上, S. 20, S. 23, S. 45.

108. Donna Haraway, » Situated Knowledges：The Science Question in Feminism and the Privilege of Partial Perspective«, in：*Feminist Studies*, 14. Jg., Nr. 3 (1988)：S. 575 – 599, S. 581.

109. 也可参见 Abigail Lustig, »Ants and the Nature of Nature in Auguste Forel, Erich Wasmann, and William Morton Wheeler«, in：*The Moral Authority of Nature*, hrsg. von Lorraine Daston, Fernando Vidal, Chicago, London 2004, S. 282 – 307.

110. Haraway, »Situated Knowledges：The Science Question in Feminism and the Privilege of Partial Perspective«, S. 577 ff. 参见 Rheinberger, *Experimentalsysteme und epistemische Dinge.* 哈拉维是 ANT 的开创者之一，并为拉图尔集中接受。

111. 笔者感谢 Andrew Pickering 提供的灵感。

112. Max Weber, *Wirtschaft und Gesellschaft* [1922], hrsg. von Edith Hanke, Wolfgang J. Mommsen et al., Tübingen 2005, S. 6.

113. 同上, S. 7.

114. 同上, S. 8.

115. 同上, S. 8, S. 7.

116. 同上, S. 8.

117. 在系统社会学看来,"人类"并非社会的要素:"(个体的!)人类始终是系统环境的一个部分。没有人能够以这种方式被置入社会系统,即他的再生产……成为一个社会行动,由社会或其子系统来完成。"Niklas Luhmann, »Die Tücke des Subjekts und die Frage nach dem Menschen«, in: *Der Mensch – das Medium der Gesellschaft*, hrsg. von Peter Fuchs, Andreas Göbel, Frankfurt am Main 1994, S. 40 – 56, S. 54. 这种"置入"让人不适,是因为批评者的"人道主义遗留的负担","在今天绝对不能接受"(S. 55)。

118. 只是重新构建,绝非揭露或批判。在我看来,这是一个思维形象的产生与变迁。系统理论家有时对这种生成史反应过激。可参见 Peter Fuchs, »Der Mensch – das Medium der Gesellschaft«, in: *Der Mensch – das Medium der Gesellschaft*, hrsg. von Peter Fuchs, Andreas Göbel, Frankfurt am Main 1994, S. 15 – 39, S. 15:"系统理论驱逐了人类,这一点已经被说得太多,又被驳斥,重新又再说,然后再次被驳斥。"此外,我自己始终在以系统理论的方式讨论。这一理论的生成史不应当排除这一点。

119. 参见 Wheeler, *Social Insects*, S. 230, 以及 Paul Erich Wasmann, *Die Ameisen, die Termiten und ihre Gäste*, hrsg. von H. Schmitz, Regensburg 1934, S. 17.

120. August Weismann, *Die Allmacht der Naturzüchtung*, in: *Opuscula*. Bd. 1, Jena 1893, S. 22.

121. Paul Erich Wasmann, *Comparative Studies in the Psychology of Ants and of Higher Animals* [1905], in: *Reprint der Authorized English version of the 2d German edition*, St. Louis 2007, S. 184 f.

122. Wheeler, *Social Insects*, S. 306.

123. 同上, S. 312.

124. 同上, S. 231. 卢曼相似地论证说,沟通的概念明确地拒绝了诉诸"意向性"。Luhmann, *Soziale Systeme*, S. 209. 进行沟通的也不是人类,而是社会系统。

125. Weber, *Wirtschaft und Gesellschaft*, S. 8.

126. Wheeler, *Emergent Evolution and the Social*, S. 7.

127. 同上, S. 11.

128. 同上, S. 46.

129. Vilfredo Pareto, *Traité de sociologie générale* ［1916］, in: *Oeuvres complètes*. Bd. 12, hrsg. von Raymond Aron, Genf, Paris 1968, Nr. 1207, S. 649. 参见 Niklas Luhmann,》Individuum, Individualität, Individualismus《, in: *Gesellschaftsstruktur und Semantik*. Bd. 3, Frankfurt am Main 1989, S. 149 – 258.

130. Wheeler, *Social Insects*, S. 2. 德文强调为笔者所加。

131. Sleigh,》Brave new worlds《, S. 150.

132. Pareto, *Traité de sociologie générale*, S. 159, S. 246, S. 335, S. 857. 德文译本是不完整的。

133. 同上, S. 857.

134. 同上, S. 590.

135. Vilfredo Pareto, *Ausgewählte Schriften*, hrsg. von Carlo Mongardini, Wiesbaden 2007, S. 379.

136. Espinas, *Thierische Gesellschaften*. 塔尔德也引用了埃斯皮纳斯。他在这里找到了他的模仿论的捍卫者。Tarde, *Die Gesetze der Nachahmung*.

137. Wheeler, *Social Insects*, S. 6. 强调为笔者所加。

138. Niklas Luhmann,》Einführende Bemerkungen zu einer Theorie symbolisch generalisierter Kommunikationsmedien《, in: *Soziologische Aufklärung*. Bd. 2, Opladen 1973, S. 170 – 192. 可以这样改写卢曼的进化论版本：沟通媒介可用于"**社会**保持和更新的必要条件"。强调为原文所加。

139. Wheeler, *Social Insects*, S. 310.

140. Pareto, *Traité de sociologie générale*, S. 858.

141. Gabriel de Tarde, *Die sozialen Gesetze: Skizze einer Soziologie* ［1899］, hrsg. von Arno Bammé, übers. von Hans Hammer, Marburg 2009.

142. Pareto, *Traité de sociologie générale*, S. 591.

143. 德国昆虫学界也接受了这条定律, 比如埃舍里希, 霍尔多布勒和威尔逊将他放在了从惠勒到霍尔多布勒的思想路线上。Escherich, *Biologisches Gleichgewicht*.

144. Pareto, *Traité de sociologie générale*, S. 1308. 只有当什么都不变化的

时候，才是静态的。

145. 参见 Joseph Alois Schumpeter 的批评，»Vilfredo Pareto（1848 – 1923）«，in：*The Quarterly Journal of Economics*, 63. Jg., Nr. 2（1949）：S. 147 – 173, S. 155.

146. 与之相反，恩斯特·云格尔在《工人》中认为精英的日子已经屈指可数了。"例如在战争快结束时，区分出军官是越来越难了，因为劳动进程的总体性模糊了阶级和等级的差别。"劳动特征越是向前发展，就越少地对精英产生预期。取代其地位的是"不明人才产生的效益"。Jünger, *Der Arbeiter*, S. 113. 在这里也是功能性规范取代了社会性分层，正如在惠勒的蚂蚁社会中一样。

147. Vilfredo Pareto，»Statistique et économie mathématique«［1916］，in：*OEuvres complètes*. Bd. 8, hrsg. von Giovanni Busino, Genf, Paris 1981, S. 18.

148. Wheeler, *Social Insects*, S. 230 f. 强调为笔者所加。

149. Huber, *Recherches sur les Moeurs des Fourmis indigène*, S. 139.

150. 同上，S. 51.

151. 同上，S. 41：» C'est surtout lorsque les fourmis commencent quelque entreprise, que l'on croiroit voir une idee naître dans leur esprit, et se réaliser par l'exécution. «

152. Escherich, *Die Ameise*. Wasmann, *Vergleichende Studien über das Seelenleben der Ameisen und der höheren Thiere*.

153. Hölldobler, *The Ants*, S. 358. 这种观点在 20 世纪下半叶逐渐不再流行，但很快又得到平反。参见 Wilson，»Reviving the Superorganism«, S. 346.

154. 这并不意味着形态学和分类学就没人研究了，只不过它们不再是最尖端的研究。

155. Wheeler, *Social Insects*, S. 230 f.

156. 同上，S. 225.

157. 同上，S. 311. 最重要的是交哺，但也有化学信号交流。

158. 同上，S. 313.

159. Talcott Parsons, *Social Structure and Personality*［1964］, New York 1970, S. 126.

160. Talcott Parsons, *The Social System*［1951］, London 1991, S. 2.

161. 同上，S. 4.

162. 同上, S. 4.

163. Talcott Parsons, *Aktor*, *Situation und normative Muster. Ein Essay zur Theorie des sozialen Handelns* [1939], Frankfurt am Main 1994, S. 160. 强调为原文所加。»

164. 参见 Schumpeter, »Vilfredo Pareto (1848 – 1923) «, S. 147 f.

165. Clark A. Elliott, Margaret W. Rossiter (Hrsg.), *Science at Harvard University: Historical Perspectives*, New York, London, Mississauga: Associated University Presses 1992, S. 176, S. 182.

166. Barbara S. Heyl, »The Harvard › Pareto Circle ‹ «, in: *Journal of the History of the Behavioral Sciences*, 4. Jg., Nr. 4 (1968): S. 316 – 334.

167. Heinz von Foerster (Hrsg.), *Cybernetics – Kybernetik. The Macy – Conferences 1946 – 1953. Transactions*, hrsg. von Claus Pias, Zürich, Berlin: 2003. 帕累托团体聚会的会议记录似乎并没有留存。如果能找到什么的话, 是值得优先出版的。

168. Talcott Parsons, *Essays in sociological theory* [1949], New York 1954, S. 225.

169. Parsons, *Aktor*, *Situation und normative Muster*, S. 160. 强调为原文所加。

170. Luhmann, *Soziale Systeme*, S. 533, Fußnote 67. 卢曼对亨德森的兴趣也可能是被他关于"环境适应性"的研究引起的。参见 Luhmann, *Soziale Systeme*, S. 56, Fußnote 54.

171. Luhmann, *Soziale Systeme*, S. 57.

172. Parsons, *Essays in sociological theory*, S. 233.

173. Parsons, *Aktor*, *Situation und normative Muster*, S. 60 f. 强调为笔者所加。

174. 同上, S. 62.

175. 同上, S. 62.

176. Talcott Parsons, *The Evolution of Societies*, hrsg. von Jackson Toby, Englewood Cliffs 1977, S. 25.

177. Parsons, *Aktor*, *Situation und normative Muster*, S. 61 ff.

178. 同上, S. 160. 惠勒和帕森斯在哈佛的同事, 生理学家沃尔特·布拉德福德·卡农 (Walter Bradford Cannon) 刚好在 1932 年以书籍的形式出版了动态均衡理论 (*The Wisdom of the Body*)。

179. 参见 Talcott Parsons, Edward A. Shils, *Toward a General Theory of*

Action: *Theoretical Foundations for the Social Sciences* [1951], New Brunswick, London 2001, S. 167 f. 以及 Vorwort, S. xvii.

180. Parsons, *Aktor*, *Situation und normative Muster*, S. 70.

181. Wheeler, *Social Insects*, S. 230.

182. Parsons, *Aktor*, *Situation und normative Muster*, S. 160.

183. Fritz Morstein Marx, »Einführung«, in: Niklas Luhmann, *Funktionen und Folgen formaler Organisation* [1964], Berlin 1999, S. 7 – 14, S. 13.

184. 同上, S. 396.

185. 同上, S. 382.

186. Luhmann, *Soziale Systeme*, S. 11.

187. Luhmann, *Funktionen und Folgen formaler Organisation*, S. 401.

188. Luhmann, *Soziale Systeme*, S. 19.

189. Luhmann, *Funktionen und Folgen formaler Organisation*, S. 401.

190. Foerster (Hrsg.), *Macy – Conferences*, S. 456.

191. Wilson, *Ameisenroman*, S. 32. Wilson, *Anthill*, S. 37. 威尔逊在这里暗示了 nature/nurture 的区别，并安排诺克比湖作为教育者。

192. Wilson, *Anthill*, S. 378. Wilson, *Ameisenroman*, S. 431.

193. 超级蚁群是多源的，也就是说有多个蚁后。工蚁可以自由地在蚁穴之间移动（参见 Hölldobler, *The Ants*, S. 207, S. 213, S. 643）。小说并没有详细区分这些蚂蚁的种类。《蚂蚁》一书中（S. 215）的描述完全符合小说的叙述。对照小说中的入侵故事，很可能是阿根廷的"侵入蚁"，它也组合成超级蚁群（Hölldobler, *The Ants*, S. 214）。这种蚂蚁曾经在小说情节发生的地区广泛存在，威尔逊年轻时曾经研究过它。Edward O. Wilson, »Variation and Adaptation in the Imported Fire Ant«, in: *Evolution*, 5. Jg., Nr. 1 (1951): S. 68 – 79.

194. Wilson, *Ameisenroman*, S. 245.

195. 同上, S. 245. »The suppressing agent was a population explosion of ants. « Wilson, *Anthill*, S. 219.

196. Wilson, *Anthill*, S. 218.

197. 参见 Hölldobler, *The Ants*, S. 197 ff, »Colony Odor and Kin Recognition« 章节。

198. 参见 Alexander Kluge, » 10 000 Billionen Ameisen. Die aggressivste Biomasse neben der Menschheit auf der Erde «, in: 10 *vor* 11, 2. 12. 1996.

199. Wilson, *Ameisenroman*, S. 245.

200. 同上, S. 199. Wilson, *Anthill*, S. 179. 数万只婚飞的雌蚁能够成功地建立一个蚁群。

201. Wilson, *Ameisenroman*, S. 247.

202. Wilson, *Anthill*, S. 220. 译文被笔者修改过。这里提到的战士（Myrmidonen）这个词根据奥维德的说法，本身就源于蚂蚁（希腊语：*myrmex*）。他们在阿喀琉斯的带领下，在特洛伊战争中组成超强战斗力组合。关于宙斯创造骁勇善战的"蚂蚁人"，参见 Ovid, *Metamorphosen*, übers. aus dem Lateinischen von Erich Rösch, München 1997, S. 192（VII, 654）. 小说德语版中关于"Myrmidonen"的译法是错误的。参见 Wilson, *Ameisenroman*, S. 248.

203. Hölldobler, *The Ants*, S. 215.

204. Wilson, *Anthill*, S. 224. Wilson, *Ameisenroman*, S. 251 f.

205. Wilson, *Ameisenroman*, S. 255.

206. Wilson, *Anthill*, S. 227. Wilson, *Ameisenroman*, S. 255. 强调为笔者所加。

207. Wilson, *Anthill*, S. 227. Wilson, *Ameisenroman*, S. 256.

208. Wilson, *Anthill*, S. 228. Wilson, *Ameisenroman*, S. 257.

209. Wilson, *Anthill*, S. 228. Wilson, *Ameisenroman*, S. 256.

210. Wilson, *Anthill*, S. 223. Wilson, *Ameisenroman*, S. 250.

211. 公地难题由威尔逊的同事诺瓦克作为"公地悲剧"在他关于超级合作者的著作中讨论过。参见 Nowak, *Supercooperators*, S. 201 ff.

212. Wilson, *Ameisenroman*, S. 257. Wilson, *Anthill*, S. 228.

213. Wilson, *Ameisenroman*, S. 260. Wilson, *Anthill*, S. 231.

214. Robert H. MacArthur, Edward O. Wilson, *The theory of island biogeography*, Princeton, NJ, 1967.

215. 参见 Wilson, *Naturalist*, S. 270 ff. John L. Capinera, *Encyclopedia of Entomology*, Heidelberg 2006, S. 486. 谁要是联想起橙剂是很有理由的，但笔者在这里并不会追寻这一关系，而是要在下一章回顾对抗蚂蚁的战争中所使用的毒气蓝剂和黄剂。

216. Wilson, *Ameisenroman*, S. 267. Wilson, *Anthill*, S. 236.

217. Wilson, *Ameisenroman*, S. 293 f.

218. 同上, S. 293.

219. 同上, S. 272f.

220. 同上，S. 273.

221. 没错，威尔逊的蚂蚁相信神，至少是它们中间单纯的那些。同上，S. 238, S. 243. 笔者想到了从蚂蚁的角度来叙述的要求。

222. 同上，S. 274.

223. 同上，S. 275.

224. 同上，S. 275.

225. 强调为原文所加。同上，S. 276. Wilson, *Anthill*, S. 243.

226. Anna Dornhaus, Franks, N. R., Hawkins, R. M., Shere, H. N. S., »Ants move to improve: colonies of Leptothorax albipennis emigrate whenever they find a superior nest site«, in: *Animal Behaviour*, 67. Jg., Nr. 5 (2004): S. 959–963.

227. Wilson, *Ameisenroman*, S. 276. Wilson, *Anthill*, S. 244.

228. Wilson, *The Social Conquest of Earth*, S. 143.

229. Wilson, *Ameisenroman*, S. 277. 参见 Wilson, *Anthill*, S. 244: »Slackers were a problem for the colony as a whole. Ant colonies may have elites to lead them, but they also have layabouts who need strong encouragement. «

230. 参见 Wilson, *The Social Conquest of Earth*, S. 250 中与小说非常相似的论述。

231. Wilson, *Ameisenroman*, S. 280.

232. 同上，S. 431. Wilson, *Anthill*, S. 378.

233. Wilson, *Anthill*, S. 347. 德译本中提到了"地产"（Anwesen）。Wilson, *Ameisenroman*, S. 395.

234. Hölldobler, *The superorganism: the beauty, elegance, and strangeness of insect societies*, S. XVIII. 现代的！因为也存在着前现代的昆虫社会：即"原始的"社会。参见 Hölldobler, *Journey to the Ants*, S. 79, 84.

235. Hölldobler, *The superorganism: the beauty, elegance, and strangeness of insect societies*, S. 502.

236. 同上，S. 502.

237. 威尔逊或许就是这样为他的学生马克·墨菲特（Mark Moffet）的作品 *Adventures Among Ants: A Global Safari with a Cast of Trillions* 带来了灵感，这部作品与威尔逊的小说一样发表于 2010 年。墨菲特不仅是昆虫学家，还是一名摄影家。

238. 参见 Johach, »Termitodoxa. William M. Wheeler und die Aporien

eugenischer Sexualpolitik«. Eva Johach 出色地介绍了优生学话语的重要意义。但她并未展示惠勒使用了哪些社会学。社会生物学知识中的**政治动物学**被忽略了。

239. Wheeler, »The Termitodoxa, or Biology and Society«, S. 114.

240. Wilson, *Anthill*, S. 173 – 247. Wilson, *Ameisenroman*, S. 191 – 282.

241. 关于"危机重重"的发展，参见 Johach, »Termitodoxa. William M. Wheeler und die Aporien eugenischer Sexualpolitik«, S. 74. Johach 指出了曼德维尔，却没有解释一切。在笔者看来，平衡模式与帕累托的关系更密切。

242. 当然除了帕累托之外，它还是 Lustig 的论点，见»Ants and the Nature of Nature in Auguste Forel, Erich Wasmann, and William Morton Wheeler«.

243. Wheeler, »The Termitodoxa, or Biology and Society«, S. 114.

244. 同上，S. 115.

245. Wilson, *Anthill*, S. 246. Wilson, *Ameisenroman*, S. 280.

246. Wheeler, »The Termitodoxa, or Biology and Society«, S. 117.

247. 同上，S. 117.

248. 同上，S. 118. 电影《超世纪谍杀案》(*Soylent Green*, 1973) 的想法在这里诞生了。这部电影的小说原著，Harry Harrison 的 *Make Room! Make Room!* (1966) 表现了人口过剩。这也是惠勒的干预发生的背景。

249. 同上，S. 119. 盖上戳的是体内的蛋白质含量。这只白蚁随后就被大众消费掉，它们将盖戳当作死亡的"请愿书"。

250. Wilson, *Anthill*, S. 189. Wilson, *Ameisenroman*, S. 211.

251. Wilson, *Anthill*, S. 189. Wilson, *Ameisenroman*, S. 211.

252. Wheeler, »The Termitodoxa, or Biology and Society«, S. 119. 这里要考虑到 Samuel Butler, *Erewhon* [1872], Frankfurt am Main 1981 作为文学上的榜样。这部反乌托邦小说 (*nowhere*!) 描述了一群完全与世隔绝的山区居民，在那里，任何生理上的和心理上的缺陷都要受到惩罚，以维护公共健康。这部小说的认识史参照是达尔文主义的。

253. Wheeler, »The Termitodoxa, or Biology and Society«, S. 121.

254. 同上，S. 123.

255. 同上，S. 124.

256. 同上，S. 124.

257. Wilson, *Sociobiology*, S. 300.

258. 同上, S. 301.

259. Wilson, *Ameisenroman*, S. 184. Wilson, *Anthill*, S. 167. 强调为笔者所加。

260. Wilson, *Ameisenroman*, S. 276. Wilson, *Anthill*, S. 244.

261. Wilson, *Anthill*, S. 244. Wilson, *Ameisenroman*, S. 276 f. 强调为笔者所加。» Die Kolonie brauchte die Eliten, um Aktivitätswechsel zu initiieren und die Nestgefährtinnen dann auch bei der Stange zu halten. « S. 276

262. Wilson, *Ameisenroman*, S. 223.

263. 同上, S. 223. 参见 Wilson, *The Social Conquest of Earth*, S. 19 中的相似手法。

264. Wilson, *Ameisenroman*, S. 315. Wilson, *Anthill*, S. 277. 强调为笔者所加。

265. 除 *Ants* 外还参见：Wilson, *Sociobiology*. Hölldobler, *The superorganism: the beauty, elegance, and strangeness of insect societies*.

266. Atwood, »The Homer of the Ants«, S. 8.

267. Wilson, *Ameisenroman*, S. 277.

268. 同上, S. 218.

269. 同上, S. 218.

270. 参见 Michael J. B. Krieger, Jean - Bernard Billeter, Laurent Keller, »Ant - like task allocation and recruitment in cooperative robots«, in: *Nature*, Nr. 406 / 6799 (2000)：S. 992 - 995.

271. Wilson, *Ameisenroman*, S. 218.

272. 同上, S. 273.

273. 同上, S. 277.

274. Hardt, *Multitude*, S. 371.

275. 同上, S. 110.

276. 同上, S. 111.

277. Wilson, *Ameisenroman*, S. 276. 强调为笔者所加。

278. Wilson, *Anthill*, S. 241. 分散式智慧参见 Wilson, *Ameisenroman*, S. 273.

279. Wilson, *Ameisenroman*, S. 276. Wilson, *Anthill*, S. 242.

280. Howard Rheingold, *Smart mobs: the next social revolution*, New York

2002, S. 176 f.

281. 同上, S. 178.

282. Kelly, *Das Ende der Kontrolle*, S. 11 ff.

283. 同上, S. 22.

284. 同上, S. 23.

285. 同上, S. 25.

286. 同上, S. 25. 强调为笔者所加。

287. 同上, S. 586.

288. Hardt, *Multitude*, S. 110.

289. 同上, S. 111.

290. 同上, S. 110.

291. Kelly, *Das Ende der Kontrolle*, S. 16.

292. 同上, S. 45.

293. Wilson, *Anthill. A Novel*, S. 378.

294. Wilson, *Ameisenroman*, S. 431. Wilson, *Anthill*, S. 378.

295. "网络是多数的象征。从中产生出群体的存在——分散的存在, 自我分散在整个网络之中。"Kelly, *Das Ende der Kontrolle*, S. 44 f. 网络似乎是群体形式的媒介。

296. Hölldobler, *The Superorganism*, S. 481.

297. "'作为整体的'蚁群比较不同的可能性并选择最好的巢址, 而只有非常少量的蚂蚁真正地探访过所有的候选地点。"群体智慧研究尝试去解释这一现象。Simon Garnier, Jacques Gautrais, Guy Theraulaz, »The biological principles of swarm intelligence«, in: *Swarm Intelligence*, 1. Jg. , Nr. 1 (2007): S. 3 – 31, S. 18. 这里引用的是 Dornhaus 等人的文章。

298. Hölldobler, *The Superorganism*, S. 486.

299. 同上, S. 487.

300. Seeley, *Honeybee Democracy*, S. 124.

301. Arnaud Lioni, Jean – Louis Deneubourg, » Collective decision through self-assembling«, in: *Naturwissenschaften*, 91. Jg. , Nr. 5 (2004): S. 237 – 241.

302. Hölldobler, *The Superorganism*, S. 486.

303. Seeley, *Honeybee Democracy*, S. 19. 强调为笔者所加。另外, 霍尔多布勒是西利的博士生导师。

304. Markus Metz, Georg Seeßlen, *Blödmaschinen. Die Fabrikation der Stupidität*, Berlin 2011, S. 193. 笔者感谢 Clemens Knobloch 的提醒。

305. 同上, S. 9.

306. Francis Heylighen, »Collective Intelligence and its Implementation on the Web: Algorithms to Develop a Collective Mental Map «, in: *Computational & Mathematical Organization Theory*, 5. Jg. , Nr. 3 (1999): S. 253 – 280, S. 263.

307. "它们模仿……"这一表述可以在 Hölldobler, *The Ants* 中得到上百次证明。

308. Theodore Christian Schneirla, »A unique case of circular milling in ants«, in: *American Museum Novitates*, Nr. 1253 (1944): S. 1 – 26, S. 5.

309. 新的研究参见 Eva Johach, » Ameise «, in: *Zoologicon. Ein kulturhistorisches Wörterbuch der Tiere*, hrsg. von Christian Kassung, Jasmin Mersmann, Olaf B. Rader, München 2012, S. 20 – 25.

310. Janet T. Landa, »Bioeconomics of some nonhuman and human societies: new institutional economics approach«, in: *Journal of Bioeconomics*, 1. Jg. , Nr. 1 (1999): S. 95 – 113.

311. 同上, S. 98.

312. 标准化 (Normalismus) 取自 Jürgen Link, *Versuch über den Normalismus. Wie Normalität produziert wird*, Opladen 1997 的意义。

313. Heylighen, »Collective Intelligence and its Implementation on the Web: Algorithms to Develop a Collective Mental Map«, S. 268.

314. Johnson, *Emergence*, S. 215.

315. http://www.amazon.de/reviews/top – reviewers. Abgefragt am 10. 12. 2012.

316. Landa, » Bioeconomics of some nonhuman and human societies: new institutional economics approach«, S. 96 f.

317. Metz, *Blödmaschinen*, S. 596, S. 600 f.

318. 同上, S. 10.

319. Kelly, *Das Ende der Kontrolle*, S. 44 f. Hardt, *Multitude*, S. 371.

320. Hardt, *Multitude*, S. 370 ff 的章节标题。

321. 同上, S. 110. 这里引用了 Kennedy, *Swarm Intelligence* 的经典段落。

322. Tarde, *Die Gesetze der Nachahmung*, S. 28. 强调为原文所加。

323. Metz, *Blödmaschinen*, S. 610. 所引用的 Jens Krause 用一条机械鱼控

制鱼群的研究在电视上播放过好多次。

324. Hölldobler, *The Superorganism*, S. 486.
325. Seeley, *Honeybee Democracy*, S. 172. 这里涉及对法定人数和共识的讨论——"群体感应"和"共识感应"。这一由进化论所验证的结果称为：法定人数（S. 173f.）。
326. 这个蚁群被超级蚁群吞噬了。在毒气行动之后，笑到最后的是林地蚁群。
327. Wilson, *Anthill*, S. 189. 参见 Wilson, *Ameisenroman*, S. 210.
328. Wilson, *Anthill*, S. 189. Wilson, *Ameisenroman*, S. 210 f. 强调为笔者所加。
329. Wilson, *The Insect Societies*, S. 269. 参见 Wilson, *Anthill*, S. 243，以及 Wilson, *Ameisenroman*, S. 276 f. 这里讲的是蚂蚁中的"选民"。
330. Wilson, *Ameisenroman*, S. 211. Wilson, *Anthill*, S. 187.
331. Wilson, *Ameisenroman*, S. 219. Wilson, *Anthill*, S. 196.
332. Hölldobler, *The Ants*, S. 189.
333. 同上, S. 190.
334. 同上, S. 190.
335. 同上, S. 189.
336. 《自然》杂志收录的完整名单是：Patrick Abbot, Jun Abe, John Alcock, Samuel Alizon, Joao A. C. Alpedrinha, Malte Andersson, Jean – Baptiste Andre, Minus van Baalen, François Balloux, Sigal Balshine, Nick Barton, Leo W. Beukeboom, Jay M. Biernaskie, Trine Bilde, Gerald Borgia, Michael Breed, Sam Brown, Redouan Bshary, Angus Buckling, Nancy T. Burley, Max N. Burton – Chellew, Michael A. Cant, Michel Chapuisat, Eric L. Charnov, Tim Clutton – Brock, Andrew Cockburn, Blaine J. Cole, Nick Colegrave, Leda Cosmides, Iain D. Couzin, Jerry A. Coyne, Scott Creel, Bernard Crespi, Robert L. Curry, Sasha R. X. Dall, Troy Day, Janis L. Dickinson, Lee Alan Dugatkin, Claire El Mouden, Stephen T. Emlen, Jay Evans, Regis Ferriere, Jeremy Field, Susanne Foitzik, Kevin Foster, William A. Foster, Charles W. Fox, Juergen Gadau, Sylvain Gandon, Andy Gardner, Michael G. Gardner, Thomas Getty, Michael A. D. Goodisman, Alan Grafen, Rick Grosberg, Christina M. Grozinger, Pierre – Henri Gouyon, Darryl Gwynne, Paul H. Harvey, Ben J. Hatchwell, Jurgen Heinze, Heikki

Helantera, Ken R. Helms, Kim Hill, Natalie Jiricny, Rufus A. Johnstone, Alex Kacelnik, E. Toby Kiers, Hanna Kokko, Jan Komdeur, Judith Korb, Daniel Kronauer, Rolf Kummerli, Laurent Lehmann, Timothy A. Linksvayer, Sebastien Lion, Bruce Lyon, James A. R. Marshall, Richard McElreath, Yannis Michalakis, Richard E. Michod, Douglas Mock, Thibaud Monnin, Robert Montgomerie, Allen J. Moore, Ulrich G. Mueller, Ronald Noe, Samir Okasha, Pekka Pamilo, Geoff A. Parker, Jes S. Pedersen, Ido Pen, David Pfennig, David C. Queller, Daniel J. Rankin, Sarah E. Reece, Hudson K. Reeve, Max Reuter, Gilbert Roberts, Simon K. A. Robson, Denis Roze, François Rousset, Olav Rueppell, Joel L. Sachs, Lorenzo Santorelli, Paul Schmid – Hempel, Michael P. Schwarz, Tom Scott – Phillips, Janet Shellmann – Sherman, Paul W. Sherman, David M. Shuker, Jeff Smith, Joseph C. Spagna, Beverly Strassmann, Andrew V. Suarez, Liselotte Sundstrom, Michael Taborsky, Peter Taylor, Graham Thompson, John Tooby, Neil D. Tsutsui, Kazuki Tsuji, Stefano Turillazzi, Francisco Ubeda, Edward L. Vargo, Bernard Voelkl, Tom Wenseleers, Stuart A. West, Mary Jane West – Eberhard, David F. Westneat, Diane C. Wiernasz, Geoff Wild, Richard Wrangham, Andrew J. Young, David W. Zeh, Jeanne A. Zeh, Andrew Zink, »Inclusive fitness theory and eusociality«, in: *Nature*, Nr. 471 ⁄ 7339 (2011): S. E1 – E4. 庞大的作者群使这篇文章几乎成为了继续保留整体适应性理论的请愿书。他们所有人签署道："我们相信，他们的论断基于对进化论的误解和对实证文献的歪曲之上。"（S. E1）

337. 参见 Shavit,»Group Selection Is Dead! Long Live Group Selection«, S. 575. 关于汉密尔顿的追随者，参见对 Joan E. Strassmann, Robert E. Page Jr., Gene E. Robinson 和 Thomas D. Seeley 发表于 *Nature* 471, E5 – E6 (24. März 2011) 的对 Nowak, Tarnita 和 Wilson 文章的答复。

338. Luhmann,»Gesellschaftsstruktur und Semantik«, S. 282.

339. 同上，S. 274.

340. 参见 W. D. Hamilton,»The genetical evolution of social behaviour. II«, in: *Journal of theoretical Biology*, 7. Jg., Nr. 1 (1964): S. 17 – 52, S. 28 f.

341. Wilson, *Anthill*, S. 246. Wilson, *Ameisenroman*, S. 280.

342. 一些进化生物学家正是这样看待所谓的同性恋与享乐主义之间的相关性的。我将回到这一点来。

343. Wilson, *The Insect Societies*, S. 320.

344. Darwin, *Die Entstehung der Arten*, S. 328. 德语译本有些问题，因此笔者查对了 1859 年 Murray 初版的原文。

345. 同上，S. 329. 强调为笔者所加。

346. 这一点是有争议的。Richard Dawkins, *Das egoistische Gen*［1976］, Heidelberg 2006, S. 175 的观点认为，进化的单位是"自私的基因"，也就是说，既不是族群，也不是家族。

347. Darwin, *Die Entstehung der Arten*, S. 330 f.

348. Darwin, *Origin of species*, S. 236. Darwin, *Die Entstehung der Arten*, S. 330.

349. Darwin, *Die Entstehung der Arten*, S. 334. 强调为笔者所加。

350. Darwin, *Origin of species*, S. 242. Darwin, *Die Entstehung der Arten*, S. 334.

351. Wilson, *Die Einheit des Wissens*, S. 355. 并非是两种，即一种自然科学的和一种社会科学的，更不用说是三种（再加一种人文科学的）或无数种（后现代）。

352. McCook, *Ant Communities and how they are governed. A study in natural civics*, S. 165.

353. Wheeler, *Social Insects*, S. 233. 这是压抑某种相应"本能"的替代，比如"哺育后代的本能"，如 Wasmann, *Kolonien der Ameisen*, S. 199 所称。蚂蚁也哺育其他物种的幼虫，这被解释为某种"收养本能"。Wasmann, *Vergleichende Studien über das Seelenleben der Ameisen und der höheren Thiere*, S. 107. 幼虫也以其分泌物参与交哺的过程，这就使得喂养关系对称了，它们不仅被喂养，还输出食物。惠勒对瓦斯曼的本能说只报以嘲笑。Wheeler, *Social Insects*, S. 230.

354. Hamilton, »The genetical evolution of social behaviour. II«, S. 28 ff.

355. Wilson, *The Insect Societies*, S. 321.

356. Robert Axelrod, Hamilton, WilliamD. , »The Evolution of Cooperation «, in: *Science*, 211. Jg. , Nr. 4489（1981）：S. 1390–1396, S. 1390.

357. 同上，S. 1390。这里的表述很有趣：基因在这里被拟人化为一个有着自身利益的行动者。

358. Bruce Shaw, Van Ikin, *The Animal Fable in Science Fiction and Fantasy*,

Jefferson, NC, 2010, S. 107.

359. Nowak, *Supercooperators*, S. 96 f.

360. Dawkins, *Das egoistische Gen*, S. 173.

361. Hamilton, »The genetical evolution of social behaviour. II«, S. 20.

362. Nowak, »The evolution of eusociality«, S. 1057.

363. Axelrod, »The Evolution of Cooperation«, S. 1391. 比如最有名的博弈论例子：囚徒困境。

364. Hamilton, »The genetical evolution of social behaviour. II«, S. 28.

365. Nowak, »The evolution of eusociality«, S. 1057.

366. W. D. Hamilton, » Geometry for the selfish herd «, in: *Journal of theoretical Biology*, 31. Jg., Nr. 2 (1971): S. 295 – 311.

367. 参见 Francis Galton, *Inquiries Into Human Faculty And Its Development* [1883], Whitefish, MT, 2004, S. 49 – 57.

368. Aldo Poiani, *Animal Homosexuality: A Biosocial Perspective*, Cambridge, UK, 2010, S. 409.

369. 参见对论证的总结, Mildred Dickemann, » Wilson's Panchreston: The Inclusive Fitness Hypothesis of Sociobiology Re - Examined «, in: *Sex, cells, and samesexdesire: the biology of sexual preference*, hrsg. von John P. de Cecco, Parker, David Allen, Binghampton, NY 1995, S. 147 – 184, S. 155.

370. 同上, S. 153 f.

371. Edward Osborne Wilson, *Sociobiology. The New Synthesis* [1975], Cambridge, Mass., London ²2000, S. 343 f.

372. 同上, S. 344.

373. http://www.wired.com/wiredscience/2008/01/is – homosexualit/.

374. 参见 Rebecca Basile, » Emergenz im Bienenstock – über die Ressourcenverteilung und die Heizaktivitäten der Honigbienen «, in: *Emergenz. Zur Analyse und Erklärung komplexer Strukturen*, hrsg. von Jens Greve, Annette Schnabel, Berlin 2011, S. 372 – 394, S. 381.

375. James T. Costa, *The Other Insect Societies*, Cambridge, Mass., London 2006.

376. Nowak, »The evolution of eusociality«, S. 1057.

377. Judith Korb, » Termites: An Alternative Road to Eusociality and the Inportance of Group Benefits in Social Insects«, in: *Organization of insect*

societies: *from genome to sociocomplexity*, hrsg. von Jürgen Gadau, Jennifer Fewell, Edward O. Wilson, Cambridge, Mass. 2009, S. 128 – 147, S. 131.

378. Basile,»Emergenz im Bienenstock«, S. 381 f. 关于奴隶一般的蚂蚁的情况，参见 *Ants*, S. 458 ff.

379. Nowak,»The evolution of eusociality«, S. 1059 f.

380. 同上，S. 1060.

381. Aristoteles, *Politik*, S. 47. 也参见 Hölldobler, *The Ants*, S. 27："最原始的蚁群是一个大家庭。"

382. 对白蚁来说也是如此，参见 Korb,»Termites: An Alternative Road to Eusociality and the Importance of Group Benefits in Social Insects«, S. 130. "代价巨大的无私帮助" 可能会出现在当白蚁已经生活于 "扩大化的家庭式群体" 中，并受益于共同抵御天敌或劳动分工之后。

383. Nowak,»The evolution of eusociality«, S. 1061 f.

384. "劳动分工似乎是一个既有计划的结果，单个的个体先完成一项工作，然后才转去做另一项。在真社会性的物种之中，算法是这样的，即一个已经分配了的任务不会被重复发送。很明显，蜜蜂还有黄蜂是很有弹性的，只要自然选择允许，它们就会很快转换到真社会性。"同上，S. 1060.

385. 同上，S. 1060.

386. Espinas, *Thierische Gesellschaften*, S. 27.

387. 同上，S. 34.

388. 同上，S. 148.

389. 同上，S. 196.

390. Luhmann, *Die Gesellschaft der Gesellschaft*, S. 413, S. 512. 引用了 Haldanes, *Causes of Evolution*, von 1932.

391. 同上，S. 417.

392. 在 Hamilton,»Geometry for the selfish herd«的意义上。

393. Luhmann, *Die Gesellschaft der Gesellschaft*, S. 512.

394. "因此，这个模式解释了，为什么真社会性的形成这么困难，但它一旦产生却更容易维持。在我们的模式中，真社会性不是由亲缘性促成的。但当真社会性存在之后，就产生了由相互间有亲属关系的个体组成的群体，因为女儿待在母亲身边，以便确保有更多的后代。" Nowak，»The evolution of eusociality«，S. 1061.

395. Wilson, *The Insect Societies*, S. 333. 威尔逊在这里称这一理论是"坚实的"和"明证的"。

396. 同上，S. 331："姐妹之间共享3/4的基因，但一个雌性与其侄女只有3/8的基因相同，与其兄弟只有1/4。"德文为笔者所译。

397. "动物世界产生真社会性的第一步就是彼此自由混居的群体的形成。" Nowak，»The evolution of eusociality«，S. 1060.

398. Luhmann, *Die Gesellschaft der Gesellschaft*, S. 414.

399. Philipp Sarasin, *Darwin und Foucault. Genealogie und Geschichte im Zeitalter der Biologie*, Frankfurt am Main 2009, S. 334.

400. Stephan S. W. Müller, *Theorien sozialer Evolution. Zur Plausibilität darwinistischer Erklärungen sozialen Wandels*, Bielefeld 2010, S. 11.

401. Wilson, *Die Einheit des Wissens*, S. 10 f.

402. André Kieserling, »Die Soziologie der Selbstbeschreibung«, in: *Rezeption und Reflexion. Zur Resonanz der Systemtheorie Niklas Luhmanns außerhalb der Soziologie*, hrsg. von Henk de Berg und Johannes Schmidt, Frankfurt am Main 2000, S. 38 – 92.

403. 同上，S. 866.

404. Niklas Luhmann, »Gesellschaftliche Struktur und semantische Tradition«, in: *Gesellschaftsstruktur und Semantik. Studien zur Wissenssoziologie der modernen Gesellschaft.* Bd. 1, Frankfurt am Main 1980, S. 9 – 71, hier S. 47.

405. Luhmann: Gesellschaft. Bd. 2, S. 1095.

406. Urs Stäheli: Die Sichtbarkeit sozialer Systeme: »Zur Visualität von Selbst – und Fremdbeschreibungen«. In: *Soziale Systeme* 13 (2007), H. 1 – 2, S. 70 – 85, hier: S. 70. 施特赫利在他于巴塞尔大学社会学院所进行的研究项目"全球金融经济的视觉语义：关于经济形象性的社会学"（2003—2007年）中研究了这些问题。

407. Lorraine Daston, Peter Gallison, *Objektivität*, Frankfurt am Main 2007, S. 23. 作者们提到了"形象中展现出来的""认识论的道德"，S. 45。笔者认为，这太过说教和刻意。

408. Nowak, »The evolution of eusociality«, S. 1057.

409. 插图：同上，S. 1058，以及 Wheeler, *Ants*, S. 88.

410. Wheeler, *Ants*, S. 6. 强调为原文所加。

411. 同上, S. 4.
412. 同上, S. 4.
413. Deborah Gordon, *Ants at Work. How an Insect Society Is Organized*, New York, London 1999.
414. William Kirby, William Spence, *An introduction to entomology, or, Elements of the natural history of insects.* Bd. 2, London 1817, S. 27. 强调为笔者所加。
415. Forel, *The Social World of the Ants*, S. 450. 参见450—459 页插图。
416. Escherich, *Die Ameise*, S. 99. 这张图片曾被多次使用。比如也见于 Forel, *The Social World of the Ants*, S. 451.
417. Wilson, *Anthill*, S. 15. Wilson, *Ameisenroman*, S. 9.
418. Dietmar Peil, *Untersuchungen zur Staats – und Herrschaftsmetaphorik in literarischen Zeugnissen von der Antike bis zur Gegenwart*, in: *Münsterische Mittelalter – Schriften*, München 1983, S. 162.
419. Daston, *Objektivität*, S. 438.
420. Peil, *Untersuchungen zur Staats – und Herrschaftsmetaphorik in literarischen Zeugnissen von der Antike bis zur Gegenwart*, S. 24 ff.
421. Sleigh, *Six Legs Better*, S. 14 f.
422. Jussi Parikka, *Insectmedia. An Archeology of Animals and Technology*, Minneapolis 2010, S. 82.
423. 同上, S. 205.
424. 同上, S. 177 ff.
425. 同上, S. 102 f.
426. 同上, S. 90 f.
427. 同上, S. 94 f, S. 177 f.
428. 同上, S. 173.
429. 同上, S. 203, S. 205.
430. 同上, S. xxi.
431. 同上, S. 82.
432. Jean – Marc Drouin, » Ant and Bees between the French and the Darwinian Revolution«, in: *Ludus Vitalis*, 24. Jg., Nr. XIII (2005): S. 3 – 14. Lustig, »Ants and the Nature of Nature in Auguste Forel, Erich Wasmann, and William Morton Wheeler«. Sleigh, *Six Legs Better*.
433. Rodgers, *Debugging the Link between Social Theory and SocialInsects*,

S. 93.

434. Blumenberg, *Metaphorologie*, S. 8.

435. Wilson, *Die Einheit des Wissens*, S. 251.

436. Heinrich Zschokke, *Des Schweizerlands Geschichten für das Schweizervolk*, Aarau 1822, S. 51. Carl A. von Purkart, *Kriegserinnerungen für Bayern: mit besonderer Beziehung auf die Kriegsepoche von 1790 bis 1815*, Kempten 1829, S. XX.

437. James H. Winchester, »Samson of the Insect World«, in: *Scouting*, 62. Jg., Nr. 6（1974）: S. 18–21, S. 18. 强调为笔者所加。

438. 根据统计分析, 关于 1800 年前后小说的平均水平, 见 Franco Moretti, » Style, Inc. Reflections on Seven Thousand Titles（British Novels, 1740–1850）«, in: *Critical Inquiry*, 36. Jg., Nr. 1（2009）: S. 134–158, S. 151.

439. 行为要遵守固定的"准则"的道德取向是 Ainesley Cody 灌输给儿子拉夫的。Wilson, *Anthill*, S. 56 f. Wilson, *Ameisenroman*, S. 54.

440. 哈佛是一个"人类之蚁丘"。Wilson, *Ameisenroman*, S. 312. Wilson, *Anthill*, S. 275.

441. Wilson, *Ameisenroman*, S. 431. Wilson, *Anthill*, 378.

442. Wilson, *Anthill*, S. 246. Wilson, *Ameisenroman*, S. 280.

443. Wilson, *The Social Conquest of Earth*, S. 16 f.

444. 在 Kropotkin, *Gegenseitige Hilfe in der Entwicklung* 的意义上。

445. Wilson, *The Social Conquest of Earth*, S. 31. 强调为笔者所加。

446. 威尔逊在小说中很长的段落里每一页都使用好几次"巢穴"（nest）来指称蚁丘。可参见 Wilson, *Anthill*, S. 229–238. 这里绝没可能是指鸟巢。

447. Wilson, *The Social Conquest of Earth*, S. 16. 也参见 S. 219.

448. 同上, S. 224.

449. 同上, S. 17.

450. 同上, S. 16.

451. 同上, S. 143. 强调为笔者所加。

452. 同上, S. 143.

453. Hamilton, »The genetical evolution of social behaviour. II«, S. 20.

454. Wilson, *The Social Conquest of Earth*, S. 143.

455. 同上, S. xiiif. 这些问题构成了这本书第二、第五和第六章的标题。

456. Ernst Bloch, *Das Prinzip Hoffnung* ［1959］（3 Bde.），Frankfurt am Main 1973, Bd. 1, S. 1. 布洛赫还提出了另外两个问题。

457. Wilson, *The Social Conquest of Earth*, S. 166.

458. 同上, S. 166.

459. 同上, S. 166.

460. Dawkins, *Das egoistische Gen*, S. 63.

461. 同上, S. 291.

462. 同上, S. 293.

463. 同上, S. 63.

464. 同上, S. 45.

465. Wilson, *The Social Conquest of Earth*, S. 143.

466. 同上, S. 175.

467. Martin A. Nowak, Corina E. Tarnita, Edward O. Wilson, »Nowak et al. reply«, in: *Nature*, Nr. 471 / 7339 (2011): S. E9 – E10, S. E9.

468. Knobloch, »Neoevolutionistische Kulturkritik – eine Skizze«, S. 20.

469. Jacobus J. Boomsma, Madeleine Beekman, Charlie K. Cornwallis, Ashleigh S. Griffin, Luke Holman, William O. H. Hughes, Laurent Keller, Benjamin P. Oldroyd, Francis L. W. Ratnieks, »Only full – sibling families evolved eusociality«, in: *Nature*, 471/7339. Jg. (2011): S. E4 – E5, S. E1. 强调为笔者所加。

470. Dawkins, *Das egoistische Gen*, S. 177.

471. 而不是像威尔逊认为的是族群。

472. Dawkins, *Das egoistische Gen*, S. 177.

473. 同上, S. 309.

474. 同上, S. 147.

475. "对我们的目的来说，等位基因这个词与竞争对手是同义的。"同上, S. 71. 等位基因是一个 DNA 序列基于轻微变化的不同表现形式。

476. Charles Darwin, *The descent of man, and selection in relation to sex*（2 Bde.），London 1871, Band 2, S. 109. "鸟类有时候也表现一些仁慈的感情，它们会喂养被丢弃的幼雏，甚至是和它们自己不属于一个种的幼雏，但这应该被认为是本能的误用。像本书上文有一处所曾表明的那样，它们对同种中瞎了眼的成年鸟，也懂得喂它吃食。勃克斯屯先生叙述到过他自己园子里的一只很奇特的鹦鹉如何护理着一只冻伤而折足的不属于同一个种的一只雌鸟，替她把羽毛弄干净，保护着她，使免于受到在园子里飞来飞去的其他鹦鹉的攻击。更出乎意料的是，这些鸟种显然也能发出一些同情，而能乐人之乐。"德文译文见 J. V. Carus, Stuttgart 1871, Bd. 2, S. 95。（中译文参见达尔文：《人类的由来》，潘光旦、胡寿文译，商务印书馆 1983 年版，第 628—629 页。——译注）

477. Catherine Wilson, »Darwinian Morality«, in: *Evolution：Education and Outreach*, 3. Jg., Nr. 2 (2010)：S. 275 – 287, S. 278.

478. 参见同上，S. 277.

479. Dawkins, *Das egoistische Gen*, S. 413.

480. 这些名称是被交替、互换地使用的。同上，S. 413.

481. 同上，S. 413.

482. 同上，S. 461.

483. Wilson, *Anthill*, S. 143 – 149. Wilson, *Ameisenroman*, S. 155 – 164.

484. 参见 Anja Hirsch 在 *FAZ*, 19. März 2012, S. 26 上对威尔逊《蚁丘》的评论："从舅舅的视角对拉夫的成长进行的描写，构成了小说的框架部分，但它并不能让人满意。"从文学的角度来说，我们只能表示同意。

485. Wilson, *Anthill*, S. 124. Wilson, *Ameisenroman*, S. 133. 德文版在这里有出入。

486. Wilson, *Anthill*, S. 124.

487. 同上，S. 125. Wilson, *Ameisenroman*, S. 135.

488. Wilson, *Anthill*, S. 126. Wilson, *Ameisenroman*, S. 136. 他成了一名"真正的生物学家"。

489. Wilson, *Anthill*, S. 277.

490. 同上，S. 277. Wilson, *Ameisenroman*, S. 315.

491. Wilson, *Anthill*, S. 290 ff. Wilson, *Ameisenroman*, S. 331 ff.

492. Wilson, *Anthill*, S. 318. Wilson, *Ameisenroman*, S. 363.

493. 同上，S. 322. Wilson, *Ameisenroman*, S. 367.

494. Wilson, *Anthill*, S. 347. Wilson, *Ameisenroman*, S. 395.

495. Wilson, *Anthill*, S. 354.

496. 同上，S. 365. Wilson, *Ameisenroman*, S. 415 f.

497. Wilson, *Anthill*, S. 372. Wilson, *Ameisenroman*, S. 424.

498. Wilson, *The Social Conquest of Earth*, S. 287 ff.

499. 同上，S. 289："作为驱动力的族群选择"。

500. 同上, S. 290.

501. 同上, S. 290.

502. 同上, S. 193.

503. 同上, S. 194.

504. 同上, S. 195.

505. 同上, S. 194.

506. 同上, S. 192.

507. 同上, S. 192.

508. 同上, S. 275.

509. 同上, S. 288.

510. 同上, S. 195.

511. 同上, S. 293.

512. 同上, S. 293.

513. 同上, S. 191, S. 212, S. 225, S. 236, S. 241, S. 255, S. 268.

514. 同上, S. 294 f.

515. 同上, S. 293.

516. 同上, S. 295.

517. 同上, S. 254.

518. 同上, S. 253：“《论人类生命》（*Humanae Vitae*）的逻辑是错误的,”威尔逊写道, 因为它忽略了重要的生物学因素。（《论人类生命》是教皇保罗六世于 1968 年颁布的通谕, 强调了天主教的家庭、婚姻与生育观。——译注）

519. 同上, S. 252.

520. Wilson, *Anthill*, S. 326f, S. 356 f. Wilson, *Ameisenroman*, S. 371ff, S. 405 ff.

521. Wilson, *The Social Conquest of Earth*, S. 193 ff.

522. 同上, S. 258.

523. 同上, S. 287.

524. 同上, S. 295. 强调为笔者所加。

525. 同上, S. 288.

526. 同上, S. 109.

527. 同上, S. 131.

528. 同上, S. 256.

529. Wheeler, »The Termitodoxa, or Biology and Society«, S. 123 f.

530. 同上，S. 124.

第六章 探索与侵略

1. 见：Luhmann, *Funktionen und Folgen formaler Organisation*, S. 13.

2. Wilson, *Anthill*, S. 170. Wilson, *Ameisenroman*, S. 187.

3. 参见 Wilson, *Anthill*, S. 170, S. 379. Wilson, *Ameisenroman*, 187, S. 432. 在英美理论背景中，"声音"也有表达自身政治利益的含义。同时，"声音"也是一个叙事范畴，它在与叙事主体和叙事内容的关系中把握文本内部的叙事行为。然而，这里是谁在叙事，是诺维尔、他的同事尼达姆、二人一起、拉夫、蚂蚁还是某个文本外部的叙事者，并不是一直都很清楚。

4. Wilson, *Anthill*, S. 175 – 247.

5. Ferenczy, *Timotheus Thümmel und seine Ameisen*, S. VI, S. 12 f.

6. Philip Grove, *Consider her ways* [1947], Toronto 2001, S. 12 f.

7. Luhmann, *Soziale Systeme*, S. 13.

8. 参见 Henrika Kuklick, *The Savage within: The Social History of British Anthropology*. 1885 – 1945, Cambridge, New York, Melbourne 1991, S. 13, S. 17, S. 23 f, S. 31, S. 92.

9. Sleigh, *Six Legs Better*, S. 90. 斯莱甚至称，民族志作者以其夸富宴（Potlasch）启发了惠勒的交哺模型。这个类比很有迷惑性，然而在惠勒描述交哺的背景下征引马林诺夫斯基或牟斯，对我来说却不成立。

10. 在 Charles Kay Odgen 的 *Psyche* 杂志及丛书中。

11. 见：Luhmann, *Funktionen und Folgen formaler Organisation*, S. 13.

12. 一个典型的民族志项目。参见 Erhard Schüttpelz, *Die Moderne im Spiegel des Primitiven. Weltliteratur und Ethnologie* (1870 – 1960), München 2005.

13. Grove, *Consider her ways*, S. 25.

14. 同上，S. 27.

15. "个体性是我们真正的敌人。"见 Bernard Werber, *Empire of the Ants* [1991], New York, Toronto 1999, S. 43.

16. Grove, *Consider her ways*, S. 24. 参见 Salvatore Proietti, »Frederick Philip Grove's Version of Pastoral Utopianism«, in: *Science Fiction Studies*, 19. Jg., Nr. 3 (1992): S. 361 – 377, S. 369.

17. Herbert George Wells, *The first men in the moon* [1901], New York

2001, S. 69. Herbert George Wells, *Die ersten Menschen auf dem Mond* [1901], übers. von Felix Paul Greve, Minden 1905, S. 143. Proietti, »Frederick Philip Grove's Version of Pastoral Utopianism«, S. 361. 格鲁夫的笔名是 Felix Paul Greve。

18. Wells, *The first men in the moon*, S. 72 f. Wells, *Die ersten Menschen auf dem Mond*, S. 148.

19. Wells, *Die ersten Menschen auf dem Mond*, S. 132.

20. 同上, S. 135. Wells, *The first men in the moon*, S. 64.

21. Wells, *The first men in the moon*, S. 154.

22. Werber, *Empire of the Ants*, S. 284.

23. 同上, S. 284.

24. 相反, 在贝尔纳·韦尔贝尔的小说三部曲中, 却是一场以蘑菇和蚜虫蜜为特色的蚂蚁式生活方式的尝试性旅行。在第一部中, 被试者像蚂蚁一样生活在巢穴里, 模仿它们的进食方式。在后两部中学习了蚂蚁的组织形式。参见 Bernard Werber, *Der Tag der Ameisen* [1992], München 1994, Bernard Werber, *Die Revolution der Ameisen* [1996], München 1998.

25. Wells, *The first men in the moon*, S. 161. Wells, *Die ersten Menschen auf dem Mond*, S. 326.

26. Wells, *The first men in the moon*, S. 60.

27. 同上, S. 68.

28. 参见 Edward W. Said, *Culture & Imperialism* [1993], London 1994, S. 194.

29. Rudyard Kipling, *Kim* [1901], London 2000, S. 161. Rudyard Kipling, *Kim*, übers. von Hans Reisiger, München 31985, S. 128.

30. Kipling, *Kim*, S. 177. Kipling, *Kim*, S. 81.

31. Wells, *The first men in the moon*, S. 81, S. 96 f. Wells, *Die ersten Menschen auf dem Mond*, S. 167, S. 196 f.

32. Said, *Culture & Imperialism*, S. 190.

33. Wells, *The first men in the moon*, S. 116.

34. 康拉德与威尔斯在 1898 年就已经彼此熟识了, 还进行过很长时间的通信往来。参见 Edward W. Said, *Joseph Conrad and the Fiction of Autobiography* [1966], New York, Chichester, West Sussex 2007, S. 41, S. 54, S. 91 –93. 威尔斯和柯南·道尔都是吉卜林的读者, 威尔斯

甚至认为，他是在一个"吉卜林主义"的时代长大的。参见 Roger Lancelyn Green, *Rudyard Kipling: the critical heritage* [1971], London, New York 1997, S. 302f, S. 305f.

35. 参见 Joseph Conrad, *Herz der Finsternis* [1899], übers. von Daniel Göske, Stuttgart 1991, S. 123.

36. Wells, *The first men in the moon*, S: 28, S. 64, S. 153. Wells, *Die ersten Menschen auf dem Mond*, S. 63, S. 135, S. 310. 叙事者贝德福德在说到陌生者或他者时总是提到"恐怖"。

37. Conrad, *Herz der Finsternis*, S. 23.

38. 同上, S. 120.

39. 同上, S. 63.

40. 同上, S. 25.

41. Herbert George Wells, »Empire of the Ants« [1905], in: *Empire of the Ants and 8 Science Fiction Stories*, New York 1972, S. 1 – 19.

42. Benjamin Constant, *Correspondance générale: 1810 – 1812*, in: *OEuvres complètes*. Bd. 8, hrsg. von Kurt Koocke et al., Berlin 2010, S. 441.

43. Rodgers, *Debugging the Link between Social Theory and Social Insects*, S. 52 f. 由于罗杰斯引用了来自印度尼西亚的报道，她指的很可能是烈蚁属；它并不是被叫作"军蚁"，而是被称为"狩猎蚁"（driver 或 safari ant）。根据 Charlotte Sleigh, *Ant*, London 2003, S. 93, 罗杰斯的论点似乎是站不住脚的，因为在尼加拉瓜，是当地居民给了这些蚂蚁"军蚁"的名称。

44. Ernst Ludwig Taschenberg, *Brehms Thierleben. Allgemeine Kunde des Tierreichs. Vierte Abteilung: Wirbellose Thiere. Mit 277 Abbildungen und 21 Tafeln von Emil Schmidt*. Bd. 1, Leipzig 1877, S. 270.

45. Hölldobler, *The Ants*, S. 573. Wheeler, *Ants*, S. 256.

46. Wheeler, *Ants*, S. 256.

47. Taschenberg, *Brehms Thierleben*, S. 271.

48. Charles Waterton, *Wanderings in South America, the North – west of the United States, and the Antilles, in the years* 1812, 1816, & 1824, London 1828, S. 182.

49. Rodgers, *Debugging the Link between Social Theory and Social Insects*, S. 53.

50. Wheeler, *Ants*, S. 256. Hölldobler, *The Ants*, S. 573.

51. Henry Walter Bates, *The naturalist on the River Amazons: a record of adventures, habits of animals, sketches of Brazilian and Indian life and aspects of nature under the Equator during eleven years of travel.* Bd. 2, London 1863, S. 96.

52. 同上, S. 97.

53. 参见 Joshua Blu Buhs, *The fire ant wars: nature, science, and public policy in twentieth – century*, Chicago, London 2004.

54. Bates, *The naturalist on the River Amazons*, S. 97.

55. Wells, »Empire of the Ants«, S. 4. "entomologie" 的写法为原文所有。

56. 同上, S. 7.

57. Robert E. Park, »Human Nature and Collective Behavior«, in: *American Journal of Sociology*, 32. Jg., Nr. 5 (1927): S. 733 – 741, S. 734.

58. Wells, »Empire of the Ants«, S. 7.

59. Espinas, *Thierische Gesellschaften*, S. 77.

60. Wells, »Empire of the Ants«, S. 7.

61. Wheeler, *Ants*, S. 257.

62. 参见 *The Quarterly Review of Biology*, Vol. 47, No. 1 (1972), S. 137 f. 中的研究报告。按照这个观点, 一个超级蚁群由多个巢穴的蚂蚁组成, 其中有多个蚁后。工蚁自由地在多个巢穴间活动。

63. Buhs, *The fire ant wars*, S. 5.

64. Wells, »Empire of the Ants«, S. 12. 强调为笔者所加。

65. 同上, S. 6, S. 8, S. 14, S. 15, S. 17.

66. Harold Adams Innis, *Empire and Communications* [Oxford 1950], hrsg. von Alexander John Watson, Toronto 2007.

67. Wells, »Empire of the Ants«, S. 7.

68. 同上, S. 7.

69. 同上, S. 7.

70. 同上, S. 17.

71. Conrad, *Herz der Finsternis*, S. 23. Wells, »Empire of the Ants«, S. 17.

72. Wells, »Empire of the Ants«, S. 17.

73. 同上, S. 18.

74. Charlotte Sleigh, »Empire Of The Ants: H. G. Wells and Tropical Entomology«, in: *Science as Culture*, 10. Jg., Nr. 1 (2001): S. 33 – 71, S. 38 – 40.

75. Karl Escherich, *Die angewandte Entomologie in den Vereinigten Staaten: Eine Einführung in die biologische Bekämpfungsmethode. Zugleich mit Vorschlägen zu einer Reform der Entomologie in Deutschland*, Berlin 1913, S. 27.

76. 同上, S. 131. 强调为笔者所加。

77. 同上, S. 137.

78. Sleigh, *Ant*, S. 86.

79. Sarah Jansen, »Chemical – warfare techniques for insect control: insect › pests‹ in Germany before and after World War I«, in: *Endeavour*, 24. Jg., Nr. 1 (2000): S. 28 – 33, S. 29, S. 30 f.

80. 同上, S. 33; Sleigh, *Ant*, S. 86 的表述几乎相同.

81. Wheeler, »The Termitodoxa, or Biology and Society«, S. 123.

82. Escherich, *Einführung in die biologische Bekämpfungsmethode*, S. 162.

83. 同上, S. 164.

84. 同上。

85. Andreas Sprecher von Bernegg, *Tropische und subtropische Weltwirtschaftspflanzen*, Stuttgart 1938, S. 124.

86. Carl Stephenson, *Leiningens Kampf mit den Ameisen* [1937], Husum 2007, S. 15, S. 26.

87. Petra Lange – Berndt, »Vom Bienenschwarm zum Mottenlicht. Insekten im Spiel – und Experimentalfilm «, in: *Tiere im Film*, hrsg. von Maren Möhring, Massimo Perinelli, Olaf Stieglitz, Köln, Weimar 2009, S. 207 – 219, S. 211.

88. Wells, »Empire of the Ants«, S. 4. "entomologie" 的写法为原文所有。

89. http://ia600808. us. archive. org/25/ items /OTRR_Escape_Singles / Escape_48 – 01 –14_ – 023 –_Leiningen_vs_the_Ants_–national_broadcast –. mp3. Abgerufen 28. 7. 2012.

90. Maeterlinck, *Das Leben der Termiten. Das Leben der Ameisen*, S. 172.

91. Wheeler, »The Termitodoxa, or Biology and Society«, S. 120. 所有的进步都是从敌对关系中产生的: "在仔细检查了我那些白蚁的军队和防御工事之后，我赞同当今好些王朝的君主，即我们应当感谢我们的死敌和他们无尽的敌意。"

92. Wells, »Empire of the Ants«, S. 17.

93. 同上, S. 18.

94. Maeterlinck, *Das Leben der Termiten. Das Leben der Ameisen*, S. 173.

95. Herbert George Wells, *The History of Mr. Polly*［1910］, Rockville, Maryland 2009, S. 213.

96. Waterton, *Wanderings in South America*, S. 55.

97. Wells, »Empire of the Ants«, S. 15.

98. Henry Walter Bates, *The naturalist on the River Amazons: a record of adventures, habits of animals, sketches of Brazilian and Indian life and aspects of nature under the Equator during eleven years of travel*. Bd. 1, London 1863, S. 23. 贝茨的旅程有阿尔弗雷德·拉塞尔·华莱士陪同，华莱士也是进化理论的发现者。此外，贝茨还第一个阐释了某种模仿论的生物学理论。蚂蚁在建设道路或成队列行进时，是否是在贝茨的模仿论的意义上行动，这个问题很有趣。

99. Taschenberg, *Brehms Thierleben*, S. 270.

100. Bates, *The naturalist on the River Amazons*, S. 23.

101. Waterton, *Wanderings in South America*, S. 175 也提到了这种"隐蔽的道路"的建设。

102. 图出自 Bates, *The naturalist on the River Amazons*, S. 364. Wells, »Empire of the Ants«, S. 16.

103. Conrad, *Herz der Finsternis*, S. 62. Arthur Conan Doyle, *The Lost World & other Stories*, Ware, Hertfordshire 1995, S. 117.

104. Charles Lyell, *The geological evidences of the antiquity of man, with an outline of glacial and post - tertiary geology, and remarks on the origin of species with special reference to man's first appearance on the earth*, London 1873, S. 544.

105. Charles Darwin, *Die Reise mit der Beagle*［1839, 2. Aufl. 1845］, Frankfurt am Main 2008.

106. Waterton, *Wanderings in South America*, S. 306 f. 这种类人灵长类动物的插图位于这本书的卷首处，因此放置得非常突出。

107. Wells, »Empire of the Ants«, S. 7.

108. Waterton, *Wanderings in South America*, S. 175.

109. Wilson, *Die Einheit des Wissens*, S. 10. 不过威尔逊在这里谈的并不是小说，而是进化史的"恢宏大戏"，所有阶段、所有地区都根据意愿在他眼前的"舞台"上——展现。

110. Wilson, *Naturalist*, S. 139.

111. Hölldobler, *Journey to the Ants*, S. 80.

112. Charles Darwin, *Origin of Species*, London ^{2}1860, S. 312. Darwin, *Die Entstehung der Arten*, S. 408.

113. Darwin, *Origin of Species*, S. 321. Darwin, *Die Entstehung der Arten*, S. 416.

114. Darwin, *Die Entstehung der Arten*, S. 447.

115. 同上, S. 138 f.

116. 同上, S. 470.

117. 同上, S. 482. 这种完全处于功能性关系之中的物种与地位之间的区别，也可以用社会学来看待。只要将物种替换为社会阶层、等级、群体或阶级就可以了。

118. John Milton, *The Paradise Lost* [1674], London 1838, S. 97.

119. 同上, S. 5.

120. 他们"就在我们的眼前灭绝"，马林诺夫斯基悲叹道，因为一旦欧洲人接触到他们，他们的灭亡就开始了。Malinowski, *Argonauten des westlichen Pazifik*, S. 15.

121. Darwin, *Die Entstehung der Arten*, S. 473 f.

122. Doyle, *The Lost World & other Stories*, S. 135.

123. 同上, S. 138 – 141.

124. Darwin, *Die Entstehung der Arten*, S. 108.

125. Darwin, *Die Reise mit der Beagle*, S. 569, 584.

126. Waterton, *Wanderings in South America*, S. 306 f.

127. Darwin, *Die Entstehung der Arten*, S. 109. 强调为笔者所加。

128. Wells, »Empire of the Ants«, S. 13.

129. 同上, S. 17.

130. 同上, S. 18.

131. Stephenson, *Leiningens Kampf mit den Ameisen*. 在巴西，数十亿有智慧的行军蚁威胁到一个德国移民的种植园。蚂蚁的主力大军占地20平方公里。它们组织良好、秩序优良、适应性强，具有牺牲精神和战术创新。蚂蚁军团之间的沟通快得像光速一样，可能是用的心灵感应。它们把树叶当成筏子横渡河流。如果威尔斯的故事中对蚂蚁帝国扩张的估计属实，那么这里讲的可能是同一个超级蚁群。

132. Wells, »Empire of the Ants«, S. 19.

133. Bernhard Kegel, *Die Ameise als Tramp. Von biologischen Invasionen*

[1999]，München 2001，S. 13.

134. 同上，S. 246 ff. 美国对付红火蚁的毒气战争已经作为"昆虫越战"被收入史册（S. 247）。火蚁并没有被消灭。

135. Wilson, *Sociobiology*, S. 269.

136. Karel Čapek, *Krieg mit den Molchen* [1936]，Berlin 1956 的作用相同。

137. Wells,»Empire of the Ants«, S. 18.

138. Arthur Conan Doyle, *The Sign of Four* [1890]，London 1995, S. 116. Arthur Conan Doyle, *Das Zeichen der Vier*, übers. von Leslie Giger, Zürich 2005, S. 131 f.

139. William Forbes – Mitchell, *Reminiscences of the Great Mutiny* 1857 – 59 [1893]，Fairford 2010, S. 138.

140. Sleigh, *Ant*, S. 97.

141. 我想起了 Tarde, *Die Gesetze der Nachahmung* 中的探讨。另一条原则是精英原则。

142. Wheeler, *Ants*, S. 246. Hölldobler, *The Ants*, S. 573.

143. Hölldobler, *Journey to the Ants*, S. 2.

144. Kluge,»Billionen Ameisen«.

145. Lange – Berndt,»Vom Bienenschwarm zum Mottenlicht«, S. 213 f.，参见 S. 210.

146. Deleuze, *Tausend Plateaus*, S. 324.

147. 同上，S. 19.

148. Lange – Berndt,»Vom Bienenschwarm zum Mottenlicht«, S. 215, S. 217.

149. 电影里的巨型蚂蚁倒确实是像小马那么大。

150. Maeterlinck, *Das Leben der Termiten. Das Leben der Ameisen*, S. 172.

151. 参见 Wilson, *The Social Conquest of Earth* 以及上一章的详细论述。

152. Wells,»Empire of the Ants« 的封底。

153. http://news. bbc. co. uk/earth/hi/earth_news/newsid_8127000/8127519. stm. Abgefragt am 5. 10. 2011.

154. E. Sunamura, X. Espadaler, H. Sakamoto, S. Suzuki, M. Terayama, S. Tatsuki,» Intercontinental union of Argentine ants: behavioral relationships among introduced populations in Europe, North America, and Asia«, in: *Insectes Sociaux*, 56. Jg., Nr. 2 (2009): S. 143 – 147.

155. Wilson,»Variation and Adaptation in the Imported Fire Ant«, S. 68.

156. 参见 Wilson, *Anthill*, S. 378. Wilson, *Ameisenroman*, S. 431："他回到了诺克比湖畔，来看看这个小小的世界，在经历了人类力量的破坏之后，它完全地保留了下来……诺克比就在那里，从现在直到永远，它活着，完好无损，生机勃勃，就像他小时候所熟悉的一样。"

157. MacArthur, *The theory of island biogeography*.

158. 参见 Birk Sproxton, »Grove's Unpublished *MAN* and it's Relation to *The Master of the Mill*«, in: *The Grove symposium*, hrsg. von John Nause, Ottawa, Canada 1974, S. 35 – 54.

159. Laßwitz, »Aus dem Tagebuch einer Ameise«, S. 189.

160. Sproxton, »Grove's Unpublished *MAN* and it's Relation to *The Master of the Mill*«, S. 36 f.

161. Escherich, *Die Ameise*, S. 317 ff. Wheeler, *Ants*, S. 573 ff.

162. Sproxton, »Grove's Unpublished *MAN* and it's Relation to *The Master of the Mill*«, S. 36.

163. 同上, S. 37.

164. 同上, S. 38.

165. 同上, S. 43.

166. Laßwitz, »Aus dem Tagebuch einer Ameise«, S. 195.

167. Ferenczy, *Timotheus Thümmel und seine Ameisen*, a. a. O. 表现了一个例外。

168. Sproxton, »Grove's Unpublished *MAN* and it's Relation to *The Master of the Mill*«, S. 45. Ebenso Laßwitz, »Aus dem Tagebuch einer Ameise«, S. 194 f.

169. 参见 Proietti, »Frederick Philip Grove's Version of Pastoral Utopianism«.

170. 证明见 Schüttpelz, *Moderne im Spiegel des Primitiven*, S. 331. 关于"陌生的陌生体验"也参见 S. 329。与文化批评的传统（直到其解构主义的变种为止，文化批评都是自我批评）不同的是，民族志学打开了对陌生文化的陌生体验，涉及的是在陌生文化里是如何发现和对待"现代性"。参见 Julius Lips, *The Savage hits back. The White Man through Native Eyes*, London 1937.

171. 在 Clifford Geertz 的意义上。

172. Grove, *Consider her ways*, S. 132.

173. 同上, S. 45.

174. 同上, S. 80.

175. Wheeler, *Ants*, S. 8.

176. 同上, S. 8. 惠勒引用了德国昆虫学家拉策堡与塔申贝格来论证蚂蚁的用处。是这两位学者，而不是蚂蚁的用处在下面这部有些片面的专著中起到重要作用：Sarah Jansen,》*Schädlinge*《: *Geschichte eines wissenschaftlichen und politischen Konstrukts*, 1840 – 1920, Frankfurt am Main 2003.

177. Hölldobler, *Journey to the Ants*, S. 206. 参见 S. 205. 其结束语的标题为：谁能活下去？

178. 参见 Grove, *Consider her ways*, S. 73f, S. 41.

179. 同上, S. 100 f.

180. 他引用了惠勒的《蚂蚁》。同上, S. 208 f.

181. 同上, S. 132 – 138.

182. 同上, S. 184.

183. James E. Lovelock, Lynn Margulis,》Homeostatic tendencies of the Earth's atmosphere《, in: *Origins of Life and Evolution of Biospheres*, 5. Jg. , Nr. 1 (1974): S. 93 – 103, S. 101 f.

184. 同上, S. 93.

185. 同上, S. 99, 102.

186. Wilson, *The Insect Societies*, S. 229.

187. Lovelock,》Homeostatic tendencies of the Earth's atmosphere《, S. 102. 他们乐观地认为，未来的生活本身就能够减少这些气体（尤其是二氧化碳）——"在地质时间的尺度上"，以十亿年为单位。

188. Malinowski, *Argonauten des westlichen Pazifik*, S. 117.

189. Lips, *The Savage hits back. The White Man through Native Eyes*. 感谢 Erhard Schüttpelz 指点我去考察利普斯。

190. Lange – Berndt,》Vom Bienenschwarm zum Mottenlicht《, S. 217.

191. http: //blogs. indiewire. com/theplaylist/saul – bass – lost – originalending – for – phase – iv – discovered – in – los – angeles – 20120626. 也参见 http: // www. hollywoodreporter. com/heat – vision/ saulbass – phase – iv – original – ending – cinefamily – paramount – 341449. Abgerufen am 26. Juli 2012.

192. Niklas Luhmann, *Die Wirtschaft der Gesellschaft*, Frankfurt am Main 1988, S. 246.

193. 参见 Claudia Breger, Tobias Döring (Hrsg.), *Figuren der / des Dritten. Erkundungen kultureller Zwischenräume*, Amsterdam et al. : Rodopi 1998

和 Eva Esslinger, Tobias Schlechtriemen, Doris Schweitzer, Alexander Zons (Hrsg.), *Die Figur des Dritten: Ein kulturwissenschaftliches Paradigma*, Berlin: Suhrkamp 2010.

194. Michel Serres, *Der Parasit* [1980], Frankfurt am Main 1987, S. 282.

195. Lynn Margulis, *Symbiotic Planet: A New Look At Evolution* [1998], New York 1999, S. 6. 寄生物见S. 8. 关于这种"进化模型的替代理论",参见 Ulrike Bergermann, »› Fortpflanzungsbewegungen‹. Digitale Dinosaurier und die Evolution von Wissensarten«, in: *Medienbewegungen. Praktiken der Bezugnahme*, hrsg. von Ludwig Jäger, Gisela Fehrmann, Meike Adam, München 2012, S. 175 – 191, S. 181 f.

196. Margulis, *Symbiotic Planet: A New Look At Evolution*, S. 81.

197. 同上, S. 98.

198. 同上, S. 89.

199. 同上, S. 72.

200. 同上, S. 64.

201. Bergermann, »› Fortpflanzungsbewegungen‹. Digitale Dinosaurier und die Evolution von Wissensarten«, S. 182.

202. 参见 Florian Kappeler, Sophia Könemann, »Jenseits von Mensch und Tier. Science, Fiction und Gender in Dietmar Daths Roman › Die Abschaffung der Arten‹«, in: *Zeitschrift für Medienwissenschaft*, 4. Jg., Nr. 1 (2011): S. 38 – 47.

203. Dietmar Dath, *Die Abschaffung der Arten*, Frankfurt am Main 2008, S. 16 f.

204. 参见 Stäheli, *Sinnzusammenbrüche*, S. 216.

205. Dath, *Die Abschaffung der Arten*, S. 315.

206. 同上, S. 315.

207. 同上, S. 315.

208. Margulis, *Symbiotic Planet: A New Look At Evolution*, S. 85.

209. Dath, *Die Abschaffung der Arten*, S. 40.

210. 同上, S. 24.

211. 同上, S. 18.

212. 他 1849 年的诗集《纪念 A. H. H.》中有一句"自然：血色的尖牙利爪"，达尔文很爱将这句话挂在嘴边。

213. Dath, *Die Abschaffung der Arten*, S. 18.

214. 同上, S. 34.

215. 同上, S. 18.

216. 同上, S. 34.

217. 同上, S. 547f.

218. 同上, S. 552.

219. 同上, S. 34.

220. 同上, S. 24.

221. 同上, S. 133.

222. Kappeler, »Jenseits von Mensch und Tier«, S. 41.

223. Werber, *Empire of the Ants*, S. 74.

224. Dath, *Die Abschaffung der Arten*, S. 464.

225. 它也不全然就是个天堂。参见 Kappeler, »Jenseits von Mensch und Tier«, S. 40.

226. Dath, *Die Abschaffung der Arten*, S. 34.

227. 随着"根特的诞生","自然历史走到了尽头"。同上, S. 316. 首先, 再没有什么是由自然完成的了, 所有一切都出自每个生物的意愿。其次, 我们也说不出, 在物种消失了之后, 还有什么是能算作自然历史的。

228. 这个概念特征参考了林恩·马古利斯, 见 Bergermann, »›Fortpflanzungsbewegungen‹. Digitale Dinosaurier und die Evolution von Wissensarten«, S. 181.

229. 参见 Dath, *Die Abschaffung der Arten*, S. 404 f.

230. 同上, S. 122.

第七章　结语

1. Hölldobler, *Journey to the Ants*, S. 1.

2. 该书第一章标题为：蚂蚁的优势。同上, S. 1.

3. 同上。

4. Crichton, *Beute /Prey*, a. a. O. Daniel Suarez, *Kill Decision*, New York 2012.

5. 更多可见：http：//www. dailymail. co. uk/sciencetech/article – 2187411/Boeing-showcase-drones-behave-like-swarm-insects. html#ixzz2KU1XuHxu.

参考文献

Patrick Abbot, Jun Abe, John Alcock, Samuel Alizon, Joao A. C. Alpedrinha, Malte Andersson, Jean – Baptiste Andre, Minus van Baalen, François Balloux, Sigal Balshine, Nick Barton, Leo W. Beukeboom, Jay M. Biernaskie, Trine Bilde, Gerald Borgia, Michael Breed, Sam Brown, Redouan Bshary, Angus Buckling, Nancy T. Burley, Max N. Burton – Chellew, Michael A. Cant, Michel Chapuisat, Eric L. Charnov, Tim Clutton – Brock, Andrew Cockburn, Blaine J. Cole, Nick Colegrave, Leda Cosmides, Iain D. Couzin, Jerry A. Coyne, Scott Creel, Bernard Crespi, Robert L. Curry, Sasha R. X. Dall, Troy Day, Janis L. Dickinson, Lee Alan Dugatkin, Claire El Mouden, Stephen T. Emlen, Jay Evans, Regis Ferriere, Jeremy Field, Susanne Foitzik, Kevin Foster, William A. Foster, Charles W. Fox, Juergen Gadau, Sylvain Gandon, Andy Gardner, Michael G. Gardner, Thomas Getty, Michael A. D. Goodisman, Alan Grafen, Rick Grosberg, Christina M. Grozinger, Pierre – Henri Gouyon, Darryl Gwynne, Paul H. Harvey, Ben J. Hatchwell, Jurgen Heinze, Heikki Helantera, Ken R. Helms, Kim Hill, Natalie Jiricny, Rufus A. Johnstone, Alex Kacelnik, E. Toby Kiers, Hanna Kokko, Jan Komdeur, Judith Korb, Daniel Kronauer, Rolf Kummerli, Laurent Lehmann, Timothy A. Linksvayer, Sebastien Lion, Bruce Lyon, James A. R. Marshall, Richard McElreath, Yannis Michalakis, Richard E. Michod, Douglas Mock, Thibaud Monnin, Robert Montgomerie, Allen J. Moore, Ulrich G. Mueller, Ronald Noe, Samir Okasha, Pekka Pamilo, Geoff A. Parker, Jes S. Pedersen, Ido Pen, David Pfennig, David C. Queller, Daniel J. Rankin, Sarah E. Reece, Hudson K. Reeve, Max Reuter, Gilbert Roberts, Simon K. A. Robson, Denis Roze, François Rousset, Olav Rueppell, Joel L. Sachs, Lorenzo Santorelli, Paul Schmid – Hempel, Michael P. Schwarz, Tom Scott – Phillips, Janet Shellmann – Sherman, Paul W. Sherman, David M. Shuker, Jeff Smith, Joseph C. Spagna, Beverly Strassmann, Andrew V. Suarez, Liselotte Sundstrom,

Michael Taborsky, Peter Taylor, Graham Thompson, John Tooby, Neil D. Tsutsui, Kazuki Tsuji, Stefano Turillazzi, Francisco Ubeda, Edward L. Vargo, Bernard Voelkl, Tom Wenseleers, Stuart A. West, Mary Jane West – Eberhard, David F. Westneat, Diane C. Wiernasz, Geoff Wild, Richard Wrangham, Andrew J. Young, David W. Zeh, Jeanne A. Zeh, and Andrew Zink,»Inclusive fitness theory and eusociality«, in: Nature, Nr. 471 / 7339 (2011): S. E1 – E4.

Mark B. Adams,»Last Judgment: The Visionary Biology of J. B. S. Haldane «, in: Journal of the History of Biology, 33. Jg., Nr. 3 (2000): S. 457 –491.

Claudius Aelian: On the characteristics of animals. De natura animalium. Bd. 3, übers. von Alwyn Faber Scholfiled, Cambridge, Mass.: Harvard University Press 1972.

Danielle Allen,»Burning The Fable of the Bees. The Incendiary Authority of Nature«, in: The Moral Authority of Nature, hrsg. von Lorraine Daston, Fernando Vidal, Chicago, London: 2004, S. 74 – 99.

Aristoteles: Naturgeschichte der Thiere, Stuttgart: Metzler 1866.

– : Poetik, hrsg. von Manfred Fuhrmann, Stuttgart: Reclam 2002.

– : Politik, hrsg. von Olof Gigon, München: dtv 1973.

Rudolf Arnheim,» Rundfunk als Hörfunk « (Radio, London 1936), in: Rundfunk als Hörfunk und weitere Aufsätze zum Hörfunk, Frankfurt am Main: Suhrkamp 2001, S. 13 – 178.

John Arquilla, David Ronfeldt: Swarming & the Future of Conflict, hrsg. von RAND Corporation, Santa Monica, Cal., 2000.

Margaret Atwood,» The Homer of the Ants «, in: The New York Review of Books, LVII. Jg., Nr. 6 (2010): S. 6 – 8.

Robert Axelrod, Hamilton, William D.,»The Evolution of Cooperation«, in: Science, 211. Jg., Nr. 4489 (1981): S. 1390 – 1396.

Dirk Baecker: Studien zur nächsten Gesellschaft, Frankfurt am Main: Suhrkamp 2007.

Friedrich Balke: Figuren der Souveränität, München: Fink 2009.

Kurt Baschwitz: Der Massenwahn, seine Wirkung und seine Beherrschung, München: Beck – Verlag 1923.

– : Du und die Masse: Studien zu einer exakten Massenpsychologie [1938], Leiden, NL: Brill 1951.

Rebecca Basile,»Emergenz im Bienenstock – über die Ressourcenverteilung und die Heizaktivitäten der Honigbienen«, in: *Emergenz. Zur Analyse und Erklärung komplexer Strukturen*, hrsg. von Jens Greve, Annette Schnabel, Berlin: Suhrkamp 2011, S. 372 – 394.

Henry Walter Bates: *The naturalist on the River Amazons: a record of adventures, habits of animals, sketches of Brazilian and Indian life and aspects of nature under the Equator during eleven years of travel.* Bd. 1 und 2, London: Murray 1863.

Alice Berend: *Der Glückspilz*, München: Albert Langen 1919.

Ulrike Bergermann,»› Fortpflanzungsbewegungen ‹. Digitale Dinosaurier und die Evolution von Wissensarten«, in: *Medienbewegungen. Praktiken der Bezugnahme*, hrsg. von Ludwig Jäger, Gisela Fehrmann, Meike Adam, München: Fink 2012, S. 175 – 191.

Andreas Sprecher von Bernegg: *Tropische und subtropische Weltwirtschaftspflanzen*, Stuttgart: Enke 1938.

Ernst Bloch: *Das Prinzip Hoffnung* [1959], Frankfurt am Main: Suhrkamp 1973.

Hans Blumenberg: *Paradigmen zu einer Metaphorologie* [1960], Frankfurt am Main: Suhrkamp 1998.

Steven Blythe,»Von den Ameisen lernen«, in: *Brand Eins*, 6. Jg. (2002): S. 122 – 125.

Wilhelm Bölsche: *Der Termitenstaat*, Stuttgart: Kosmos 1931.

Norbert Bolz: *Am Ende der Gutenberggalaxis. Die neuen Kommunikationsverhältnisse*, München: Fink 1993.

Eric Bonabeau, Marco Dorigo, Guy Theraulaz: *Swarm Intelligence: From Natural to Artificial Systems*, Oxford: Oxford University Press 1999.

Waldemar Bonsels: *Die Biene Maja und ihre Abenteuer*, Stuttgart, Berlin: DVA 1912.

Jacobus J. Boomsma, Madeleine Beekman, Charlie K. Cornwallis, Ashleigh S. Griffin, Luke Holman, William O. H. Hughes, Laurent Keller, Benjamin P. Oldroyd, Francis L. W. Ratnieks,» Only full – sibling families evolved eusociality«, in: *Nature*, 471 / 7339. Jg. (2011): S. E4 – E5.

Bertolt Brecht,» Der Rundfunk als Kommunikationsapparat « (1932), in: *Schriften zur Literatur und Kunst*. Bd. 1, Frankfurt am Main: Suhrkamp

1967, S. 132 – 140.

Horst Bredekamp: *Thomas Hobbes: Der Leviathan. Das Urbild des modernen Staates und seine Gegenbilder.* 1651 – 2001 [Thomas Hobbes Visuelle Strategien], Berlin: Akademie Verlag 2003.

Claudia Breger, Tobias Döring (Hrsg.), *Figurender/desDritten. Erkundungen kultureller Zwischenräume*, Amsterdam et al.: Rodopi 1998.

Arnolt Bronnen, [A. H. von Schelle – Noetzel]: *Kampf im Aether oder Die Unsichtbaren*, Berlin: Rowohlt 1935.

Ferdinand Bucholtz, Ernst Jünger (Hrsg.), *Der gefährliche Augenblick. Eine Sammlung von Bildern und Berichten*, Berlin: Junker & Dünnhaupt 1931.

Benjamin Bühler, Stefan Rieger: *Vom Übertier. Ein Bestiarium des Wissens*, Frankfurt am Main: Suhrkamp 2006.

Joshua Blu Buhs: *The fire ant wars: nature, science, and public policy in twentieth – century*, Chicago, London: University of Chicago Press 2004.

John Burroughs, »A Sheaf of Nature Notes«, in: *North American Review*, 212. Jg. (1920): S. 328 – 342.

Samuel Butler: *Erewhon* [1872], Frankfurt am Main: Eichborn 1981.

Antonia S. Byatt: *Angels & insects*, New York: Vintag Books 1994.

– : *Die Verwandlung des Schmetterlings* [Morpha Eugenia, 1992], Frankfurt am Main: Suhrkamp 1995.

Rüdiger Campe, » Vor Augen Stellen. Über den Rahmen rhetorischer Bildgebung «, in: *Poststrukturalismus. Herausforderung an die Literaturwissenschaft. DFG – Symposion* 1995, hrsg. von Gerhard Neumann, Stuttgart, Weimar: Metzler 1997, S. 208 – 225.

Mike Campos, Eric Bonabeau, Guy Théraulaz, Jean – Louis Deneubourg, »Dynamic Scheduling and Division of Labor in Social Insects «, in: *Adaptive Behavior*, 8. Jg., Nr. 2 (2000): S. 83 – 95.

Matei Candea (Hrsg.), *The Social After Gabriel Tarde: Debates and Assessments*, London: Routledge 2009.

Karel Capek: *Krieg mit den Molchen* [1936], Berlin: Aufbau 1956.

John L. Capinera: *Encyclopedia of Entomology*, Heidelberg: Springer 2006.

Hans Georg Coenen: *Analogie und Metapher: Grundlegung einer Theorie der bildlichen Rede*, Berlin, New York: de Gruyter 2002.

Joseph Conrad: *Herz der Finsternis* [1899], übers. von Daniel Göske,

Stuttgart: Reclam 1991.

Benjamin Constant: *Correspondance générale*: 1810 – 1812, in: Oeuvres complètes. Bd. 8, hrsg. von Kurt Koocke et al. , Berlin: de Gruyter 2010.

James T. Costa: *The Other Insect Societies*, Cambridge, Mass. , London: Belknap, HUP 2006.

Michael Crichton: *Beute /Prey* [New York 2002], München: 2004.

Michael Crichton, Richard Preston: *Micro* [2011], übers. von Michael Bayer, München: Blessing 2012.

Stephen J. Cross, William R. Albury, »Walter B. Cannon, L. J. Henderson, and the Organic Analogy«, in: *Osiris*, 3. Jg. (1987): S. 165 – 192.

Charles Darwin: *Die Entstehung der Arten* [1859, 6. Aufl. 1872], übers. von J. Viktor Carus, Hamburg: Nikol 2008.

– : *Die Reise mit der Beagle* [1839, 2. Aufl. 1845], Frankfurt am Main: Fischer 2008.

– : *On the origin of species by means of natural selection, or the preservation of favoured races in the struggle for life*, London: Murray 1859.

– : *Origin of Species*, 2. Aufl. , London: Murray 1860.

– : *The descent of man, and selection in relation to sex*, London: Murray 1871.

Lorraine Daston, Fernando Vidal (Hrsg.), *The Moral Authority of Nature*, Chicago, London: 2004.

Lorraine Daston, Peter Gallison: *Objektivität*, Frankfurt am Main: Suhrkamp 2007.

Dietmar Dath: *Die Abschaffung der Arten*, Frankfurt am Main: Suhrkamp 2008.

Richard Dawkins: *Das egoistische Gen* [1976], Heidelberg: Spektrum 2006.

– : *The selfish gene* [1976], Oxford: Oxford University Press 2006.

Gilles Deleuze, Félix Guattari: *Tausend Plateaus* [1980], übers. von Gabriele Ricke und Ronald Voullié, Berlin: Merve 1997.

Jean-Louis Deneubourg, Simon Goss, Jacques M. Pasteels, Dominique Fresneau, Jean-Paul Lachaud, » Self-Organisation in Ant Societies: Learning in Foraging and Division of Labor «, in: *From individual to collective behavior in social Insects. Les Treilles Workshop*, hrsg. von Jacques M. Pasteels, Jean-Louis Deneubourg, Basel, Boston: Birkhäuser 1987, S. 177 – 196.

Jacques Derrida, »› Fourmis ‹. Lectures de la différence sexuelle «, in:

Rottprints. Memory and Life Writing, hrsg. von Helene Cixous, Mireille Calle – Gruber, London, New York: 1997, S. 119 – 127.

– : *Schurken*, übers. von Horst Brühmann, Frankfurt am Main: Suhrkamp 2003.

– : »The Animal That Therefore I Am (More to Follow) «, in: *Critical Inquiry*, 28. Jg. , Nr. 2 (Winter, 2002) : S. 369 – 418.

Mildred Dickemann, »Wilson's Panchreston: The Inclusive Fitness Hypothesis of Sociobiology Re – Examined«, in: *Sex, cells, and samesex desire: the biology of sexual preference*, hrsg. von John P. de Cecco, Parker, David Allen, Binghampton, NY: Haworth Press 1995, S. 147 – 184.

Betty Jo Teeter Dobbs: *The Janus Faces of Genius: The Role of Alchemy in Newton's Thought* [1991] , Cambridge, England: Cambridge University Press 2002.

Alfred Döblin: *Berge, Meere und Giganten*, Berlin: Fischer 1924.

Susanne Donner: »Blutiger Machtwechsel. Von wegen sozial: In vielen Ameisen – , Termiten – und Bienenvölkern regieren Mord und Totschlag. « *Die Zeit*, 15. 3. 2012.

Anna Dornhaus, Franks, N. R. , Hawkins, R. M. , Shere, H. N. S. , »Ants move to improve: colonies of Leptothorax albipennis emigrate whenever they find a superior nest site«, in: *Animal Behaviour*, 67. Jg. , Nr. 5 (2004) : S. 959 – 963.

Arthur Conan Doyle: *Das Zeichen der Vier*, übers. von Leslie Giger, Zürich: Kein und Aber 2005.

– : *The Lost World & other Stories*, Ware, Hertfordshire: Wordsworth 1995.

– : *The Sign of Four* [1890] , London: Pinguin 1995.

Hans Driesch: *Der Vitalismus als Geschichte und als Lehre*, Leipzig: Barth 1905.

Jean-Marc Drouin, » Ant and Bees between the French and the Darwinian Revolution«, in: *Ludus Vitalis*, 24. Jg. , Nr. XIII (2005) : S. 3 – 14.

Ralph Dutli: *Das Lied vom Honig. Eine Kulturgeschichte der Biene*, Göttingen: Wallstein 2012.

Mircea Eliade, Ernst Jünger: *Antaios. Zeitschrift für eine freie Welt*. Bd. 1 , Stuttgart: Klett 1960.

Clark A. Elliott, Margaret W. Rossiter (Hrsg.) , *Science at Harvard University: Historical Perspectives*, New York, London, Mississauga: Associated

University Presses 1992.

Alfred E. Emerson,»Populations of Social Insects«, in: *Ecological Monographs*, 9. Jg. , Nr. 3 (1939): S. 287 –300.

Karl Escherich: *Biologisches Gleichgewicht. Zweite Münchener Rektoratsrede über die Erziehung zum politischen Menschen*, München: Langen & Müller 1935.

– : *Die Ameise*, Braunschweig: Vieweg 1906.

– : *Die Ameise. Schilderung ihrer Lebensweise*, Braunschweig: Vieweg 1917.

– : *Die angewandte Entomologie in den Vereinigten Staaten: Eine Einführung in die biologische Bekämpfungsmethode. Zugleich mit Vorschlägen zu einer Reform der Entomologie in Deutschland*, Berlin: Paul Parey 1913.

– : *Termitenwahn. Eine Münchener Rektoratsrede über die Erziehung zum politischen Menschen*, München: Langen & Müller 1934.

Alfred Espinas: *Die thierischen Gesellschaften. Eine vergleichend – psychologische Untersuchung*, 2. Aufl. , übers. von W. Schlösser, Braunschweig: Vieweg 1879.

Elena Esposito: *Die Fiktion der wahrscheinlichen Realität*, Frankfurt am Main: Suhrkamp 2007.

Eva Esslinger, Tobias Schlechtriemen, Doris Schweitzer, Alexander Zons (Hrsg.), *Die Figur des Dritten: Ein kulturwissenschaftliches Paradigma*, Berlin: Suhrkamp 2010.

Hanns Heinz Ewers: *Ameisen*, München: Georg Müller 1925. Jean Henri Fabre: *Aus der Wunderwelt der Instinkte* [Souvenirs entomologiques, 1879 – 1907], Meisenheim / Glan: Westkulturverlag 1950.

Arpad Ferenczy: *Timotheus Thümmel und seine Ameisen*, Berlin: Hermann Klemm 1923.

Gustave Flaubert: *Bouvard und Pécuchet* [1881], übers. von Caroline Vollmann, Frankfurt am Main: Fischer 2009.

Heinz von Foerster (Hrsg.), *Cybernetics – Kybernetik. The Macy – Conferences 1946 – 1953. Transactions*, hrsg. von Claus Pias, Zürich, Berlin 2003.

William Forbes – Mitchell: *Reminiscences of the Great Mutiny 1857 – 59* [1893], Fairford: Echo Library 2010.

Auguste Forel: *The Social World of the Ants* [1921 – 23], New York: Albert & Charles Boni 1929.

Michel Foucault: *Die Ordnung des Diskurses* [1970], Frankfurt am Main: Fischer 1977.

— : *Geschichte der Gouvernementalität I. Sicherheit, Territorium, Bevölkerung. Vorlesungen am Collège de France 1977 – 1978*, übers. von Jürgen Schröder, Claudia Brede-Konersmann, Frankfurt am Main: Suhrkamp 2004.

— : *Geschichte der Gouvernementalität II. Die Geburt der Biopolitik. Vorlesungen am Collège de France 1977 – 1978*, Frankfurt am Main: Suhrkamp 2004.

Nigel R. Franks, Philippa J. Norris, »Constraints on the division of labour in ants: D'Arcy Thompson's Cartesian transformations apllied to worker polymorphism«, in: *From individual to collective behavior in social Insects. Les Treilles Workshop*, hrsg. von Jacques M. Pasteels, Jean – Louis Deneubourg, Basel, Boston: Birkhäuser 1987, S. 253 – 275.

Ellis Freeman: *Conquering the Man in the Street. A Psychological Analysis of Propaganda in War, Fascism and Politics. A Study of the Group Mind*, New York: Vanguard Press 1940.

Sigmund Freud, » Psychoanalyse und Telepathie « (1921), in: *Gesammelte Werke*, hrsg. von Anna Freud et al. , Frankfurt am Main: Fischer 1966, S. 27 – 44.

— : »Zum Problem der Telepathie«, in: *Almanach der Psychoanalyse*, Wien: Internationaler Psychoanalytischer Verlag 1934, S. 9 – 34.

Peter Fuchs, »Der Mensch – das Medium der Gesellschaft«, in: *Der Mensch – das Medium der Gesellschaft*, hrsg. von Peter Fuchs, Andreas Göbel, Frankfurt am Main: Suhrkamp 1994, S. 15 – 39.

Francis Galton: *Inquiries Into Human Faculty And Its Development* [1883], Whitefish, MT: Kessinger 2004.

Simon Garnier, Jacques Gautrais, Guy Theraulaz, »The biological principles of swarm intelligence«, in: *Swarm Intelligence*, 1. Jg. , Nr. 1 (2007): S. 3 – 31.

Arnold Gehlen: *Zeit – Bilder. Zur Soziologie und Ästhetik der Modernen Malerei* [1960], 3. Aufl. , Frankfurt am Main: Athenäum 1986.

Peter Geimer, »Telepathie«, in: *Science & Fiction. Über Gedankenexperimente in Wissenschaft, Philosophie und Literatur*, hrsg. von Thomas Macho, Annette Wunschel, Frankfurt am Main: Fischer 2004, S. 287 – 309.

Friedrich Wilhelm Genthe: *Reineke Vos, Reinaert, Reinhart Fuchs im verhältniss zu einander: Beitrag zur Fuchsdichtung*, Eisleben: Reichardt 1866.

Deborah Gordon: *Ants at Work. How an Insect Society Is Organized*, New York, London: Norton 1999.

Johann Jacob Grasser: *Epithetorum opus perfectissimum*, Basel: Ludovicus Rex 1617.

Roger Lancelyn Green: *Rudyard Kipling: the critical heritage* [1971], London, New York: Routledge 1997.

Philip Grove: *Consider her ways* [1947] , Toronto: Bakka Books 2001.

Hans Ulrich Gumbrecht: 1926. *Ein Jahr am Rand der Zeit*, Frankfurt am Main: Suhrkamp 2001.

W. D. Hamilton, »Geometry for the selfish herd«, in: *Journal of theoretical Biology*, 31. Jg. , Nr. 2 (1971): S. 295 – 311.

– : »The genetical evolution of social behaviour. II«, in: *Journal of theoretical Biology*, 7. Jg. , Nr. 1 (1964): S. 17 – 52.

Donna Haraway, »Situated Knowledges: The Science Question in Feminism and the Privilege of Partial Perspective«, in: *Feminist Studies*, 14. Jg. , Nr. 3 (1988): S. 575 – 599.

Michael Hardt, Antonio Negri: *Multitude. Krieg und Demokratie im Empire* [Multitude, New York 2004] , Frankfurt am Main /New York: Campus 2004.

Caryl P. Haskins: *Of Ants and Men*, New York: Prentice – Hall 1939.

Friedrich August von Hayek: *Grundsätze einer liberalen Gesellschaftsordnung: Aufsätze zur Politischen Philosophie und Theorie*, in: Gesammelte Schriften in deutscher Sprache. Bd. 5, hrsg. von Alfred Bosch, Tübingen: Mohr Siebeck 2002.

– : *Rechtsordnung und Handelsordnung: Aufsätze zur Ordnungsökonomik*, in: Gesammelte Schriften in deutscher Sprache. Bd. 1, hrsg. von Alfred Bosch, Tübingen: Mohr Siebeck 2003.

Fritz Heider, »Ding und Medium«, in: *Symposion. Philosophische Zeitschrift für Forschung und Aussprache*, 2. Jg. , Nr. 1 (1926): S. 109 – 157.

Barbara S. Heyl, »The Harvard › Pareto Circle‹ «, in: *Journal of the History of the Behavioral Sciences*, 4. Jg. , Nr. 4 (1968): S. 316 – 334.

Francis Heylighen, »Collective Intelligence and its Implementation on the Web: Algorithms to Develop a Collective Mental Map«, in: *Computational & Mathematical Organization Theory*, 5. Jg. , Nr. 3 (1999): S. 253 – 280.

Thomas Hobbes: *Grundzüge der Philosophie. Zweiter und dritter Teil: Lehre vom Menschen und Bürger* [1642 –58], Leipzig: 1918.

– : *Leviathan* [1651], Stuttgart: Reclam 2000.

– : *Leviathan* [1651], Hamburg: Meiner 2005.

Bert Hölldobler, Edward O. Wilson: *Journey to the Ants. A Story of Scientific Exploration*, Cambridge, Mass., London: Belknap /Harvard Univers. Press 1994.

– : *The Ants*, Berlin, Heidelberg et al. : Springer 1990.

– : *The Superorganism. The Beauty, Elegance, and Strangeness of Insect Societies*, New York: Norton 2009.

Eva Horn, Lucas Marco Gisi: *Schwärme. Kollektive ohne Zentrum. Eine Wissensgeschichte zwischen Leben und Information*, Bielefeld: transcript 2009.

Pierre Huber: *Recherches sur les Mœurs des Fourmis indigène*, Paris, Genève: Paschoud 1810.

– : *The Natural History of Ants* [1810], übers. von James Rawlins Johnson, London: Longman, Hurst, Rees, Orme, and Brown 1820.

Rembert Hüser, » Ameisen sind müßig «, in: *Die Schrift an der Wand. Alexander Kluge: Rohstoffe und Materialien*, hrsg. von Christian Schulte, Osnabrück: Universitätsverlag Rasch 2000, S. 293 –315.

Aldous Huxley: *Brave New World* [1932], London: 1994.

– : *Brave New World Revisited* [1958], New York: Harper. First Perennial Classic Edition 2000.

– : *Schöne Neue Welt* [1932], übers. von Herberth H. Herlitschka, Frankfurt am Main: Fischer 2012.

Julian Huxley: *Ants*, Ernest Benn: 1930.

Harold Adams Innis: *Empire and Communications* [Oxford 1950], hrsg. von Alexander John Watson, Toronto: Dundurn Press 2007.

Johannes Irmscher (Hrsg.), *Sämtliche Fabeln der Antike*, Köln: Anaconda 2006.

Bernd Isemann: *Die Ameisenstadt. Ein Tier – Roman*, Strassburg: Hünenburg 1943.

Sarah Jansen, » Chemical – warfare techniques for insect control: insect › pests‹ in Germany before and after World War I«, in: *Endeavour*, 24. Jg. , Nr. 1 (2000): S. 28 –33.

– : » *Schädlinge* «: *Geschichte eines wissenschaftlichen und politischen*

Konstrukts, 1840 – 1920, Frankfurt am Main: Campus 2003.

Eva Johach, »Ameise«, in: *Zoologicon. Ein kulturhistorisches Wörterbuch der Tiere*, hrsg. von Christian Kassung, Jasmin Mersmann, Olaf B. Rader, München: Fink 2012, S. 20 – 25.

– : »Andere Kanäle. Insektengesellschaften und die Suche nach den Medien des Sozialen«, in: *Zeitschrift für Medienwissenschaft*, 4. Jg. , Nr. 1 (2011): S. 71 – 82.

– : »Der Bienenstaat. Geschichte eines politisch – moralischen Exempels«, in: *Politische Zoologie*, hrsg. von Anne von der Heiden, Joseph Vogl, Berlin: diaphanes 2007, S. 219 – 233.

– : »Termitodoxa. William M. Wheeler und die Aporien eugenischer Sexualpolitik «, in: *Nach Feierabend. Züricher Jahrbuch für Wissenschaftsgeschichte*, Nr. 4 (2008): S. 69 – 86.

Steven Johnson: *Emergence. The connected lives of ants, brains, cities and software*, London: Pinguin 2001.

Ernst Jünger: *Der Arbeiter. Herrschaft und Gestalt* [1932], Stuttgart: Klett – Cotta 1982.

– : *Der Waldgang* [1950]. Bd. 3, Frankfurt am Main: Klostermann 1952.

– : *Die gläsernen Bienen*, Stuttgart: Klett 1957.

– , » Die totale Mobilmachung « (1930), in: *Sämtliche Werke. Essay I. Betrachtungen zur Zeit.* Bd. 7, Stuttgart: Klett – Cotta 1980, S. 119 – 142.

– : *In Stahlgewittern* [1920 / 1978] 31. Aufl. , Stuttgart: Klett Cotta 1988.

– : *Kriegstagebuch* 1914 – 1918, hrsg. von Helmuth Kiesel, Stuttgart: Klett – Cotta 2010.

– : *Strahlungen*, Tübingen: Heliopolis 1949.

– : *Sturm* [1923], Stuttgart: Klett – Cotta 1979.

– , » Subtile Jagden « (1967), in: *Sämtliche Werke. Essay IV.* Bd. 10, Stuttgart: Klett – Cotta 1980.

– (Hrsg.), *Das Anlitz des Weltkrieges. Fronterlebnisse deutscher Soldaten*, Berlin: Neufeld & Henius 1930.

Ernst Jünger, Gerhard Nebel: *Briefe.* 1938 – 1974, hrsg. von Ulrich Fröschle, Michael Neumann, Stuttgart: Klett – Cotta 2003.

Immanuel Kant: *Kritik der praktischen Vernunft* [1788], in: *Werke in 12 Bänden.* Bd. VII, hrsg. von Wilhelm Weischedel, Frankfurt am Main:

Suhrkamp1974.

Florian Kappeler, Sophia Könemann,»Jenseits von Mensch und Tier. Science, Fiction und Gender in Dietmar Daths Roman › Die Abschaffung der Arten‹ «, in: *Zeitschrift für Medienwissenschaft*, 4. Jg., Nr. 1 (2011): S. 38 –47.

Bernhard Kegel: *Die Ameise als Tramp. Von biologischen Invasionen* [1999], München: Heyne 2001.

Kevin Kelly: *Das Ende der Kontrolle. Die biologische Wende in Wirtschaft Technik und Gesellschaft* [1994], Regensburg: Bollmann 1997.

– : *Out of Control. The Rise of Neo – Biological Civilization*, Reading, Mass.: Addison Wesley 1994.

James Kennedy, Russel C. Eberhart: *Swarm Intelligence*, San Francisco: Morgan Kaufman 2001.

John Maynard Keynes: *How to pay for the war. A radical plan for the chancellor of the exchequer*, London: Macmillan 1940.

André Kieserling,»Die Soziologie der Selbstbeschreibung«, in: *Rezeption und Reflexion. Zur Resonanz der Systemtheorie Niklas Luhmanns außerhalb der Soziologie*, hrsg. von Henk de Berg und Johannes Schmidt, Frankfurt am Main: Suhrkamp 2000, S. 38 –92.

Rudyard Kipling: *Kim*, 3. Aufl., übers. von Hans Reisiger, München: List 1985.

– : *Kim* [1901], London: Pinguin 2000.

William Kirby, William Spence: *An introduction to entomology, or, Elements of the natural history of insects*. Bd. 2, London: Longman, Hurst, Rees, Orme, and Brown 1817.

Alexander Kluge,»10 000 Billionen Ameisen. Die aggressivste Biomasse neben der Menschheit auf der Erde«, in: 10 *vor* 11, RTL 2. 12. 1996

Clemens Knobloch,» Neoevolutionistische Kulturkritik – eine Skizze «, in: *LILI. Zeitschrift für Literaturwissenschaft und Linguistik*, 161. Jg., Nr. 1 (2011): S. 13 –40.

Habbo Knoch,» Die Aura des Empfangs. Modernität und Medialität im Rundfunkdiskurs der Weimarer Republik «, in: *Kommunikation als Beobachtung. Medienwandel und Gesellschaftsbilder* 1880 – 1960, hrsg. von Habbo Knoch, Daniel Morat, München: Fink 2003, S. 133 –158.

Lars Koch: *Der Erste Weltkrieg als Medium der Gegenmoderne. Zu den Werken von Walter Flex und Ernst Jünger*, Würzburg: Königshausen & Neumann 2006.

Judith Korb, »Termites: An Alternative Road to Eusociality and the Importance of Group Benefits in Social Insects«, in: *Organization of insect societies: from genome to sociocomplexity*, hrsg. von Jürgen Gadau, Jennifer Fewell, Edward O. Wilson, Cambridge, Mass. : Harvard University Press 2009, S. 128 – 147.

Albrecht Koschorke, Susanne Lüdemann, Thomas Frank, Ethel Matala de Mazza: *Der fiktive Staat. Konstruktionen des politischen Körpers in der Geschichte Europas*, Frankfurt am Main: Fischer 2007.

Michael J. B. Krieger, Jean – Bernard Billeter, Laurent Keller, »Ant – like task allocation and recruitment in cooperative robots«, in: *Nature*, Nr. 406 / 6799 (2000): S. 992 – 995.

Peter Kropotkin: *Gegenseitige Hilfe in der Entwicklung*, übers. von Gustav Landauer, Leipzig: Theod. Thomas 1904.

– : *Mutual Aid: A Factor of Evolution*, London: Heinemann 1904.

Jean de La Fontaine: *Fabeln. Französisch /Deutsch*, hrsg. von Jürgen Grimm, Stuttgart: Reclam 2003.

Jean-Paul Lachaud, Dominique Freeneau, »Social Regulation in Ponerine Ants«, in: *From individual to collective behavior in social Insects. Les Treilles Workshop*, hrsg. von Jacques M. Pasteels, Jean – Louis Deneubourg, Basel, Boston: Birkhäuser 1987, S. 197 – 217.

Janet T. Landa, »Bioeconomics of some nonhuman and human societies: new institutional economics approach«, in: *Journal of Bioeconomics*, 1. Jg. , Nr. 1 (1999): S. 95 – 113.

– , »The political economy of swarming in honeybees: Voting – withthe – wings, decision – making costs, and the unanimity rule «, in: *Public Choice*, 51. Jg. (1986): S. 25 – 38.

Petra Lange – Berndt, » Vom Bienenschwarm zum Mottenlicht. Insekten im Spiel – und Experimentalfilm «, in: *Tiere im Film*, hrsg. von Maren Möhring, Massimo Perinelli, Olaf Stieglitz, Köln, Weimar: Böhlau 2009, S. 207 – 219.

Kurd Laßwitz, » Aus dem Tagebuch einer Ameise « (1890), in: *Bis zum*

Nullpunkt des Seins, hrsg. von Adolf Sckerl, Berlin, DDR: Verlag Das Neue Berlin 1979, S. 188 – 214.

Bruno Latour: *Die Hoffnung der Pandora. Untersuchungen zur Wirklichkeit der Wissenschaft*, übers. von Gustav Roßler, Frankfurt am Main: Suhrkamp 2000.

– : *Eine neue Soziologie für eine neue Gesellschaft. Einführung in die Akteur – Netzwerk – Theorie* [2005], Frankfurt am Main: Suhrkamp 2007.

– , »Tarde's idea of quantification«, in: *The Social After Gabriel Tarde: Debates and Assessments*, hrsg. von Matei Candea, London: Routledge 2009, S. 145 – 162.

– : *Wir sind nie modern gewesen. Versuch einer symmetrischen Anthropologie* [1991], Frankfurt am Main: Fischer 1998.

Bruno Latour, Steve Woolgar: *Laboratory Life: The Construction of Scientific Facts* [1979], Princeton, NJ: Princeton UP 1986.

Thomas Edward Lawrence: *Seven Pillars of Wisdom* [Revolt in the Desert, 1926/27], Fordingbridge: Castle Hill Press 1997.

Gustave Le Bon: *Psychologie der Massen* [Psychologie des Foules, 1895], Stuttgart: Kröner 1973.

Joseph Lehrer, »Kin and Kind. A fight about the genetics of altruism«, in: *The New Yorker*, March 5. Jg. (2012): S. 36 – 42.

Stanislav Lem: *Der Unbesiegbare* [1964], übers. von Roswitha Dietrich, Frankfurt am Main: Suhrkamp 1995.

Gotthold Ephraim Lessing, »Abhandlungen (über die Fabel)« (1759), in: *Werke in 8 Bänden*. Bd. 5, hrsg. von HerbertG. Göpfert, München: Hanser 1970, S. 355 – 419.

– , »Ernst und Falk« (entstanden 1776 – 1778), in: *Werke in 8 Bänden*. Bd. 8, hrsg. von HerbertG. Göpfert, München: Hanser 1970, S. 451 – 488.

Helmut Lethen: *Verhaltenslehren der Kälte. Lebensversuche zwischen den Kriegen*, Frankfurt am Main: Suhrkamp 1994.

Maren Lickhardt, »Postsouveränes Erzählen und eigenmächtiges Geschehen in Musils › Mann ohne Eigenschaften ‹«, in: *LILI. Zeitschrift für Literaturwissenschaft und Linguistik*, 41. Jg. , Nr. 1 (2012): S. 10 – 34.

Martin Lindauer, »Vergesellschaftung und Verständigung im Tierreich – Fragen an die Soziobiologie«, in: *Chemische Ökologie. Territorialität. Gegenseitige*

Verständigung, hrsg. von Thomas Eisner, Bert Hölldobler, Martin Lindauer, Stuttgart, New York: Gustav Fischer 1986, S. 70 – 91.

Jürgen Link: *Versuch über den Normalismus. Wie Normalität produziert wird*, Opladen: Westdeutscher Verlag 1997.

Arnaud Lioni, Jean-Louis Deneubourg, » Collective decision through self – assembling«, in: *Naturwissenschaften*, 91. Jg. , Nr. 5 (2004): S. 237 – 241.

Julius Lips: *The Savage hits back. The White Man through Native Eyes*, London: Dickson 1937.

Christoph Lotz: *Ernst Jüngers Lektüre bis zum Ende des Ersten Weltkriegs*, Marburg: Tectum 2002.

James E. Lovelock, Lynn Margulis, » Homeostatic tendencies of the Earth's atmosphere«, in: *Origins of Life and Evolution of Biospheres*, 5. Jg. , Nr. 1 (1974): S. 93 – 103.

John Lubbock: *Ameisen, Bienen und Wespen. Beobachtungen über die Lebensweise der geselligen Hymenopteren*, Leipzig: Brockhaus 1883.

Niklas Luhmann, » Das Medium der Kunst «, in: *Schriften zur Kunst und Literatur*, hrsg. von Niels Werber, Frankfurt am Main: Suhrkamp 2008, S. 123 – 138.

– , » Das Problem der Epochenbildung und die Evolutionstheorie «, in: *Epochenschwellen und Epochenstrukturen im Diskurs der Literaturund Sprachhistorie*, hrsg. von Hans – Ulrich Gumbrecht, Ursula Link – Heer, Frankfurt am Main: Suhrkamp 1985, S. 11 – 33.

– : *Die Gesellschaft der Gesellschaft*, Frankfurt am Main: Suhrkamp 1997.

– , »Die Tücke des Subjekts und die Frage nach dem Menschen«, in: *Der Mensch – das Medium der Gesellschaft*, hrsg. von Peter Fuchs, Andreas Göbel, Frankfurt am Main: Suhrkamp 1994, S. 40 – 56.

– : *Die Wirtschaft der Gesellschaft*, Frankfurt am Main: Suhrkamp 1988.

– , » Einführende Bemerkungen zu einer Theorie symbolisch generalisierter Kommunikationsmedien«, in: *Soziologische Aufklärung*. Bd. 2, Opladen: Westdeutscher Verlag 1973, S. 170 – 192.

– : *Funktionen und Folgen formaler Organisation* [1964], Berlin: Duncker & Humblot 1999.

– , » Gesellschaftliche Struktur und semantische Tradition «, in:

Gesellschaftsstruktur und Semantik. Studien zur Wissenssoziologie der modernen Gesellschaft. Bd. 1, Frankfurt am Main: Suhrkamp 1980, S. 9 – 71.

– , »Individuum, Individualität, Individualismus«, in: *Gesellschaftsstruktur und Semantik.* Bd. 3, Frankfurt am Main: Suhrkamp 1989, S. 149 – 258.

– , »Literatur als fiktionale Realität«, in: *Schriften zu Kunst und Literatur*, hrsg. von Niels Werber, Frankfurt am Main: Suhrkamp 2008, S. 276 – 291.

– , »Lob der Routine«, in: *Verwaltungsarchiv. Zeitschrift für Verwaltungslehre, Verwaltungsrecht und Verwaltungspolitik*, 55. Jg., Nr. 1 (1964): S. 1 – 53.

– : *Soziale Systeme. Grundriß einer allgemeinen Theorie* [1984], Frankfurt am Main: Suhrkamp 1987.

– , »Wie ist soziale Ordnung möglich?«, in: *Gesellschaftsstruktur und Semantik. Studien zur Wissenssoziologie der Gesellschaft.* Bd. 2, Frankfurt am Main: Suhrkamp 1981, S. 195 – 285.

– (Hrsg.), *Gesellschaftsstruktur und Semantik. Studien zur Wissenssoziologie der Gesellschaft* (4 Bde.), Frankfurt am Main: Suhrkamp 1980ff.

Abigail J. Lustig, »Ants and the Nature of Nature in Auguste Forel, Erich Wasmann, and William Morton Wheeler«, in: *The Moral Authority of Nature*, hrsg. von Lorraine Daston, Fernando Vidal, Chicago, London: University of Chicago Press 2004, S. 282 – 307.

Charles Lyell: *The geological evidences of the antiquity of man, with an outline of glacial and post – tertiary geology, and remarks on the origin of species with special reference to man's first appearance on the earth*, London: John Murray 1873.

Robert H. MacArthur, Edward O. Wilson: *The theory of island biogeography*, Princeton, NJ: Princeton University Press, 1967.

Maurice Maeterlinck: *Das Leben der Termiten. Das Leben der Ameisen* [1926 / 1930], hrsg. von dem Kreis der Nobelpreisfreunde, Zürich: o. J.

– , »The Life of The Ant«, in: *Fortnightly review*, 128. Jg. (Okt. 1930): S. 445 – 461.

– : *The Live of the Bee* [1901], übers. von Alfred Sutro, New York: Cosimo Classics 2004.

Bronislaw Malinowski: *Argonauten des westlichen Pazifik. Ein Bericht über*

Unternehmungen und Abenteuer der Eingeborenen in den Inselwelten von Melanesisch – Neuguinea [1922], hrsg. von Fritz Kramer, übers. von Heinrich Ludwig Herdt, Frankfurt am Main: Syndikat 1979.

Bernard de Mandeville: *The Fable of the Bees, or Private Vices, Publick Benefits* [1714], 3. Aufl., London: Tonson 1724.

Bernhard Mandeville: *Die Bienenfabel* [1714], hrsg. von Friedrich Bassenge, übers. von Otto Bobertag et al., Berlin: Aufbau 1957.

Eugène Marais: *Die Seele der weissen Ameise* [Die Siel van die Mier, 1925], Berlin: F. A. Herbig 1939.

Lynn Margulis, »Symbiogenesis. A new principle of evolution rediscovery of Boris Mikhaylovich Kozo – Polyansky (1890 – 1957) «, in: *Paleontological Journal*, 44. Jg., Nr. 12 (2010): S. 1525 – 1539.

– : *Symbiotic Planet: A New Look At Evolution* [1998], New York: Basic Books / Perseus 1999.

Vergil (Publius Virgilius Maro): *Landbau / Georgica*, übers. von Johann Heinrich Voss, Hamburg: Bohn 1789. Friedrich Heinrich Wilhelm Martini: *Allgemeine Geschichte der Natur in Alphabetischer Ordnung mit vielen Kupfern*. Bd. 2, Berlin, Stettin: Pauli 1775.

Renate Mayntz, »Emergenz in Philosophie und Soziologie«, in: *Emergenz. Zur Analyse und Erklärung komplexer Strukturen*, hrsg. von Jens Greve, Annette Schnabel, Berlin: Suhrkamp 2011, S. 156 – 186.

Henry Christopher McCook: *Ant Communities and how they are governed. A study in natural civics*, New York, London: Harper 1909.

William McDougall: *The Group Mind: A Sketch of the Principles of Collective Psychology With Some Attempt to Apply Them to the Interpretation of National Life And Character*, New York, London: Putnam's Sons 1920.

Herman Melville, »Benito Cereno« (1855), in: *Billy Budd, Sailor and other Stories*, London: Penguin 1985, S. 217 – 317.

– : *Moby-Dick* [1851], übers. von Matthias Jendis, München: Hanser 2001.

Winfried Menninghaus: *Wozu Kunst? Ästhetik nach Darwin*, Berlin: Suhrkamp 2011.

Markus Metz, Georg Seeßlen: *Blödmaschinen. Die Fabrikation der Stupidität*, Berlin: Suhrkamp 2011.

Jules Michelet: *Das Insekt. Naturwissenschaftliche Betrachtungen und*

Reflexionen über das Wesen und Treiben der Insektenwelt [1857],
Braunschweig: Vieweg 1858.

–: *L'Insectes* [1857] 5. Aufl. , Paris: Hachette 1863.

John Milton: *The Paradise Lost* [1674], London: Charles Tilt 1838.

Mark Moffet: *Adventures among Ants. A Global Safari with a Cast or Trillions*,
Berkeley, Los Angeles, London: University of California Press 2010.

Franco Moretti, »Style, Inc. Reflections on Seven Thousand Titles (British
Novels, 1740 – 1850) «, in: *Critical Inquiry*, 36. Jg. , Nr. 1 (2009):
S. 134 – 158.

Toni Morrison, Sloan Morrison: *Who's Got Game? The Ant or the Grasshopper*,
New York: Scribner 2003.

Stephan S. W. Müller: *Theorien sozialer Evolution. Zur Plausibilität
darwinistischer Erklärungen sozialen Wandels*, Bielefeld: transcript 2010.

Hugo Münsterberg: *Grundzüge der Psychotechnik*, Leipzig: J. A. Barth 1914.

Friedrich Nietzsche: *Also sprach Zarathustra*, in: Werke in drei Bänden. Bd.
2, hrsg. von Karl Schlechta, München: Hanser 1954.

–: *Nachgelassene Fragmente* 1875 – 1879, in: Kritische Studienausgabe. Bd.
8, hrsg. von Giorgio Colli, Mazzino Montinari, Berlin: de Gruyter 1988.

Martin A. Nowak, Corina E. Tarnita, Edward O. Wilson, »Nowak et al.
reply«, in: *Nature*, Nr. 471 / 7339 (2011): S. E9 – E10.

–, »The evolution of eusociality«, in: *Nature*, 466. Jg. , Nr. 8 (2010):
S. 1057 – 1062.

Martin A. Nowak, with Roger Highfield: *Supercooperators. Altruism, Evolution,
and Why we need each other to succeed*, New York, London: Free
Press 2011.

Albert B. Olston: *Mind Power and Privileges* [1902], Whitefish, MT:
Kessinger 2003.

Ovid: *Metamorphosen*, übers. von Erich Rösch, München: dtv 1997.

Vilfredo Pareto: *Ausgewählte Schriften*, hrsg. von Carlo Mongardini,
Wiesbaden: VS Verlag 2007.

–: *Statistique et économie mathématique* [1916], in: OEuvres complètes.
Bd. 8, hrsg. von Giovanni Busino, Genf, Paris: Librairie Droz 1981.

–: *Traité de sociologie générale* [1916], in: OEuvres complètes. Bd. 12,
hrsg. von Raymond Aron, Genf, Paris: Librairie Droz 1968.

Jussi Parikka: *Insectmedia. An Archeology of Animals and Technology*, Minneapolis: UMP 2010.

Robert E. Park, »Human Nature and Collective Behavior«, in: *American Journal of Sociology*, 32. Jg. , Nr. 5 (1927): S. 733 –741.

George Howard Parker, »Biographical Memoire of William Morton Wheeler. 1865 – 1937«, in: *Biographical Memoirs*, XIX. Jg. , Nr. 6 (1938): S. 203 –241.

Talcott Parsons: *Aktor, Situation und normative Muster. Ein Essay zur Theorie des sozialen Handelns* [1939], Frankfurt am Main: Suhrkamp 1994.

– : *Essays in sociological theory* [1949], New York: Free Press / Macmillian 1954.

– : *Social Structure and Personality* [1964], New York: Free Press / Macmillan 1970.

– : *The Evolution of Societies*, hrsg. von Jackson Toby, Englewood Cliffs: Prentice – Hall 1977.

– : *The Social System* [1951], London: Routledge 1991.

Talcott Parsons, Edward A. Shils: *Toward a General Theory of Action: Theoretical Foundations for the Social Sciences* [1951], New Brunswick, London: 2001.

Jacques M. Pasteels, Jean – Louis Deneubourg (Hrsg.), *From individual to collective behavior in social Insects. Les Treilles Workshop*, Basel, Boston: Birkhäuser 1987.

R. Pearl, Gold, S. A. , »World Population Growth«, in: *Human Biology*, Nr. 8 (1936): S. 399 –419.

Dietmar Peil: » Untersuchungen zur Staats – und Herrschaftsmetaphorik in literarischen Zeugnissen von der Antike bis zur Gegenwart, « in: *Münsterische Mittelalter – Schriften*, München: Fink 1983.

Helmuth Plessner: *Grenzen der Gemeinschaft. Eine Kritik des sozialen Radikalismus* [1924], Frankfurt am Main: Suhrkamp 2002.

Aldo Poiani: *Animal Homosexuality: A Biosocial Perspective*, Cambridge, UK: Cambridge University Press 2010.

Alexandre Pope: *Essay sur l'Homme – en cinque langues* [1734], Strasbourg: A. König 1772.

Salvatore Proietti, »Frederick Philip Grove's Version of Pastoral Utopianism«, in: *Science Fiction Studies*, 19. Jg. , Nr. 3 (1992): S. 361 – 377.

Carl A. von Purkart: *Kriegserinnerungen für Bayern: mit besonderer Beziehung auf die Kriegsepoche von* 1790 *bis* 1815, Kempten: Tobias Dannheimer 1829.

Edmund Ramsden, Adams, Jon, » Escaping the laboratory: the rodent experiments of John B. Calhoun and their cultural influence«, in: *Journal of Social History*, 42. Jg. , Nr. 3 (2009): S. 761 – 792.

Hans – Jörg Rheinberger: *Experimentalsysteme und epistemische Dinge* [2001], Frankfurt am Main: Suhrkamp 2006.

Howard Rheingold: *Smart mobs: the next social revolution*, New York: Perseus Publishing 2002.

Peter Riede: *Im Spiegel der Tiere. Studien zum Verhältnis von Mensch und Tier im alten Israel*, in: Orbis Biblicus et Orientalis. Bd. 187, Freiburg (CH): Universitätsverlag / Göttingen: Vandenhoeck & Ruprecht 2002.

Lea Ritter – Santini, »Translatio Domestica oder Vom übersetzten Europa«, in: *Die europäische République des lettres in der Zeit der Weimarer Klassik*, hrsg. von Michael Knoche, Lea Ritter – Santini, Göttingen: Wallstein 2007, S. 211 – 253.

Diane M. Rodgers: *Debugging the Link between Social Theory and Social Insects*, Louisiana: State University of Louisiana Press 2008.

Edward A. Ross, »The mob mind«, in: *Popular Science*, 51. Jg. , Nr. 22 (1898): S. 390 – 398.

Edward W. Said: *Culture & Imperialism* [1993], London: Vintage 1994.

– : *Joseph Conrad and the Fiction of Autobiography* [1966], New York, Chichester, West Sussex: Columbia University Press 2007.

Johannes Sambucus: *Emblemata*, Antwerpen: Plantin 1564.

Philipp Sarasin: *Darwin und Foucault. Genealogie und Geschichte im Zeitalter der Biologie*, Frankfurt am Main: Suhrkamp 2009.

Ferdinand de Saussure: *Grundfragen der allgemeinen Sprachwissenschaft* [1916], Berlin: de Gruyter 1967.

R. Keith Sawyer, »Emergenz, Komplexität und die Zukunft der Soziologie «, in: *Emergenz. Zur Analyse und Erklärung komplexer Strukturen*, hrsg. von Jens Greve, Annette Schnabel, Berlin: Suhrkamp 2011, S. 187 – 213.

Friedrich Schiller, »Sprache« (1795), in: *Sämtliche Werke*. Bd. I, hrsg. von

Gerhard und Herbert G. Göpfert Fricke, München: Hanser für Wissenschaftliche Buchgesellschaft 1987, S. 313.

— , »Über die ästhetische Erziehung des Menschen in einer Reihe von Briefen« (1795), in: *Sämtliche Werke*. Bd. V, hrsg. von Gerhard und Herbert G. Göpfert Fricke, München: Hanser für Wissenschaftliche Buchgesellschaft 1993, S. 570 – 669.

Carl Schmitt: *Der Begriff des Politischen* [1932], 3. Aufl., Berlin: Duncker & Humblot 1991.

— , »Der Führer schützt das Recht« (1934), in: *Positionen und Begriffe im Kampf mit Weimar – Genf – Versailles*. 1923 – 1939, Berlin: Duncker & Humblot 1994, S. 227 – 232.

— : *Der Hüter der Verfassung* [1931], Berlin: Duncker & Humblot 1985.

— : *Der Leviathan in der Staatslehre des Thomas Hobbes. Sinn und Fehlschlag eines politischen Symbols* [Hamburg 1938], Stuttgart: Klett – Cotta 1982.

— : *Der Nomos der Erde* [1950], Berlin: Duncker & Humblot 1997.

— , »Der Reichsbegriff im Völkerrecht« (1939), in: *Positionen und Begriffe im Kampf mit Weimar – Genf – Versailles*. 1923 – 1939, Berlin: Duncker & Humblot 1994, S. 344 – 354.

— : *Der Wert des Staates und die Bedeutung des Einzelnen* [1914], Berlin: Duncker & Humblot 2004.

— : *Die Militärzeit 1915 bis 1919. Tagebuch Februar bis Dezember 1915. Aufsätze und Materialien*, hrsg. von Ernst Hüsmert, Gerd Giesler, Berlin: Akademie 2005.

— , »Die Wendung zum totalen Staat« (1931), in: *Positionen und Begriffe im Kampf mit Weimar – Genf – Versailles*. 1923 – 1939, Berlin: Duncker & Humblot 1994, S. 166 – 178.

— : *Gespräch über die Macht und den Zugang zum Machthaber. Gespräch über den neuen Raum* [1954], Berlin: Akademie 1994.

— : *Glossarium. Aufzeichnungen der Jahre 1947 – 1951*, Stuttgart: Klett-Cotta 1991.

— : *Land und Meer* [1942], Stuttgart: Klett – Cotta 1993.

— , »Nehmen / Teilen / Weiden. Ein Versuch, die Grundfragen jeder Sozial – und Wirtschaftsordnung vom Nomos her richtig zu stellen« (1953), in: *Verfassungsrechtliche Aufsätze aus den Jahren 1924 – 1954. Materialien zu einer Verfassungslehre*, Berlin: Duncker & Humblot 1973, S. 489 – 504.

– : *Politische Theologie* [2. Auflage 1934], Berlin: Duncker & Humblot 1996.

– : *Völkerrechtliche Großraumordnung mit Interventionsverbot für raumfremde Mächte* [1941], Berlin: Duncker & Humblot 1991.

T. C. Schneirla, »Social organization in insects, as related to individual function«, in: *Psychological Review*, 48. Jg. , Nr. 6 (1941): S. 465 – 486.

– : » A unique case of circular milling in ants «, in: *American Museum Novitates*, Nr. 1253 (1944): S. 1 – 26.

Joseph Alois Schumpeter, » Vilfredo Pareto (1848 – 1923) «, in: *The Quarterly Journal of Economics*, 63. Jg. , Nr. 2 (1949): S. 147 – 173.

Erhard Schüttpelz: *Die Moderne im Spiegel des Primitiven. Weltliteratur und Ethnologie* (1870 – 1960), München: Fink 2005.

Heimo Schwilk: *Ernst Jünger. Ein Jahrhundertleben. Die Biografie*, München, Zürich: Piper 2007.

Gaius Plinius Secundus: *Naturalis historiae libri XXXVII*, hrsg. von Carolus Mayhof, Lipsiae: Treubner 1892 – 1909.

Thomas D. Seeley: *Honeybee Democracy*, Princeton, Oxford: PUP 2010.

Michel Serres: *Der Parasit* [1980], Frankfurt am Main: Suhrkamp 1987.

– : *Hermes V. Die Nordwest – Passage* [1980], Berlin: Merve 1994.

Ayelet Shavit, Millstein, Roberta L. , » Group Selection Is Dead! Long Live Group Selection«, in: *BioScience*, 58. Jg. , Nr. 7 (2008): S. 574 – 575.

Bruce Shaw, Van Ikin: *The Animal Fable in Science Fiction and Fantasy*, Jefferson, NC: McFarland 2010.

Robert Shelton, »The Moral Philosophy of Olaf Stapledon«, in: *The Legacy of Olaf Stapledon*, hrsg. von Patrick A. McCarthy, Charles Elkins, Martin Harry Greenblatt, New York, Westport, London: Greenwood Press 1989, S. 5 – 22.

Scipio Sighele: *Psychologie des Auflaufs und der Massenverbrechen*, Dresden, Leipzig: Reissner 1897.

Charlotte Sleigh: *Ant*, London: Reaktion Books 2003.

– , » Brave new worlds: Trophallaxis and the origin of society in the early twentieth century«, in: *Journal of the History of the Behavioral Sciences*, 38. Jg. , Nr. 2 (2002): S. 133 – 156.

- , » Empire Of The Ants: H. G. Wells and Tropical Entomology «, in: *Science as Culture*, 10. Jg. , Nr. 1 (2001): S. 33 – 71.

- : *Six Legs Better. A Cultural History of Myrmecology*, Baltimore: Johns Hopkins University Press 2007.

Curtis C. Smith, » Diabolical Intelligence and (approximately) Divine Innocence«, in: *The Legacy of Olaf Stapledon*, hrsg. von Patrick A. McCarthy, Charles Elkins, Martin Harry Greenblatt, New York, Westport, London: Greenwood Press 1989, S. 87 – 98.

Werner Sombart: *Händler und Helden. Patriotische Besinnungen*, München, Leipzig: Duncker & Humblot 1915.

Herbert Spencer: *First Principles*, London: Williams & Norgate 1862.

Birk Sproxton, »Grove's Unpublished *MAN* and it's Relation to *The Master of the Mill*«, in: *The Grove symposium*, hrsg. von John Nause, Ottawa, Canada: University of Ottawa Press 1974, S. 35 – 54.

Urs Stäheli, » Fatal Attraction? Popular Modes of Inclusion in the Economic System«, in: *Soziale Systeme. Zeitschrift für soziologische Theorie*, 1. Jg. (2002): S. 110 – 123.

- : *Sinnzusammenbrüche. Eine dekonstruktive Lektüre von Niklas Luhmanns Systemtheorie*, Weilerswirst: Velbrück 2000.

Olaf Stapledon: *Die letzten und die ersten Menschen. Eine Geschichte der nahen und fernen Zukunft*, übers. von Kurt Spangenberg, München: Heyne 1983.

- : *Last and First Men* [1930], London: Orion Publishing Group 2004.

- : *Star Maker* [1937], London: Gollancz 1999.

- : *Sternenmacher*, übers. von Thomas Schlueck, München: Heyne 1969.

Isabelle Stengers: *Die Erfindung der modernen Wissenschaften* [1993], Frankfurt am Main, New York: Campus 1997.

Carl Stephenson: *Leiningens Kampf mit den Ameisen* [1937], Husum: Hamburger Lesehefte 2007.

Frank Stevens: *Ausflüge ins Ameisenreich*, Linz: Verlag des Lehrerhausvereins für Oberösterreich 1910.

Rudolf Stichweh: *Die Weltgesellschaft. Soziologische Analysen*, Frankfurt am Main: Suhrkamp 2000.

- , » Evolutionary Theory and the Theory of World Society «, in: *Soziale*

Systeme, 13. Jg. , Nr. 1 + 2 (2007) : S. 528 – 542.

Daniel Suarez: *Kill Decision*, New York: Dutton 2012.

E. Sunamura, X. Espadaler, H. Sakamoto, S. Suzuki, M. Terayama, and S. Tatsuki, » Intercontinental union of Argentine ants: behavioral relationships among introduced populations in Europe, North America, and Asia«, in: *Insectes Sociaux*, 56. Jg. , Nr. 2 (2009) : S. 143 – 147.

Johann Swammerdam: *Bibel der Natur: worinnen die Insekten in gewisse Classen vertheilt, sorgfältig beschrieben, zergliedert ⋯ und zum Beweis der Allmacht und Weisheit des Schöpfers angewendet werden* [1675] , Leipzig: Gleditsch 1752.

Gabriel de Tarde: *Die Gesetze der Nachahmung* [1890] , Frankfurt am Main: Suhrkamp 2003.

– : *Die sozialen Gesetze: Skizze einer Soziologie* [1899] , hrsg. von Arno Bammé, übers. von Hans Hammer, Marburg: Metropolis 2009.

– : *La logique sociale* [1893] , Paris: Félix Alcan 1904.

– : *Monadologie und Soziologie* [1893] , Frankfurt am Main: Suhrkamp 2009.

Ernst Ludwig Taschenberg: *Brehms Thierleben. Allgemeine Kunde des Tierreichs. Vierte Abteilung: Wirbellose Thiere. Mit 277 Abbildungen und 21 Tafeln von Emil Schmidt*. Bd. 1, Leipzig: Verlag des Bibliographischen Instituts 1877.

Matthaeus Tympius: *Predigtbuch oder Deutliche Anweisung wie die Seelsorger aus der heiligen Schrift austeilen sollen samt sehr notwendigen Regeln des Lebens*, Münster: Lambert Raßfeldt 1618.

Jakob von Uexküll: *Staatsbiologie* [1920] , Hamburg: Hanseatische Verlagsanstalt 1933.

Thorstein Veblen: *Theory of the Leisure Class* [1899] , Bremen: outlook Verlag 2011.

Joseph Vogl, »Asyl des Politischen. Zur Struktur politischer Antinomien«, in: *Raum. Wissen. Macht*, hrsg. von Rudolf Maresch, Niels Werber, Frankfurt am Main: Suhrkamp 2002, S. 156 – 172.

– , »Einleitung«, in: *Poetologien des Wissens um* 1800, hrsg. von Joseph Vogl, München: Fink 1999, S. 7 – 16.

Joseph Vogl, Anne von der Heiden, »Vorwort«, in: *Politische Zoologie*, hrsg. von Joseph Vogl, Anne von der Heiden, Berlin: diaphanes 2007, S. 7 – 12.

- (Hrsg.) , *Politische Zoologie*, Berlin: diaphanes 2007.

François Marie Arouet Voltaire: *Dictionnaire Philosophique portative* [Genf 1764], 2. Aufl. Bd. 2 (G – V), London 1767.

Kurt Vonnegut, »Die versteinerten Ameisen«, in: *Ein dreifach Hoch auf die Milchstraße*, Zürich: Kein & Aber 2010, S. 207 – 228.

Paul Erich Wasmann: *Comparative Studies in the Psychology of Ants and of Higher Animals* [1905], in: Reprint der Authorized English version of the 2d German edition, St. Louis: READ BOOKS 2007.

- : *Die Ameisen, die Termiten und ihre Gäste*, hrsg. von H. Schmitz, Regensburg: G. J. Manz 1934.

- : *Die zusammengesetzten Nester und gemischten Kolonien der Ameisen*, Münster: Aschendorffsche Druckerei 1891.

- : *Vergleichende Studien über das Seelenleben der Ameisen und der höheren Thiere*, Freiburg im Breisgau: Herder'sche Verlagsbuchhandlung 1897.

Charles Waterton: *Wanderings in South America, the North – west of the United States, and the Antilles, in the years* 1812, 1816, & 1824, London: B. Fellowes 1828.

Max Weber: *Wirtschaft und Gesellschaft* [1922], hrsg. von Edith Hanke, Wolfgang J. Mommsen et al. , Tübingen: Mohr 2005.

August Weismann: *Die Allmacht der Naturzüchtung*, in: Opuscula. Bd. 1, Jena: 1893.

Herbert George Wells: *Die ersten Menschen auf dem Mond* [1901], übers. von Felix Paul Greve, Minden: Bruns 1905.

- , »Empire of the Ants« (1905), in: *Empire of the Ants and 8 Science Fiction Stories*, New York: Tempo Books 1972, S. 1 – 19.

- : *The first men in the moon* [1901], New York: Dover 2001.

- : *The History of Mr. Polly* [1910], Rockville, Maryland: Wildside Press 2009.

Bernard Werber: *Der Tag der Ameisen* [1992], München: Heise 1994.

- : *Die Revolution der Ameisen* [1996], München: Heise 1998.

- : *Empire of the Ants* [1991], New York, Toronto: Bantam 1999.

Niels Werber, »Ameisen und Aliens. Zur Wissensgeschichte von Soziologie und Entomologie«, in: *Berichte zur Wissenschaftsgeschichte*, Nr. 3 (2011): S. 1 –21.

– , »Archive und Geschichten des › Deutschen Ostens ‹. Zur narrativen Organisation von Archiven durch die Literatur«, in: *Gewalt der Archive. Studien zur Kulturgeschichte der Wissensspeicherung*, hrsg. von Thomas Weitin, Burkhardt Wolf, Paderborn: Konstanz University Press 2012, S. 89 – 111.

– : *Die Geopolitik der Literatur. Eine Vermessung der medialen Weltraumordnung*, München: Hanser 2007.

– , »Formen des Schwärmens. Zur Poetik der Selbstbeschreibungen von Gesellschaft«, in: *Berichte zur Wissenschaftsgeschichte*, Nr. 3 (2011): S. 242 – 263.

– , »Jüngers Bienen«, in: *Deutsche Zeitschrift für Philologie*, Nr. 2 (2011): S. 245 – 260.

– , » Kleiner Grenzverkehr. Das Bild der sozialen Insekten in der Selbstbeschreibung der Gesellschaft «, in: *Bildwelten des Wissens. Kunsthistorisches Jahrbuch für Bildkritik*, 6. Jg. , Nr. 2 (2008): S. 9 – 20.

– , »Medien /Form. Zur Herkunft und Zukunft einer Unterscheidung«, in: *Kritische Berichte. Zeitschrift für Kunst – und Kulturwissenschaften*, 36. Jg. , Nr. 4 (2008): S. 67 – 73.

– , »Neue Medien, alte Hoffnungen«, in: *Merkur*, 534 / 535. Jg. (1993): S. 887 – 893.

– , » Prey /Beute. Dystopische Insektengesellschaften «, in: *Technik in Dystopien*, hrsg. von Viviana Chilese, Heinz – Peter Preußer, Heidelberg: Winter 2013, S. 41 – 56.

– , » Schwärme, soziale Insekten, Selbstbeschreibungen der Gesellschaft. Eine Ameisenfabel«, in: *Schwärme. Kollektive ohne Zentrum. Eine Wissensgeschichte zwischen Leben und Information*, hrsg. von Eva Horn, Lucas Marco Gisi, Bielefeld: transcript 2009, S. 183 – 202.

William Morton Wheeler: *Ants*, New York: 1910.

– : *Emergent Evolution and the Social*, in: Psyche Miniature, hrsg. von Charles Kay Odgen, London: Kegan, Trench, Trubner 1927.

– : *Social Insects*, New York: Harcourt, Brace and Company 1928.

– , »The ant – colony as an organism«, in: *Journal of Morphology*, 22. Jg. , Nr. 2 (1911): S. 307 – 325.

– , »The Termitodoxa, or Biology and Society«, in: *The Scientific Monthly*,

10. Jg. , Nr. 2 (1920): S. 113 –124.

Tony White: *Expert Assessment of Stigmergy. A Report for the Department of National Defence*, Ottawa, Ontario: Carlton University 2005.

Norbert Wiener: *Kybernetik. Regelung und Nachrichtenübertraung in Lebewesen und Maschine* [1948, 1961], 2. Aufl. , Reinbek: rororo 1968.

– : *Mensch und Menschmaschine*, Frankfurt am Main, Berlin: Ullstein 1958.

Catherine Wilson, » Darwinian Morality «, in: *Evolution: Education and Outreach*, 3. Jg. , Nr. 2 (2010): S. 275 –287.

David Sloan Wilson, Elliot Sober, »Reviving the Superorganism«, in: *Journal of theoretical Biology*, 136. Jg. (1989): S. 337 –356.

Edward Osborne Wilson: *Naturalist*, Washington, D. C. : Island Press 2006.

– : *Nature Revealed: Selected Writings*: 1949 – 2006, Baltimore: Johns Hopkins University Press 2006.

– : *Sociobiology. The abridged Edition*, Cambridge, Mass. , London: Harvard University Press, Belknap 1980.

– , »Variation and Adaptation in the Imported Fire Ant«, in: *Evolution*, 5. Jg. , Nr. 1 (1951): S. 68 –79.

– , *Ameisenroman. Raff Codys Abenteuer*, übers. von Elsbeth Ranke, München: Beck 2012.

– : *Anthill. A Novel*, New York: Norton 2010.

– : *Die Einheit des Wissens*, übers. von Yvonne Badal, Berlin: Siedler 1998.

– : *Sociobiology. The New Synthesis* [1975], 2. Aufl. , Cambridge, Mass. , London: Harvard University Press 2000.

– : *The Insect Societies*, Cambridge, Mass. , London: Harvard UP 1971.

– : *The Social Conquest of Earth*, New York, London: Liveright Publ. / Norton 2012.

James H. Winchester, »Samson of the Insect World«, in: *Scouting*, 62. Jg. , Nr. 6 (1974): S. 18 –21.

Annette Wunschel, Thomas Macho, » Mentale Versuchsanordnungen «, in: *Science & Fiction. Über Gedankenexperimente in Wissenschaft, Philosophie und Literatur*, hrsg. von Thomas Macho, Annette Wunschel, Frankfurt am Main: Fischer 2004, S. 9 –14.

Heinrich Zschokke: *Des Schweizerlands Geschichten für das Schweizervolk*, Aarau: Sauerländer 1822.

图书在版编目（CIP）数据

蚂蚁社会：一段引人入胜的历史／（德）尼尔斯·韦贝尔著；王蕾译. —广州：广东人民出版社，2021.7（2022.3 重印）
ISBN 978 - 7 - 218 - 14622 - 5

Ⅰ. ①蚂… Ⅱ. ①尼… ②王… Ⅲ. ①蚁科—社会组织—研究 Ⅳ. ①Q969.554.2 ②C912.2

中国版本图书馆 CIP 数据核字（2020）第 231075 号

MAYI SHEHUI：YIDUAN YINREN RUSHENG DE LISHI

蚂蚁社会：一段引人入胜的历史

（德）尼尔斯·韦贝尔 著；王蕾 译 版权所有 翻印必究

出 版 人：肖风华

项目统筹：施 勇
责任编辑：陈 晖 皮亚军
责任技编：吴彦斌

出版发行：广东人民出版社
地 址：广州市越秀区大沙头四马路 10 号（邮政编码：510102）
电 话：(020) 85716809（总编室）
传 真：(020) 85716872
网 址：http://www.gdpph.com
印 刷：广州市岭美文化科技有限公司
开 本：889 毫米 ×1194 毫米 1/32
印 张：12.5 字 数：278 千
版 次：2021 年 7 月第 1 版
印 次：2022 年 3 月第 4 次印刷
著作权合同登记号：图字 19 - 2020 - 033 号
定 价：78.00 元